新一代产品几何技术规范（GPS）及应用图解

图解 GPS 尺寸精度规范及应用

郑　鹏　张琳娜　明翠新　等编著

本书着重以示例、图解及对照分析等形式图文并茂地诠释GPS尺寸精度规范及其应用方法，阐述了产品尺寸公差的规范设计与检测验证技术的最新动态和研究成果。本书内容包括：概论，尺寸极限与配合规范及图解，尺寸公差的规范及标注图解，尺寸链及计算方法，圆锥、楔体公差与配合规范及图解，尺寸公差与几何公差的关系原则及应用图解，尺寸精度与配合的设计及应用图解，尺寸与圆锥的检验规范及应用图解。

本书主要适用于从事机械设计（包括机械CAD、机械制图）的设计人员，从事加工、检验、装配和产品质量管理的工程技术人员，以及各级技术管理人员。本书也可作为产品尺寸公差的规范设计与检测验证相关国家标准的宣贯教材、大学毕业生岗前培训的参考资料和高等工科院校机械类及相关专业的教学参考书。

图书在版编目（CIP）数据

图解GPS尺寸精度规范及应用/郑鹏等编著. —北京：机械工业出版社，2023.11
（新一代产品几何技术规范（GPS）及应用图解）
ISBN 978-7-111-74072-8

Ⅰ.①图…　Ⅱ.①郑…　Ⅲ.①形位公差-图解　Ⅳ.①TG801.3-64

中国国家版本馆CIP数据核字（2023）第198619号

机械工业出版社（北京市百万庄大街22号　邮政编码100037）
策划编辑：李万宇　　　　　　责任编辑：李万宇　杨　璇
责任校对：樊钟英　贾立萍　　封面设计：马精明
责任印制：任维东
三河市骏杰印刷有限公司印刷
2024年1月第1版第1次印刷
184mm×260mm·14.75印张·365千字
标准书号：ISBN 978-7-111-74072-8
定价：78.00元

电话服务　　　　　　　　　　网络服务
客服电话：010-88361066　　机　工　官　网：www.cmpbook.com
　　　　　010-88379833　　机　工　官　博：weibo.com/cmp1952
　　　　　010-68326294　　金　书　网：www.golden-book.com
封底无防伪标均为盗版　　机工教育服务网：www.cmpedu.com

丛书序言

    制造业是国民经济的物质基础和工业化的产业主体。制造业技术标准是组织现代化生产的重要技术基础。在制造业技术标准中，最重要的技术标准是产品几何技术规范（geometrical product specification，GPS），其应用涉及所有几何形状的产品，既包括机械、电子、仪器、汽车、家电等传统机电产品，也包括计算机、航空航天等高新技术产品。20世纪，国内外大部分产品几何技术规范，包括极限与配合、几何公差、表面粗糙度等，基本上是以几何学为基础的传统技术标准，或称为第一代产品几何技术规范，其特点是概念明确，简单易懂，但不能适应制造业信息化生产的发展和 CAD/CAM/CAQ/CAT 等的实用化进程。1996年，国际标准化组织（ISO）通过整合优化组建了一个新的技术委员会 ISO/TC 213——尺寸规范和几何产品规范及检验技术委员会，全面开展基于计量学的新一代 GPS 的研究和标准制定。新一代 GPS 是引领世界制造业前进方向的新型国际标准体系，是实现数字化设计、检验与制造技术的基础。新一代 GPS 是用于新世纪的技术语言，在国际上特别受重视。

    在国家标准化管理委员会的领导下，我国于1999年组建了与 ISO/TC 213 对口的全国产品几何技术规范标准化技术委员会（SAC/TC 240）。在国家科技部重大技术标准专项等计划项目的支持下，SAC/TC 240 历届全体委员共同努力，开展了对新一代 GPS 体系基础理论及重要标准的跟踪研究，及时将有关国际标准转化为我国相应国家标准，同时积极参与有关国际标准的制定。尽管目前我国相关标准的制修订工作基本跟上了国际上新一代 GPS 的发展步伐，但仍然存在一定的差距，尤其是新一代 GPS 标准的贯彻执行缺乏技术支持，"落地"困难。基于计量学的新一代 GPS 标准体系，旨在引领产品几何精度设计与计量实现数字化的规范统一，系列标准的规范不仅科学性、先进性强，而且系统性、集成性、可操作性突出，其贯彻执行的关键问题是内容涉及大量的计量数学、误差理论、信号分析与处理等理论及技术，必须有相应的应用指南（方法、示例、图解等）及数字化应用工具系统（应用软件等）配套支持。为了尽快将新一代 GPS 的主要技术内容贯彻到企业、学校、科研院所和管理部门，让更多的技术人员和管理干部学习理解，并积极支持、参与研究相应国家标准的制定和推广工作，作者团队编撰了这套"新一代产品几何技术规范（GPS）及应用图解"系列丛书。这套丛书反映了编著者十余年来在该领域研究工作的成果，包括承担的国家自然科学基金项目"基于 GPS 的几何误差数字化测量认证理论及方法研究（50975262）"、国家重大科技专项、河南省系列科技计划项目的 GPS 的基础及应用研究成果。

    "新一代产品几何技术规范（GPS）及应用图解"系列丛书由四个分册组成：《图解

GPS 几何公差规范及应用》《图解 GPS 尺寸精度规范及应用》《图解 GPS 表面结构精度规范及应用》《图解产品几何技术规范 GPS 数字化基础及应用》，各分册内容相对独立。该套丛书由张琳娜教授（SAC/TC 240 副主任委员）任主编，赵凤霞教授（SAC/TC 240 委员）任副主编。

"新一代产品几何技术规范（GPS）及应用图解"系列丛书以"先进实用"为宗旨，面向制造业数字化、信息化的需要，跟踪 ISO 的发展更新，以产品几何特征的规范设计与检测验证为对象，着重通过示例、图解及对照分析等手段，实现对 GPS 数字化规范及应用方法的详细阐述，图文并茂、实用性强。全套丛书采用现行国家（国际）标准，体系完整、内容全面、文字简明、图表数据翔实，采用了大量、详细的应用示例图解，力求增强可读性、易懂性和实用性。

"新一代产品几何技术规范（GPS）及应用图解"系列丛书可供从事机械设计（包括机械 CAD、机械制图）的设计人员，从事加工、检验、装配和产品质量管理的工程技术人员使用；也可作为产品几何公差的规范设计与检测验证相关国家标准的宣贯教材，以及大学毕业生岗前培训的参考资料和高等工科院校机械类及相关专业的教学参考书。

SAC/TC 240 主任委员　强　毅

SAC/TC 240 秘书长　明翠新

前　言

　　本书是"新一代产品几何技术规范（GPS）及应用图解"系列丛书的分册之一，主要是以产品尺寸公差的规范设计与检测验证为对象，通过示例、图解及对照分析等方式，实现对 GPS 尺寸公差规范及应用方法的详细阐述。本书是国家重点研发计划科技专项"产品质量精度测量方法标准研制"（2017YFF0206501）项目的研究成果之一。全书采用了现行的国家（国际）标准，体系完整，内容翔实，采用了丰富的应用示例图解，突出理论与实际相结合。本书力求凸显可读性、易懂性和实用性。

　　本书在内容组织上充分考虑结合新一代 GPS 标准关于尺寸规范的更新，主要包括尺寸极限与配合规范及图解，尺寸公差的规范及标注图解，尺寸链及计算方法，圆锥、楔体公差与配合规范及图解，尺寸公差与几何公差的关系原则及应用图解，尺寸精度与配合的设计及应用图解，尺寸与圆锥的检验规范及应用图解。本书内容特色方面，主要体现在如何按照互换性、标准化的要求，兼顾产品质量效益和技术经济性合理地确定尺寸公差规范并进行数字化设计；如何根据产品尺寸规范要求，综合考虑工艺及技术经济性等因素，优化确定检测及验证方案和数字化方法，以实现产品质量的过程控制的目标，尤其是面向生产过程给出了在线尺寸检测的规范及应用方法；如何设计和应用数字化的虚拟量规；如何进行尺寸精度的图样规范标注等。

　　本书主要由全国产品几何技术规范标准化技术委员会（SAC/TC 240）专家和多年来从事该领域研究及有关标准制定的专业技术人员负责编写。本书的编写人员有：郑鹏（SAC/TC 240 委员）、张琳娜（SAC/TC 240 副主任委员）、明翠新（SAC/TC 240 主任委员）、赵凤霞（SAC/TC 240 委员）、俞吉长（SAC/TC 240 委员）、方东阳、张瑞、潘康华（SAC/TC 240 秘书长）、陈磊、雷文平、侯斌魁。另外，张志永、徐颖杰、郑嘉琦、刘栋梁、郑显润、程亚红、王文秀、李岩、喻孟昊、吕星辰、何青泽、李季村也参加了本书图表及相关内容的整理工作。本书由郑鹏、张琳娜、明翠新任主编。

　　由于编著者水平有限，书中难免存在不当之处，欢迎读者批评指正。

编著者

目　录

第1章

概　　论

1.1　尺寸公差与尺寸精度

公差主要用以协调机器零（部）件的使用要求与制造工艺和成本之间的矛盾。尺寸公差是指允许尺寸的变动量，其大小等于上极限尺寸与下极限尺寸的代数差。尺寸公差是设计人员依据零件的功能要求，考虑加工、制造及检测的经济性，对尺寸变动范围所给定的允许值。

零件精度包括尺寸精度、形状精度及零件几何要素之间的位置精度等。零件精度设计中最基本的是尺寸精度设计。零件某一尺寸精度要求越高，给定的公差值就越小，则其加工难度就越大。反之，尺寸精度要求越低，公差值越大，加工越容易。因此，尺寸精度设计的总体原则是，在满足产品功能要求的前提下，选用较低的尺寸精度，以保证获得最优的技术经济效益。

1.2　互换性和标准化

互换性是指在同一规格的一批零（部）件中，任取其一，不需要任何挑选、调整或修配就能进行装配，并能保证满足机械产品使用要求的性能。根据使用要求以及互换的参数、程度、部位或范围的不同，互换性可分为不同的种类。

按决定参数或使用要求，可将互换性分为几何参数互换性和功能互换性。

- 几何参数互换性：它是指通过规定几何参数极限范围以保证产品的几何参数值充分近似所达到的互换性。此为狭义的互换性，即通常所讲的互换性，有时也局限于反映保证零件尺寸配合或装配要求的互换性。
- 功能互换性：它是指规定的功能参数应满足互换性，要求零件在更换前后，其强度、硬度和刚度等物理、力学性能应保持一致。

按互换性程度，可将互换性分为完全互换性和不完全互换性。不论采用哪种，都应依据具体情况，在设计时事先加以确定。

- 完全互换性：若零件在装配或更换时，不需要选择、辅助加工或修配，则其互换性为完全互换性。当装配精度要求较高时，采用完全互换将使零件制造公差很小，加工困难，成本高。

● 不完全互换性：若采用其他技术手段来满足装配要求，如分组装配法，就是将零件的制造公差适当地放大，使之便于加工，而在零件完工后装配前，用测量器具将零件按实际尺寸的大小分为若干组，使每组零件间实际尺寸的差别减小，装配时按相应组进行（即大孔与大轴相配，小孔与小轴相配）。这样，既可保证装配精度和使用要求，又能减少加工难度、降低成本。此时，仅组内零件可以互换，组与组之间不可互换。

标准化是实现互换性的重要技术手段。要实现互换性，零部件就要严格按照统一的标准进行设计、制造、装配和检验。标准化不是一个孤立的概念，而是一个活动过程，这个过程包括制定、贯彻、修订标准，循环往复，不断提高；制定、修订、贯彻标准是标准化活动的主要任务。

技术标准（简称为标准）是标准化的具体体现形式，标准化是制定、贯彻各项标准，获得最佳秩序和最佳效益的全过程。标准可分为国际标准、国家标准、地方标准、行业标准和企业标准五类。标准分类及代号见表1-1。

表1-1 标准分类及代号

标准分类	标准代号及含义
国际标准	ISO为国际标准化组织、IEC为国际电工委员会
国家标准	我国国家标准：GB为强制性国家标准，GB/T为推荐性国家标准，GB/Z为国家标准化指导性技术文件
地方标准	DB+＊为强制性地方标准代号，由各省级质量技术监督局制定；DB+＊/T为推荐性地方标准代号，由各省级质量技术监督局制定
行业标准	JB（机械行业标准）、YB（冶金行业标准）等
企业标准	QB企业内部标准

1.3 尺寸公差标准体系

零件的尺寸精度及互换性保证的依据是尺寸公差标准体系，完整的尺寸公差标准体系由线性尺寸、角度尺寸及其他尺寸的标准构成。如图1-1所示。

线性尺寸基础标准GB/T 1800《产品几何技术规范（GPS）　线性尺寸公差ISO代号体系》包括第1部分：公差、偏差和配合的基础以及第2部分：标准公差带代号和孔、轴的极限偏差表。其中，GB/T 1800.1—2020定义了线性尺寸公差ISO代号体系的基本概念和相关术语，提供了从多种可选项中选取常用公差带代号的标准化方法；GB/T 1800.1—2020修改采用了ISO 286-1：2010，以GB/T 1800.1—2009为基础并整合了GB/

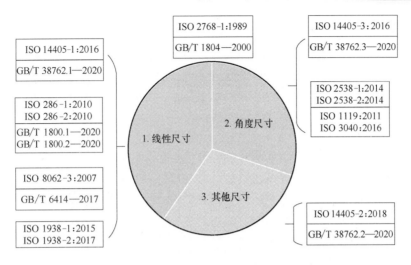

图 1-1 尺寸公差标准体系

T 1801—2009，在术语和定义上有技术变化，如配合制改为 ISO 配合制，并涉及配合的读写规则和配合的确定；同时，该标准增加了与 GB/T 38762.1 的关系和公差带代号的选取内容等。GB/T 1800.2—2020 规定了孔、轴常用公差带代号的极限偏差数值，其数值是按 GB/T 1800.1 中的标准公差和基本偏差数值表计算得到的。GB/T 1800.2—2020 与 GB/T 1800.2—2009 相比，在极限偏差示意图、偏差表标题内容、删除推荐选用的孔公差带等方面有技术上的变化。

GB/T 38762《产品几何技术规范（GPS） 尺寸公差》系列修改采用 ISO 14405：2016 系列，其主要分为三部分，第 1 部分：线性尺寸；第 2 部分：除线性、角度尺寸外的尺寸；第 3 部分：角度尺寸。其中，GB/T 38762.1—2020 主要给出了规范修饰符与符号，建立了线性尺寸的缺省规范操作集，规定了特定尺寸规范操作集的图样标注，定义了尺寸特征的被测要素的标注等；GB/T 38762.2—2020 说明了应用尺寸规范控制线性、角度尺寸外的尺寸时，使用公差产生的不确定度，用几何规范控制上述尺寸的益处；GB/T 38762.3—2020 建立了角度尺寸的缺省规范操作集，并对圆锥、楔形角度等尺寸要素定义了一系列特定规范操作集，该标准还规定了上述角度尺寸的规范修饰符和图样标注。

除上述标准外，GB/T 1804—2000《一般公差 未注公差的线性和角度尺寸的公差》规定了未注出公差的线性和角度尺寸的一般公差的公差等级和极限偏差数值。针对涉及尺寸检验，相关的国家标准主要有：GB/T 1957—2006《光滑极限量规 技术条件》；GB/T 3177—2009《产品几何技术规范（GPS） 光滑工件尺寸的检验》；GB/T 34634—2017《产品几何技术规范（GPS） 光滑工件尺寸（500mm～10000mm）测量 计量器具选择》；GB/T 10920—2008《螺纹量规和光滑极限量规 型式与尺寸》等。

1.4 本书的框架结构

本书共分 8 个部分，内容结构框架如图 1-2 所示。

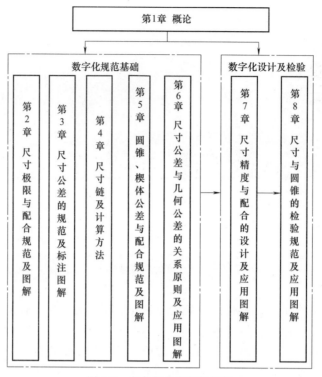

图 1-2　本书的内容结构框架

第**2**章

尺寸极限与配合规范及图解

尺寸极限与配合的相关标准是应用广泛且重要的基础标准。本章主要介绍尺寸中所涉及的极限与配合的术语定义、公差与配合的基本规定、标准公差与基本偏差的规定、公差带与配合的标准化。本章的内容体系及结构如图 2-1 所示。

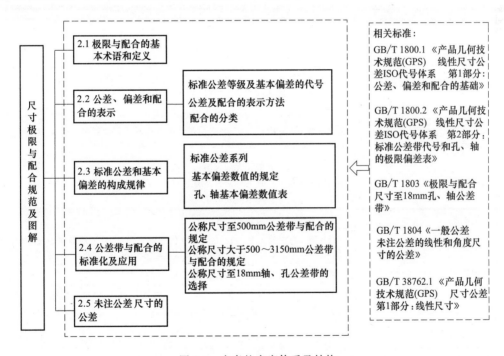

图 2-1 本章的内容体系及结构

2.1 极限与配合的基本术语和定义

GB/T 1800.1《产品几何技术规范（GPS） 线性尺寸公差 ISO 代号体系 第 1 部分：公差、偏差和配合的基础》给出了极限与配合的相关术语，提供了从多种可选项中选取常用公差代号的标准化方法。表 2-1 给出了基本术语和定义。

表 2-1　基本术语和定义

序号	术语	定　义
1	尺寸要素	线性尺寸要素或者角度尺寸要素
2	公称组成要素	由设计者在产品技术文件中定义的理想组成要素
3	实际(组成)要素	由接近实际(组成)要素所限定的工件实际表面的组成要素部分
4	提取组成要素	按规定方法,由实际(组成)要素提取有限数目的点所形成的实际(组成)要素的近似替代
5	拟合组成要素	按规定方法,由提取(组成)要素形成的并具有理想形状的组成要素
6	轴	工件的外尺寸要素,包括非圆柱形的外尺寸要素
7	基准轴	在基轴制配合中选作基准的轴(即上极限偏差为零的轴)
8	孔	工件的内尺寸要素,包括非圆柱形的内尺寸要素
9	基准孔	在基孔制配合中选作基准的孔(即下极限偏差为零的孔)
10	尺寸	以特定单位表示线性尺寸值的数值
11	公称尺寸	由图样规范定义的理想形状要素的尺寸(图 2-2) 通过它应用上、下极限偏差可计算出极限尺寸。公称尺寸可以是一个整数或一个小数值,如 32mm、15mm、8.75mm、0.5mm 等
12	提取组成要素的局部尺寸	一切提取组成要素上两对应点之间距离的统称 注:为方便起见,可将提取组成要素的局部尺寸简称为提取要素的局部尺寸
13	提取圆柱面的局部尺寸	要素上两对应点之间的距离。其中,两对应点之间的连线通过拟合圆圆心;横截面垂直于由提取表面得到的拟合圆圆面的轴线
14	两平行提取表面的局部尺寸	两平行对应提取表面上两对应点之间的距离。其中,所有对应点的连线均垂直于拟合中心平面;拟合中心平面是由两平行提取表面得到的两拟合平行平面的中心平面(两拟合平行平面之间的距离有可能与公称距离不同)
15	极限尺寸	尺寸要素的尺寸所允许的极限值。提取组成要素的局部尺寸应位于其中,也可达到极限尺寸。尺寸要素允许的最大尺寸称为上极限尺寸(图 2-2);尺寸要素允许的最小尺寸称为下极限尺寸(图 2-2)
16	极限制	经标准化的公差与偏差制度
17	零线	在极限与配合图解中,表示公称尺寸的一条直线,以其为基准确定偏差和公差(图 2-2)。通常零线沿水平方向绘制,正偏差位于其上,负偏差位于其下
18	偏差	某值与其参考值之差
19	极限偏差	相对于公称尺寸的上极限偏差和下极限偏差。轴的上、下极限偏差代号用小写字母"es"和"ei"表示;孔的上、下极限偏差代号用大写字母"ES"和"EI"表示(图 2-3)
20	上极限偏差(ES,es)	上极限尺寸减去其公称尺寸所得的代数差
21	下极限偏差(EI,ei)	下极限尺寸减去其公称尺寸所得的代数差
22	Δ 值	为得到内尺寸要素的基本偏差,给一定值增加的变动值
23	基本偏差	在极限与配合制中,确定公差带相对于公称尺寸位置的那个极限偏差 基本偏差可以是上极限偏差或者下极限偏差,一般为靠近零线的那个偏差(图 2-3)
24	公差	上极限尺寸与下极限尺寸之差,或上极限偏差与下极限偏差之差。它是允许尺寸的变动量
25	标准公差	线性尺寸公差 ISO 代号体系中的任一公差。字母 IT 为"国际公差"的英文缩略语

（续）

序号	术语	定义
26	标准公差等级	用常用标识符表征的线性尺寸公差组
27	公差带	公差极限之间(包括公差极限)的尺寸变动值。在公差带图解中,由代表上极限偏差和下极限偏差或上极限尺寸和下极限尺寸的两条直线所限定的一个区域。它由公差大小和其相对零线的位置来确定(图 2-3)
28	标准公差因子	用以确定标准公差的基本单位,标准公差因子 i 用于公称尺寸至 500mm,标准公称因子 I 用于公称尺寸大于 500mm
29	间隙	当轴的直径小于孔的直径时,孔和轴的尺寸之差(图 2-4)
30	最小间隙	在间隙配合中,孔的下极限尺寸与轴的上极限尺寸之差(图 2-4)
31	最大间隙	在间隙配合或过渡配合中,孔的上极限尺寸与轴的下极限尺寸之差(图 2-4)
32	过盈	当轴的直径大于孔的直径时,相配孔和轴的尺寸之差(图 2-5)
33	最小过盈	在过盈配合中,孔的上极限尺寸与轴的下极限尺寸之差(图 2-5)
34	最大过盈	在过盈配合或过渡配合中,孔的下极限尺寸与轴的上极限尺寸之差(图 2-5)
35	配合	类型相同且待装配的外尺寸要素(轴)和内尺寸要素(孔)之间的关系
36	间隙配合	孔和轴装配时总是存在间隙的配合。此时,孔的公差带在轴的公差带之上(图 2-4)
37	过盈配合	孔和轴装配时总是存在过盈的配合。此时,孔的公差带在轴的公差带之下(图 2-5)
38	过渡配合	孔和轴装配时可能具有间隙或过盈的配合。此时,孔的公差带与轴的公差带相互交叠(图 2-6)
39	配合公差	组成配合的两个尺寸要素的尺寸公差之和。它是允许间隙或过盈的变动量。配合公差是一个没有符号的绝对值
40	ISO 配合制	由线性尺寸公差 ISO 代号体系确定公差的孔和轴组成的一种配合制度。在一般情况下,优先选用基孔制配合。如有特殊需要,允许将任一孔、轴公差带组成配合
41	基轴制配合	轴的基本偏差为零的配合,即其上极限偏差等于零(图 2-7)。基轴制配合中,基本偏差 A~H 用于间隙配合;基本偏差 J~ZC 用于过渡配合和过盈配合
42	基孔制配合	孔的基本偏差为零的配合,即其下极限偏差等于零(图 2-8)。基孔制配合中,基本偏差 a~h 用于间隙配合;基本偏差 j~zc 用于过渡配合和过盈配合

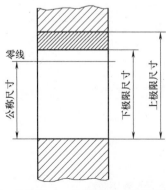

图 2-2 公称尺寸、上极限尺寸和下极限尺寸

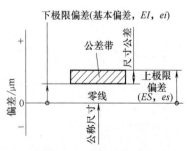

图 2-3 公差带图解

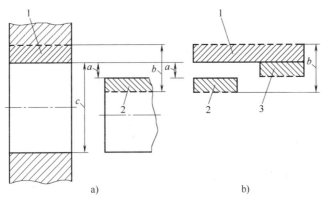

a)   b)

图 2-4　间隙配合定义图解
a）详细画法　b）简化画法

1—孔的公差带　2—轴的公差带，情形 1：当轴的上极限尺寸小于孔的下极限尺寸时，最小间隙大于零

3—轴的公差带，情形 2：当轴的上极限尺寸等于孔的下极限尺寸时，最小间隙等于零

a—最小间隙　b—最大间隙　c—公称尺寸 = 孔的下极限尺寸

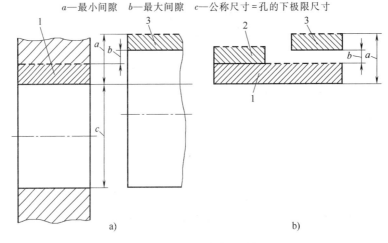

a)   b)

图 2-5　过盈配合定义图解
a）详细画法　b）简化画法

1—孔的公差带　2—轴的公差带，情形 1：当轴的下极限尺寸等于孔的上极限尺寸时，最小过盈等于零

3—轴的公差带，情形 2：当轴的下极限尺寸大于孔的上极限尺寸时，最小过盈大于零

a—最大过盈　b—最小过盈　c—公称尺寸 = 孔的下极限尺寸

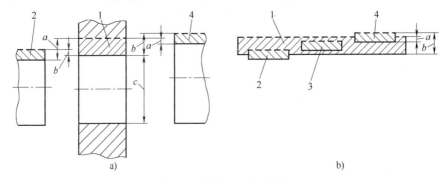

a)   b)

图 2-6　过渡配合定义图解
a）详细画法　b）简化画法

1—孔的公差带　2~4—轴的公差带（示出了一些可能的位置）

a—最大间隙　b—最大过盈　c—公称尺寸 = 孔的下极限尺寸

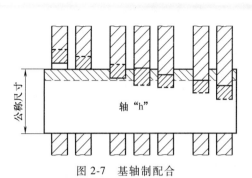

图 2-7　基轴制配合

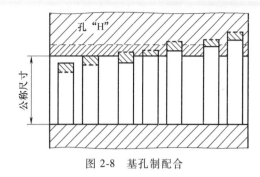

图 2-8　基孔制配合

2.2　公差、偏差和配合的表示

公差、偏差和配合的表示见表 2-2，图 2-9 所示为基本偏差系列示意图。

表 2-2　公差、偏差和配合的表示

术语		定　义
公差	公差带代号	公差带代号包含公差大小和相对于尺寸要素的公称尺寸的公差带位置的信息
	标准公差等级	标准公差等级代号用符号 IT 和数字表示，如 IT7。当其与代表基本偏差的字母一起组成公差带时，省略 IT 字母，如 h7 GB/T 1800.1—2020 将标准公差分为 IT01、IT0、IT1、…、IT18 共 20 个标准公差等级
	尺寸公差的表示	注公差的尺寸用公称尺寸后跟所要求的公差带或（和）对应的偏差数值表示，如 32H7、80js15、100g6 当使用字母组的装置传输信息时，在标注前加注以下字母：对孔为 H 或 h，对轴为 S 或 s。例如：50H5 应为 H50H5，或为 h50h5；50h6 应为 S50H6，或为 s50h6
	公差带的位置	公差带是包含上极限尺寸和下极限尺寸间的变动值。公差带代号用基本偏差表示公差带相对于公称尺寸的位置。关于公差带的位置，即基本偏差的信息由一个或多个字母标示，称为基本偏差标示符 公差带相对于公称尺寸的位置与孔和轴的基本偏差（+ 或 −）的符号在图 2-9、表 2-3 和表 2-4 中给出
偏差	基本偏差代号	对孔用大写字母 A、…、ZC 表示，对轴用小写字母 a、…、zc 表示，如图 2-9 所示，各 28 个。其中，基本偏差 H 代表基准孔；h 代表基准轴 为避免混淆，基本偏差不采用下列字母，即 I,i;L,l;O,o;Q,q;W,w
	轴的基本偏差	轴的基本偏差为 a~h 和 k~zc，轴的另一个偏差，下极限偏差（ei）或上极限偏差（es）可由轴的基本偏差和标准公差求得，见表 2-4
	孔的基本偏差	孔的基本偏差为 A~H 和 K~ZC。孔的另一个偏差，下极限偏差（EI）或上极限偏差（ES）可由孔的基本偏差和标准公差（IT）求得，见表 2-3
	基本偏差 js 和 JS	基本偏差 js 和 JS 标准公差（IT）带对称分布于零线的两侧 对 js：$es = +\text{IT}/2$，$ei = -\text{IT}/2$ 对 JS，$ES = +\text{IT}/2$，$EI = -\text{IT}/2$
配合	配合的分类	配合分基孔制配合和基轴制配合。一般情况下，优先选用基孔制配合。如有特殊需要，允许将任一孔、轴公差带组成配合 配合有间隙配合、过盈配合和过渡配合，属于哪一种配合取决于孔、轴公差带的相互关系。基孔制（基轴制）配合中 基本偏差 a~h(A~H) 用于间隙配合 基本偏差 j~zc(J~ZC) 用于过渡配合和过盈配合
	配合的表示	配合用相同的公称尺寸后跟孔、轴公差带表示。孔、轴公差带写成分数形式，分子为孔公差带，分母为轴公差带，如 52H7/g6

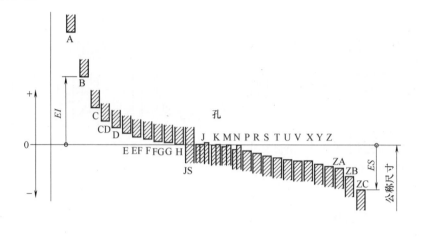

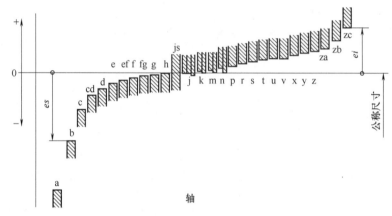

图 2-9 基本偏差系列示意图

表 2-3 孔（内尺寸要素）的上、下极限偏差

极限偏差							
A～G	H	JS	J	K	M	N	P～ZC
$ES=EI+$IT $EI>0$	$ES=0+$IT $EI=0$	$ES=+$IT$/2$ $EI=-$IT$/2$	$ES>0$	$EI=ES-$IT	$EI=ES-$IT	$EI=ES-$IT	$ES<0$

1. 公称尺寸≤3mm 时，K1～K3，K4～K8

2. 3mm<公称尺寸≤500mm 的 K4～K8

3. K9～K18；公称尺寸>500mm 时，K4～K8

4. M1～M6

5. M9～M18；公称尺寸>500mm 时，M7～M8

6. 1mm<公称尺寸≤3mm 或公称尺寸>500mm 时，N1～N8，N9～N18

7. 3mm<公称尺寸≤500mm，N9～N18

表 2-4 轴（外尺寸要素）的上、下的极限偏差

			极限偏差		
a~g	h	js	j	k	m~zc

a~g: $es<0$, $ei=es-IT$
h: $es=0$, $ei=0-IT$
js: $es=+IT/2$, $ei=-IT/2$
j (1 j7 j8): $es=ei+IT$, $ei<0$
k (2 3 4): $es=ei+IT$, $ei=0$或>0
m~zc: $es=ei+IT$, $ei>0$

1. j5,j6
2. k1~k3,也包括公称尺寸≤3mm 时,k4~k7
3. 3mm<公称尺寸≤500mm 时,k4~k7
4. k8~k18,公称尺寸>500mm 时,k4~k7

2.3 标准公差和基本偏差的构成规律

GB/T 1800.2《产品几何技术规范（GPS） 线性尺寸公差 ISO 代号体系 第2部分：标准公差代号和孔、轴的极限偏差表》给出了孔、轴常用公差带代号的极限偏差数值表。

2.3.1 标准公差系列

标准公差系列是国家标准规定的用以确定公差带大小的一系列标准公差数值。规定标准公差的目的在于实现公差带大小的标准化。标准公差系列包括三项内容，即公称尺寸分段、标准公差因子和标准公差等级。公称尺寸至 3150mm，标准公差等级 IT01~IT18 的标准公差数值见表 2-5。表中数值来源于 GB/T 1800.1—2020，有利于对极限偏差数值表及表 2-3、表 2-4 的应用和理解。公称尺寸为 3150~10000mm 的标准公差数值见表 2-6。

表 2-5 公称尺寸至 3150mm 的标准公差数值

公称尺寸/mm		标准公差等级																		
		IT01	IT0	IT1	IT2	IT3	IT4	IT5	IT6	IT7	IT8	IT9	IT10	IT11	IT12	IT13	IT14	IT15	IT16	IT17	IT18
大于	至	标准公差数值																		
		μm												mm						
—	3	0.3	0.5	0.8	1.2	2	3	4	6	10	14	25	40	60	0.1	0.14	0.25	0.4	0.6	1	1.4
3	6	0.4	0.6	1	1.5	2.5	4	5	8	12	18	30	48	75	0.12	0.18	0.3	0.48	0.75	1.2	1.8
6	10	0.4	0.6	1	1.5	2.5	4	6	9	15	22	36	58	90	0.15	0.22	0.36	0.58	0.9	1.5	2.2
10	18	0.5	0.8	1.2	2	3	5	8	11	18	27	43	70	110	0.18	0.27	0.43	0.7	1.1	1.8	2.7
18	30	0.6	1	1.5	2.5	4	6	9	13	21	33	52	84	130	0.21	0.33	0.52	0.84	1.3	2.1	3.3
30	50	0.6	1	1.5	2.5	4	7	11	16	25	39	62	100	160	0.25	0.39	0.62	1	1.6	2.5	3.9
50	80	0.8	1.2	2	3	5	8	13	19	30	46	74	120	190	0.3	0.46	0.74	1.2	1.9	3	4.6

（续）

公称尺寸 /mm		标准公差等级																			
		IT01	IT0	IT1	IT2	IT3	IT4	IT5	IT6	IT7	IT8	IT9	IT10	IT11	IT12	IT13	IT14	IT15	IT16	IT17	IT18
大于	至	标准公差数值																			
								μm							mm						
80	120	1	1.5	2.5	4	6	10	15	22	35	54	87	140	220	0.35	0.54	0.87	1.4	2.2	3.5	5.4
120	180	1.2	2	3.5	5	8	12	18	25	40	63	100	160	250	0.4	0.63	1	1.6	2.5	4	6.3
180	250	2	3	4.5	7	10	14	20	29	46	72	115	185	290	0.46	0.72	1.15	1.85	2.9	4.6	7.2
250	315	2.5	4	6	8	12	16	23	32	52	81	130	210	320	0.52	0.81	1.3	2.1	3.2	5.2	8.1
315	400	3	5	7	9	13	18	25	36	57	89	140	230	360	0.57	0.89	1.4	2.3	3.6	5.7	8.9
400	500	4	6	8	10	15	20	27	40	63	97	155	250	400	0.63	0.97	1.55	2.5	4	6.3	9.7
500	630			9	11	16	22	32	44	70	110	175	280	440	0.7	1.1	1.75	2.8	4.4	7	11
630	800			10	13	18	25	36	50	80	125	200	320	500	0.8	1.25	2	3.2	5	8	12.5
800	1000			11	15	21	28	40	56	90	140	230	360	560	0.9	1.4	2.3	3.6	5.6	9	14
1000	1250			13	18	24	33	47	66	105	165	260	420	660	1.05	1.65	2.6	4.2	6.6	10.5	16.5
1250	1600			15	21	29	39	55	78	125	195	310	500	780	1.25	1.95	3.1	5	7.8	12.5	19.5
1600	2000			18	25	35	46	65	92	150	230	370	600	920	1.5	2.3	3.7	6	9.2	15	23
2000	2500			22	30	41	55	78	110	175	280	440	700	1100	1.75	2.8	4.4	7	11	17.5	28
2500	3150			26	36	50	68	96	135	210	330	540	860	1350	2.1	3.3	5.4	8.6	13.5	21	33

表 2-6　公称尺寸为 3150~10000mm 的标准公差数值

公称尺寸 /mm		标准公差等级											
		IT6	IT7	IT8	IT9	IT10	IT11	IT12	IT13	IT14	IT15	IT16	IT17	IT18
大于	至	标准公差数值											
			μm					mm						
3150	4000	165	260	410	660	1050	1650	2.60	4.10	6.6	10.5	16.5	26.0	41.0
4000	5000	200	320	500	800	1300	2000	3.20	5.00	8.0	13.0	20.0	32.0	50.0
5000	6300	250	400	620	980	1550	2500	4.00	6.20	9.8	15.5	25.0	40.0	62.0
6300	8000	310	490	760	1200	1950	3100	4.90	7.60	12.0	19.5	31.0	49.0	76.0
8000	10000	380	600	940	1500	2400	3800	6.00	9.40	15.0	24.0	38.0	60.0	94.0

2.3.1.1　公称尺寸分段

为了减少公差数值的数目、统一公差数值和方便使用，国家标准对公称尺寸进行了分段。尺寸分段后，同一尺寸分段内的所有公称尺寸，在相同公差等级的情况下，具有相同的标准公差数值。

常用的公称尺寸分段方法有主段落和中间段落两种，见表 2-7。标准公差数值表中的公称尺寸使用了主段落分法，基本偏差数值表中的公称尺寸则采用了中间段落分法。

在计算各公称尺寸段的标准公差和基本偏差时，公式中的 D 用每一尺寸段中首尾两个尺寸 D_1 和 D_2 的几何平均值代入，即 $D=\sqrt{D_1 \times D_2}$。

表 2-7 公称尺寸分段 （单位：mm）

主段落		中间段落		主段落		中间段落	
大于	至	大于	至	大于	至	大于	至
—	3			250	315	250	280
3	6	无细分段				280	315
6	10			315	400	315	355
						355	400
10	18	10	14	400	500	400	450
		14	18			450	500
18	30	18	24	500	630	500	560
		24	30			560	630
30	50	30	40	630	800	630	710
		40	50			710	800
50	80	50	65	800	1000	800	900
		65	80			900	1000
80	120	80	100	1000	1250	1000	1120
		100	120			1120	1250
120	180	120	140	1250	1600	1250	1400
		140	160			1400	1600
		160	180	1600	2000	1600	1800
						1800	2000
180	250	180	200	2000	2500	2000	2240
		200	225			2240	2500
		225	250	2500	3150	2500	2800
						2800	3150

对小于或等于 3mm 的公称尺寸段，用 1mm 和 3mm 的几何平均值 $D = \sqrt{1 \times 3}$ mm = 1.732mm 来计算标准公差和基本偏差。

2.3.1.2 标准公差因子

在绝大多数公差等级范围内，标准公差与公称尺寸之间的关系是通过标准公差因子体现的。标准公差因子用以确定标准公差的基本单位，或称为单位公差，是为便于评定零件的尺寸精度高低而规定的，它是公称尺寸的函数，其函数关系由试验、统计分析而得，不同尺寸段有不同的函数关系式。国家标准总结出了标准公差因子的计算公式。

对于公称尺寸至 500mm 的标准公差因子 i 由下式计算，即

$$i = 0.45 \sqrt[3]{D} + 0.001D \tag{2-1}$$

式中　i——标准公差因子，单位为 μm；

　　　D——公称尺寸段的几何平均值，单位为 mm。

对于公称尺寸大于 500～3150mm 的标准公差因子 I 由下式计算，即

$$I = 0.004D + 2.1 \tag{2-2}$$

式中　I——标准公差因子，单位为 μm；

　　　D——公称尺寸段的几何平均值，单位为 mm。

2.3.1.3 标准公差等级及标准公差数值

确定尺寸精度的等级称为标准公差等级。国家标准在公称尺寸至 500mm 规定了 IT01、IT0、IT1、…、IT18 共 20 个标准公差等级；在公称尺寸大于 500～3150mm 规定了 IT1～IT18

共 18 个标准公差等级。IT01～IT18，公差等级依次降低，即 IT01 精度最高，IT18 精度最低。

（1）公称尺寸至 500mm 标准公差的由来

1）IT01 和 IT1 的标准公差。标准公差等级 IT01 和 IT0 在工业中很少用到，所以在标准正文中没有给出它们的标准公差数值，但为满足使用者需要，表 2-8 中给出了 IT01 和 IT0 的标准公差数值。

等级 IT01、IT0 和 IT1 的标准公差数值是按表 2-9 给出的公式计算的。由表 2-9 可以看出，公称尺寸≤500mm 时，标准公差数值的计算可由公式 $IT = \alpha + \beta D$ 表示。其中，α、β 均按 R10/2 的规律变化。

表 2-8　IT01 和 IT0 的标准公差数值

公称尺寸/mm		标准公差等级	
		IT01	IT0
大于	至	公差/μm	
—	3	0.3	0.5
3	6	0.4	0.6
6	10	0.4	0.6
10	18	0.5	0.8
18	30	0.6	1
30	50	0.6	1
50	80	0.8	1.2
80	120	1	1.5
120	180	1.2	2
180	250	2	3
250	315	2.5	4
315	400	3	5
400	500	4	6

表 2-9　IT01、IT0 和 IT1 的标准公差数值计算公式

标准公差等级	计算公式
IT01	$0.3 + 0.008D$
IT0	$0.5 + 0.012D$
IT1	$0.8 + 0.02D$

注：式中 D 为公称尺寸段的几何平均值，单位为 mm。

2）IT2～IT4 的标准公差。对等级 IT2、IT3 和 IT4 没有给出计算公式，其标准公差数值在 IT1 和 IT5 的数值之间大致按几何级数递增，其比值为 $\left(\dfrac{IT5}{IT1}\right)^{\frac{1}{4}}$，即 IT2、IT3、IT4 的标准公差数值分别为 $IT1\left(\dfrac{IT5}{IT1}\right)^{\frac{1}{4}}$、$IT1\left(\dfrac{IT5}{IT1}\right)^{\frac{2}{4}}$、$IT1\left(\dfrac{IT5}{IT1}\right)^{\frac{3}{4}}$。

3）IT5～IT18 的标准公差。等级 IT5～IT18 的标准公差数值作为标准公差因子 i 的函数，

由表 2-10 所列计算公式求得，标准公差因子 i 由式（2-1）计算求得。

由表 2-10 可见，IT6～IT18 的规律为：每增 5 个等级，标准公差增加至 10 倍，此规律也可用于延伸超过 IT18 的 IT 等级，如 IT19 = 4000i、IT20 = 6400i 等，也可用于 IT6～IT18 之间的其他等级，如 IT6.5 = $\sqrt{\text{IT6} \times \text{IT7}}$。

（2）公称尺寸大于 500～3150mm 的标准公差的由来

等级 IT1～IT18 的标准公差数值作为标准公差因子 I 的函数，由表 2-10 所列计算公式求得，标准公差因子 I 由式（2-2）计算求得。

（3）标准公差数值的修约

等级至 IT11 的标准公差计算结果需按表 2-11 中的规则修约。

表 2-10 IT1～IT18 标准公差计算公式

公称尺寸 /mm		标准公差等级																	
		IT1	IT2	IT3	IT4	IT5	IT6	IT7	IT8	IT9	IT10	IT11	IT12	IT13	IT14	IT15	IT16	IT17	IT18
大于	至	标准公差计算公式/μm																	
—	500	—	—	—	—	7i	10i	16i	25i	40i	64i	100i	160i	250i	400i	640i	1000i	1600i	2500i
500	3150	2I	2.7I	3.7I	5I	7I	10I	16I	25I	40I	64I	100I	160I	250I	400I	640I	1000I	1600I	2500I

注：公称尺寸至 500mm 的 IT1～IT4 的标准公差计算见前文所述。

等级大于 IT11 的标准公差数值是由 IT7～IT11 的标准公差数值延伸来的，故不需再修约。

表 2-11 等级至 IT11 的标准公差数值的修约　　　　（单位：mm）

计算结果		公称尺寸	
		至 500mm	大于 500～3150mm
大于	至	修约成整倍数	
0	60	1	1
60	100	1	2
100	200	5	5
200	500	10	10
500	1000	—	20
1000	2000	—	50
2000	5000	—	100
5000	10000	—	200
10000	20000	—	500
20000	50000	—	1000

注：为了使数值分布得更好，表 2-5 和表 2-8 中的数值有的没有采用这一规则。

2.3.2 基本偏差数值的规定

基本偏差是指在极限与配合制中，确定公差带相对于零线位置的那个极限偏差，一般是指靠近零线的上极限偏差或下极限偏差。当公差带对称分布在零线上时，其上、下极限偏差中的任何一个都可以作为基本偏差。规定基本偏差的目的在于实现公差带位置的标准化。国家标准对孔和轴分别规定了 28 个基本偏差。按顺序用拉丁字母来表示，由此构成了基本偏差系列，如图 2-9 所示。

2.3.2.1 轴的基本偏差数值

表 2-12 和表 2-13 给出了轴的基本偏差数值。轴的另一个偏差，下极限偏差（ei）或上极限偏差（es）可由轴的基本偏差和标准公差（ITn）按下列关系求得，即

$$\left.\begin{array}{l} ei = es - ITn \\ es = ei + ITn \end{array}\right\} \qquad (2\text{-}3)$$

表 2-12　轴 a~j 的基本偏差数值　　　　（单位：μm）

公称尺寸 /mm		基本偏差数值上极限偏差,es												下极限偏差,ei		
		所有公差等级												IT5 和 IT6	IT7	IT8
大于	至	a[①]	b[①]	c	cd	d	e	ef	f	fg	g	h	js	j		
—	3	−270	−140	−60	−34	−20	−14	−10	−6	−4	−2	0		−2	−4	−6
3	6	−270	−140	−70	−46	−30	−20	−14	−10	−6	−4	0		−2	−4	
6	10	−280	−150	−80	−56	−40	−25	−18	−13	−8	−5	0		−2	−5	
10	14	−290	−150	−95	−70	−50	−32	−23	−16	−10	−6	0		−3	−6	
14	18															
18	24	−300	−160	−110	−85	−65	−40	−25	−20	−12	−7	0		−4	−8	
24	30															
30	40	−310	−170	−120	−100	−80	−50	−35	−25	−15	−9	0		−5	−10	
40	50	−320	−180	−130												
50	65	−340	−190	−140		−100	−60		−30		−10	0	偏差=±$\dfrac{ITn}{2}$,式中,n是标准公差等级数	−7	−12	
65	80	−360	−200	−150												
80	100	−380	−220	−170		−120	−72		−36		−12	0		−9	−15	
100	120	−410	−240	−180												
120	140	−460	−260	−200		−145	−85		−43		−14	0		−11	−18	
140	160	−520	−280	−210												
160	180	−580	−310	−230												
180	200	−660	−340	−240		−170	−100		−50		−15	0		−13	−21	
200	225	−740	−380	−260												
225	250	−820	−420	−280												
250	280	−920	−480	−300		−190	−110		−56		−17	0		−16	−26	
280	315	−1050	−540	−330												
315	355	−1200	−600	−360		−210	−125		−62		−18	0		−18	−28	
355	400	−1350	−680	−400												
400	450	−1500	−760	−440		−230	−135		−68		−20	0		−20	−32	
450	500	−1650	−840	−480												

（续）

公称尺寸/mm		基本偏差数值上极限偏差,es												下极限偏差,ei		
		所有公差等级												IT5 和 IT6	IT7	IT8
大于	至	a①	b①	c	cd	d	e	ef	f	fg	g	h	js	j		
500	560					−260	−145		−76		−22	0	偏差=±$\frac{ITn}{2}$,式中,n是标准公差等级数			
560	630															
630	710					−290	−160		−80		−24	0				
710	800															
800	900					−320	−170		−86		−26	0				
900	1000															
1000	1120					−350	−195		−98		−28	0				
1120	1250															
1250	1400					−390	−220		−110		−30	0				
1400	1600															
1600	1800					−430	−240		−120		−32	0				
1800	2000															
2000	2240					−480	−260		−130		−34	0				
2240	2500															
2500	2800					−520	−290		−145		−38	0				
2800	3150															

① 公称尺寸≤1mm 时，不使用基本偏差 a 和 b。

表 2-13 轴 k～zc 的基本偏差数值 （单位：μm）

公称尺寸/mm		基本偏差数值 下极限偏差,ei														
		IT4～IT7	≤IT3,>IT7	所有公差等级												
大于	至	k		m	n	p	r	s	t	u	v	x	y	z	za	zb	zc
—	3	0	0	+2	+4	+6	+10	+14		+18		+20		+26	+32	+40	+60
3	6	+1	0	+4	+8	+12	+15	+19		+23		+28		+35	+42	+50	+80
6	10	+1	0	+6	+10	+15	+19	+23		+28		+34		+42	+52	+67	+97
10	14	+1	0	+7	+12	+18	+23	+28		+33		+40		+50	+64	+90	+130
14	18										+39	+45		+60	+77	+108	+150
18	24	+2	0	+8	+15	+22	+28	+35		+41	+47	+54	+63	+73	+98	+136	+188
24	30								+41	+48	+55	+64	+75	+88	+118	+160	+218
30	40	+2	0	+9	+17	+26	+34	+43	+48	+60	+68	+80	+94	+112	+148	+200	+274
40	50								+54	+70	+81	+97	+114	+136	+180	+242	+325
50	65	+2	0	+11	+20	+32	+41	+53	+66	+87	+102	+122	+144	+172	+226	+300	+405
65	80						+43	+59	+75	+102	+120	+146	+174	+210	+274	+360	+480

（续）

公称尺寸/mm		基本偏差数值 下极限偏差, ei															
大于	至	IT4~IT7	≤IT3,>IT7	所有公差等级													
		k		m	n	p	r	s	t	u	v	x	y	z	za	zb	zc
80	100	+3	0	+13	+23	+37	+51	+71	+91	+124	+146	+178	+214	+258	+335	+445	+585
100	120	+3	0	+13	+23	+37	+54	+79	+104	+144	+172	+210	+254	+310	+400	+525	+690
120	140	+3	0	+15	+27	+43	+63	+92	+122	+170	+202	+248	+300	+365	+470	+620	+800
140	160	+3	0	+15	+27	+43	+65	+100	+134	+190	+228	+280	+340	+415	+535	+700	+900
160	180	+3	0	+15	+27	+43	+68	+108	+146	+210	+252	+310	+380	+465	+600	+780	+1000
180	200	+4	0	+17	+31	+50	+77	+122	+166	+236	+284	+350	+425	+520	+670	+880	+1150
200	225	+4	0	+17	+31	+50	+80	+130	+180	+258	+310	+385	+470	+575	+740	+960	+1250
225	250	+4	0	+17	+31	+50	+84	+140	+196	+284	+340	+425	+520	+640	+820	+1050	+1350
250	280	+4	0	+20	+34	+56	+94	+158	+218	+315	+385	+475	+580	+710	+920	+1200	+1550
280	315	+4	0	+20	+34	+56	+98	+170	+240	+350	+425	+525	+650	+790	+1000	+1300	+1700
315	355	+4	0	+21	+37	+62	+108	+190	+268	+390	+475	+590	+730	+900	+1150	+1500	+1900
355	400	+4	0	+21	+37	+62	+114	+208	+294	+435	+530	+660	+820	+1000	+1300	+1650	+2100
400	450	+5	0	+23	+40	+68	+126	+232	+330	+490	+595	+740	+920	+1100	+1450	+1850	+2400
450	500	+5	0	+23	+40	+68	+132	+252	+360	+540	+660	+820	+1000	+1250	+1600	+2100	+2600
500	560	0	0	+26	+44	+78	+150	+280	+400	+600							
560	630	0	0	+26	+44	+78	+155	+310	+450	+660							
630	710	0	0	+30	+50	+88	+175	+340	+500	+740							
710	800	0	0	+30	+50	+88	+185	+380	+560	+840							
800	900	0	0	+34	+56	+100	+210	+430	+620	+940							
900	1000	0	0	+34	+56	+100	+220	+470	+680	+1050							
1000	1120	0	0	+40	+66	+120	+250	+520	+780	+1150							
1120	1250	0	0	+40	+66	+120	+260	+580	+840	+1300							
1250	1400	0	0	+48	+78	+140	+300	+640	+960	+1450							
1400	1600	0	0	+48	+78	+140	+330	+720	+1050	+1600							
1600	1800	0	0	+58	+92	+170	+370	+820	+1200	+1850							
1800	2000	0	0	+58	+92	+170	+400	+920	+1350	+2000							
2000	2240	0	0	+68	+110	+195	+440	+1000	+1500	+2300							
2240	2500	0	0	+68	+110	+195	+460	+1100	+1650	+2500							
2500	2800	0	0	+76	+135	+240	+550	+1250	+1900	+2900							
2800	3150	0	0	+76	+135	+240	+580	+1400	+2100	+3200							

2.3.2.2 孔的基本偏差数值

孔的基本偏差数值可由相同字母代号的轴的基本偏差，在相应公差等级的基础上变换得到。换算原则是基本偏差字母代号同名的孔和轴，分别构成基轴制和基孔制配合，在相应公差等级的条件下，配合性质保持不变。基于孔和轴的工艺等价原则，在较高公差等级的配合中，孔比轴的公差等级低一级；在较低公差等级的配合中，孔和轴的公差等级相同。

孔和轴的基本偏差换算包括两种规则，即通用规则和特殊规则，分别如下：

（1）通用规则

同名代号的孔和轴的基本偏差的绝对值相等，而符号相反。

$$\begin{cases} EI=-es（适用于 A～H） \\ ES=-ei（适用于同级配合的 J～ZC） \end{cases} \tag{2-4}$$

如图 2-10a 所示，从公差带图解看，孔的基本偏差是轴的基本偏差相对于零线的倒影。

（2）特殊规则

同名代号的孔和轴的基本偏差的符号相反，而绝对值相差一个 Δ 值，见式（2-5），适用于公称尺寸大于 3～500mm，标准公差≤IT8 的 J～N 和标准公差≤IT7 的 P～ZC。

$$\begin{cases} ES=-ei+\Delta \\ \Delta=\mathrm{IT}n-\mathrm{IT}_{n-1} \end{cases} \tag{2-5}$$

如图 2-10b 所示，从公差带图解看，孔的基本偏差是轴的基本偏差相对于零线的倒影，再向上移动一个 Δ 值的距离。Δ 是公称尺寸段内给定的某一标准公差 ITn 与更高一级的标准公差 IT_{n-1} 的差值。

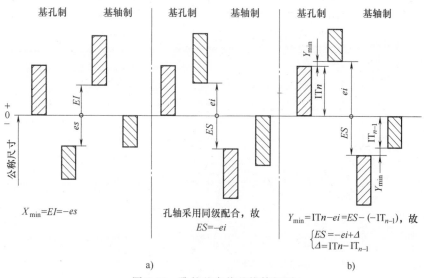

图 2-10 孔的基本偏差换算规则

a）通用规则 b）特殊规则

采用上述的两种换算规则，计算孔的基本偏差并按一定规则化整，编制孔的极限偏差数值见表 2-14。

表 2-14　孔的基本偏差数值　　　　　　　　　　（单位：μm）

公称尺寸/mm 大于	至	A	B	C	CD	D	E	EF	F	FG	G	H	JS	J IT6	J IT7	J IT8	K ≤IT8	K >IT8	M ≤IT8	M >IT8	N ≤IT8	N >IT8
—	3	+270	+140	+60	+34	+20	+14	+10	+6	+4	+2	0		+2	+4	+6	0	0	-2	-2	-4	-4
3	6	+270	+140	+70	+46	+30	+20	+14	+10	+6	+4	0		+5	+6	+10	-1+Δ		-4+Δ	-4	-8+Δ	0
6	10	+280	+150	+80	+56	+40	+25	+18	+13	+8	+5	0		+5	+8	+12	-1+Δ		-6+Δ	-6	-10+Δ	0
10	14	+290	+150	+95		+50	+32		+16		+6	0		+6	+10	+15	-1+Δ		-7+Δ	-7	-12+Δ	0
14	18	+290	+150	+95		+50	+32		+16		+6	0		+6	+10	+15	-1+Δ		-7+Δ	-7	-12+Δ	0
18	24	+300	+160	+110		+65	+40		+20		+7	0		+8	+12	+20	-2+Δ		-8+Δ	-8	-15+Δ	0
24	30	+300	+160	+110		+65	+40		+20		+7	0		+8	+12	+20	-2+Δ		-8+Δ	-8	-15+Δ	0
30	40	+310	+170	+120		+80	+50		+25		+9	0		+10	+14	+24	-2+Δ		-9+Δ	-9	-17+Δ	0
40	50	+320	+180	+130		+80	+50		+25		+9	0		+10	+14	+24	-2+Δ		-9+Δ	-9	-17+Δ	0
50	65	+340	+190	+140		+100	+60		+30		+10	0		+13	+18	+28	-2+Δ		-11+Δ	-11	-20+Δ	0
65	80	+360	+200	+150		+100	+60		+30		+10	0		+13	+18	+28	-2+Δ		-11+Δ	-11	-20+Δ	0
80	100	+380	+220	+170		+120	+72		+36		+12	0		+16	+22	+34	-3+Δ		-13+Δ	-13	-23+Δ	0
100	120	+410	+240	+180		+120	+72		+36		+12	0		+16	+22	+34	-3+Δ		-13+Δ	-13	-23+Δ	0
120	140	+460	+260	+200		+145	+85		+43		+14	0		+18	+26	+41	-3+Δ		-15+Δ	-15	-27+Δ	0
140	160	+520	+280	+210		+145	+85		+43		+14	0		+18	+26	+41	-3+Δ		-15+Δ	-15	-27+Δ	0
160	180	+580	+310	+230		+145	+85		+43		+14	0		+18	+26	+41	-3+Δ		-15+Δ	-15	-27+Δ	0
180	200	+660	+340	+240		+170	+100		+50		+15	0	偏差＝±ITn/2 式中，n是标准公差等级数	+22	+30	+47	-4+Δ		-17+Δ	-17	-31+Δ	0
200	225	+740	+380	+260		+170	+100		+50		+15	0		+22	+30	+47	-4+Δ		-17+Δ	-17	-31+Δ	0
225	250	+820	+420	+280		+170	+100		+50		+15	0		+22	+30	+47	-4+Δ		-17+Δ	-17	-31+Δ	0
250	280	+920	+480	+300		+190	+110		+56		+17	0		+25	+36	+55	-4+Δ		-20+Δ	-20	-34+Δ	0
280	315	+1050	+540	+330		+190	+110		+56		+17	0		+25	+36	+55	-4+Δ		-20+Δ	-20	-34+Δ	0
315	355	+1200	+600	+360		+210	+125		+62		+18	0		+29	+39	+60	-4+Δ		-21+Δ	-21	-37+Δ	0
355	400	+1350	+680	+400		+210	+125		+62		+18	0		+29	+39	+60	-4+Δ		-21+Δ	-21	-37+Δ	0
400	450	+1500	+760	+440		+230	+135		+68		+20	0		+33	+43	+66	-5+Δ		-23+Δ	-23	-40+Δ	0
450	500	+1650	+840	+480		+230	+135		+68		+20	0		+33	+43	+66	-5+Δ		-23+Δ	-23	-40+Δ	0
500	560					+260	+145		+76		+22	0					0		-26		-44	
560	630					+260	+145		+76		+22	0					0		-26		-44	
630	710					+290	+160		+80		+24	0					0		-30		-50	
710	800					+290	+160		+80		+24	0					0		-30		-50	
800	900					+320	+170		+86		+26	0					0		-34		-56	
900	1000					+320	+170		+86		+26	0					0		-34		-56	
1000	1120					+350	+195		+98		+28	0					0		-40		-66	
1120	1250					+350	+195		+98		+28	0					0		-40		-66	
1250	1400					+390	+220		+110		+30	0					0		-48		-78	
1400	1600					+390	+220		+110		+30	0					0		-48		-78	
1600	1800					+430	+240		+120		+32	0					0		-58		-92	
1800	2000					+430	+240		+120		+32	0					0		-58		-92	
2000	2240					+480	+260		+130		+34	0					0		-68		-110	
2240	2500					+480	+260		+130		+34	0					0		-68		-110	
2500	2800					+520	+290		+145		+38	0					0		-76		-135	
2800	3150					+520	+290		+145		+38	0					0		-76		-135	

（续）

公称尺寸/mm		基本偏差数值												Δ 值					
		上极限偏差 ES																	
		≤IT7	标准公差等级>IT7											标准公差等级					
大于	至	P~ZC	P	R	S	T	U	V	X	Y	Z	ZA	ZB	ZC	IT3	IT4	IT5	IT6	IT7	IT8
—	3		−6	−10	−14		−18		−20		−26	−32	−40	−60	0	0	0	0	0	0
3	6		−12	−15	−19		−23		−28		−35	−42	−50	−80	1	1.5	1	3	4	6
6	10		−15	−19	−23		−28		−34		−42	−52	−67	−97	1	1.5	2	3	6	7
10	14		−18	−23	−28		−33		−40		−50	−64	−90	−130	1	2	3	3	7	9
14	18							−39	−45		−60	−77	−108	−150						
18	24		−22	−28	−35		−41	−47	−54	−63	−73	−98	−136	−188	1.5	2	3	4	8	12
24	30					−41	−48	−55	−64	−75	−88	−118	−160	−218						
30	40		−26	−34	−43	−48	−60	−68	−80	−94	−112	−148	−200	−274	1.5	3	4	5	9	14
40	50					−54	−70	−81	−97	−114	−136	−180	−242	−325						
50	65		−32	−41	−53	−66	−87	−102	−122	−144	−172	−226	−300	−405	2	3	5	6	11	16
65	80			−43	−59	−75	−102	−120	−146	−174	−210	−274	−360	−480						
80	100		−37	−51	−71	−91	−124	−146	−178	−214	−258	−335	−445	−585	2	4	5	7	13	19
100	120			−54	−79	−104	−144	−172	−210	−254	−310	−400	−525	−690						
120	140	在>IT7的相应数值上增加一个Δ值	−43	−63	−92	−122	−170	−202	−248	−300	−365	−470	−620	−800	3	4	6	7	15	23
140	160			−65	−100	−134	−190	−228	−280	−340	−415	−535	−700	−900						
160	180			−68	−108	−146	−210	−252	−310	−380	−465	−600	−780	−1000						
180	200		−50	−77	−122	−166	−236	−284	−350	−425	−520	−670	−880	−1150	3	4	6	9	17	26
200	225			−80	−130	−180	−258	−310	−385	−470	−575	−740	−960	−1250						
225	250			−84	−140	−196	−284	−340	−425	−520	−640	−820	−1050	−1350						
250	280		−56	−94	−158	−218	−315	−385	−475	−580	−710	−920	−1200	−1550	4	4	7	9	20	29
280	315			−98	−170	−240	−350	−425	−525	−650	−790	−1000	−1300	−1700						
315	355		−62	−108	−190	−268	−390	−475	−590	−730	−900	−1150	−1500	−1900	4	5	7	11	21	32
355	400			−114	−208	−294	−435	−530	−660	−820	−1000	−1300	−1650	−2100						
400	450		−68	−126	−232	−330	−490	−595	−740	−920	−1100	−1450	−1850	−2400	5	5	7	13	23	34
450	500			−132	−252	−360	−540	−660	−820	−1000	−1250	−1600	−2100	−2600						
500	560		−78	−150	−280	−400	−600													
560	630			−155	−310	−450	−660													
630	710		−88	−175	−340	−500	−740													
710	800			−185	−380	−560	−840													
800	900		−100	−210	−430	−620	−940													
900	1000			−220	−470	−680	−1050													
1000	1120		−120	−250	−520	−780	−1150													
1120	1250			−260	−580	−840	−1300													
1250	1400		−140	−300	−640	−960	−1450													
1400	1600			−330	−720	−1050	−1600													
1600	1800		−170	−370	−820	−1200	−1850													
1800	2000			−400	−920	−1350	−2000													

（续）

公称尺寸/mm		基本偏差数值												Δ 值					
		上极限偏差 ES																	
大于	至	≤IT7 P~ZC	标准公差等级>IT7												标准公差等级					
			P	R	S	T	U	V	X	Y	Z	ZA	ZB	ZC	IT3	IT4	IT5	IT6	IT7	IT8
2000	2240	在>IT7的相应数值上增加一个Δ值	−195	−440	−1000	−1500	−2300													
2240	2500			−460	−1100	−1650	−2500													
2500	2800		−240	−550	−1250	−1900	−2900													
2800	3150			−580	−1400	−2100	−3200													

注：1. 公称尺寸≤1mm 时，基本偏差 A 和 B 及>IT8 的 N 均不采用。公差带 JS7~JS11，若 ITn 值数是奇数，则取偏差 =±IT$_{n-1}$/2。

2. 对≤IT8 的 K、M、N 和≤IT7 的 P~ZC，所需 Δ 值从表内右侧选取。例如，>18~30mm 段的 K7，Δ=8μm，所以 ES=−2μm+8μm=+6μm；>18~30mm 段的 S6，Δ=4μm，所以 ES=−35μm+4μm=−31μm。特殊情况，>250~315mm 段的 M6，ES=−9μm（代替−11μm）。

孔的另一个偏差，上极限偏差（ES）或下极限偏差（EI）可由孔的基本偏差和标准公差（ITn）按下列关系求得，即

$$\begin{cases} EI = ES - ITn \\ ES = EI + ITn \end{cases} \tag{2-6}$$

2.3.2.3　基本偏差 js 和 JS

基本偏差 js 和 JS 是标准公差（ITn）带对称分布于零线的两侧，对 js：

$$\begin{cases} es = +ITn/2 \\ ei = -ITn/2 \end{cases} \tag{2-7}$$

对 JS：

$$\begin{cases} ES = +ITn/2 \\ EI = -ITn/2 \end{cases} \tag{2-8}$$

2.3.2.4　基本偏差 j 和 J

大部分基本偏差 j 和 J 是标准公差（IT）带不对称分布于零线的两侧。

2.3.3　孔和轴的极限偏差

GB/T 1800.2—2020《产品几何技术规范（GPS）　线性尺寸公差 ISO 代号体系　第 2 部分：标准公差带代号和孔、轴的极限偏差表》规定了孔和轴的常用公差带的极限偏差数值。它包括孔、轴的上极限偏差和下极限偏差的数值。

2.3.4　孔和轴公差带图的图示

图 2-11 和图 2-12 所示为孔公差带的图示。图 2-11 所示为以基本偏差图示的孔公差带，图 2-11 所示为以标准公差等级图示的孔公差带。为了便于比较，图中的公差带是以>6~10mm 的公称尺寸段给出的 ES、EI 和 IT 的数值绘制的。对该公称尺寸段表中无基本偏差 T、V 和 Y 的公差带，则以>24~30mm 的公称尺寸段给出的数值绘制。

图 2-13 和图 2-14 所示为轴公差带的图示。图 2-13 所示为以基本偏差图示的轴公差带，图 2-14 所示为以标准公差等级图示的轴公差带。为了便于比较，图中的公差带是以>6~10mm 的公称尺寸段给出的 es、ei 和 IT 的数值绘制的。对该公称尺寸段表中无基本偏差 t、v 和 y 的公差带，则以>24~30mm 的公称尺寸段给出的数值绘制。

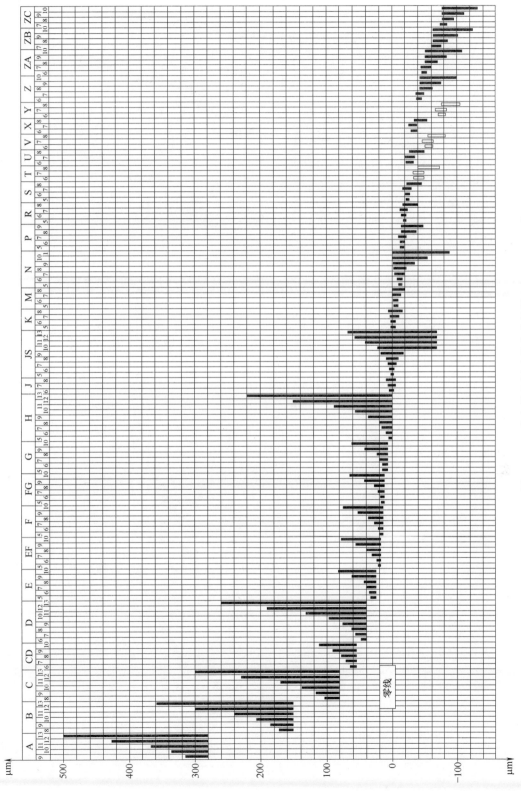

图 2-11　以基本偏差图示的孔公差带

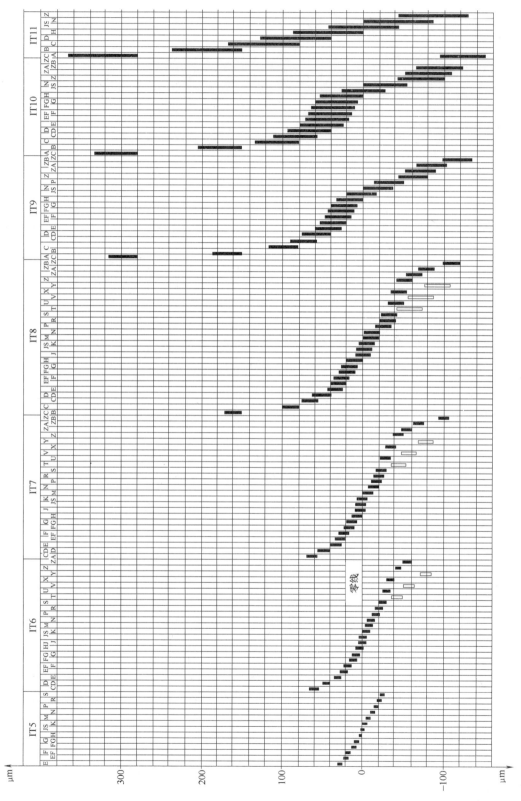

图 2-12 以标准公差等级图示的孔公差带

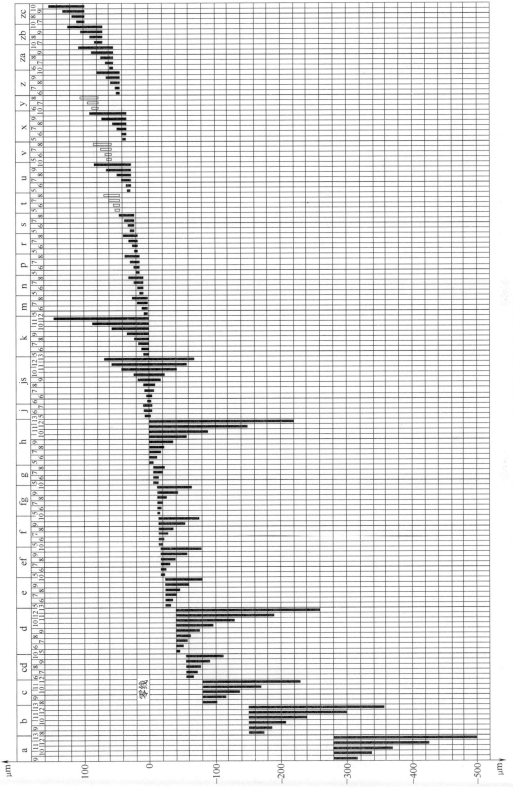

图 2-13　以基本偏差图示的轴公差带

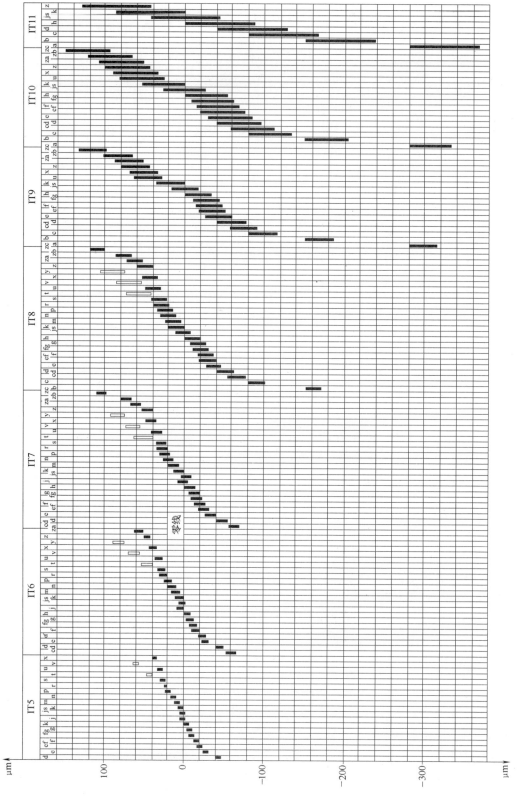

图 2-14　以标准公差等级图示的轴公差带

2.4　公差带与配合的标准化及应用

国家标准 GB/T 1801—2009 对于常用尺寸段（尺寸至 500mm）、大尺寸段（尺寸大于 500~3150mm）及小尺寸段（尺寸小于 18mm）所选用的公差带及配合种类做了必要的限制，规定了孔和轴的一般、常用和优先公差带，基孔（轴）制优先和常用配合。GB/T 1800.1—2020 整合了 GB/T 1801—2009，给出了孔、轴公差代号选取的推荐方法。

2.4.1　公差带代号的选取及配合的确定

2.4.1.1　孔、轴公差带代号的选取

GB/T 1800.1—2020 整合了 GB/T 1801—2009，给出了孔、轴公差代号选取的推荐方法。公差带代号应尽可能从图 2-15 和图 2-16 所示孔和轴对应的公差带代号中选取。框中所示的公差带代号应优先选取。通过对公差带代号选取的限制，可以避免工具和量具不必要的多样性。

图 2-15 和图 2-16 中的公差带代号仅应用于不需要对公差带代号进行特定选取的一般性用途。例如，键槽需要特定选取。在特殊应用中若有必要，偏差 js 和 JS 可被相应的偏差 j 和 J 替代。

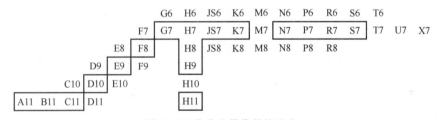

图 2-15　孔公差带代号的选取

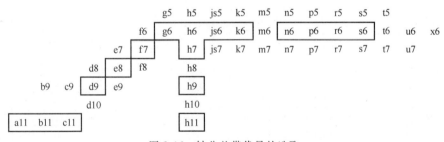

图 2-16　轴公差带代号的选取

2.4.1.2　配合的确定

GB/T 1800.1—2020 给出了确定配合的两种可用方法，即通过经验或通过计算由功能要求和相配零件的可生产性得到的允许间隙和/或过盈。

（1）实际推荐的配合

除相配零件的尺寸及其公差外，还有更多的特征可能影响配合的功能。例如，相配零件的形状、方向和位置偏差，表面结构，材料密度，工作温度，热处理和材料。为了控制所期望的配合功能，可能需要将形状、方向和位置公差附加给相配尺寸要素的尺寸公差。

（2）配合制的选择

配合制的选择首先需要决定是采用"基孔制配合"还是"基轴制配合"，这两种配合制对于零件功能方面没有技术性的差别。因此，应基于经济因素选择配合制。

通常情况应选择"基孔制配合"，采用基孔制可避免刀具（如铰刀）和量具的不必要多样性。

"基轴制配合"应仅用于那些可以带来切实经济利益的情况，如需要在没有加工的拉制钢棒的单轴上安装几个具有不同偏差的孔的零件。

（3）依据经验确定特殊配合

基于决策的考虑，对于孔和轴的公差等级和基本偏差的选择，应能够以给出最满足所要求使用条件对应的最小和最大间隙或过盈。

实际生产中通常只需要众多配合中的少数配合。图2-17和图2-18中的配合可能满足一般生产需要。考虑经济因素，配合应优先选择框中所示的公差带代号。

可由基孔制（图2-17）获得符合要求的配合，或在特定应用中由基轴制（图2-18）获得。

基准孔	轴公差带代号																
	间隙配合							过渡配合				过盈配合					
	b	c	d	e	f	g	h	js	k	m	n	p	r	s	t	u	x
H6						g5	h5	js5	k5	m5	n5	p5					
H7					f6	g6	h6	js6	k6	m6	n6	p6	r6	s6	t6	u6	x6
H8				e7	f7		h7	js7	k7	m7				s7		u7	
H8			d8	e8	f8		h8										
H9			d8	e8	f8		h8										
H10	b9	c9	d9	e9			h9										
H11	b11	c11	d10				h10										

图 2-17　基孔制配合的优先配合

基准轴	孔公差带代号																
	间隙配合							过渡配合				过盈配合					
	B	C	D	E	F	G	H	JS	K	M	N	P	R	S	T	U	X
h5						G6	H6	JS6	K6	M6	N6	P6					
h6					F7	G7	H7	JS7	K7	M7	N7	P7	R7	S7	T7	U7	X7
h7				E8	F8		H8										
h8			D9	E9	F9		H9										
h9				E8	F8		H8										
h9			D9	E9	F9		H9										
h9	B11	C10	D10				H10										

图 2-18　基轴制配合的优先配合

（4）依据计算确定特定配合

在某些特定功能的情形下，需要计算由相配零件的功能要求所导出的允许间隙和/或过盈。由计算得到的间隙和/或过盈以及配合公差应转换成极限偏差，如有可能，转换成公差带代号。

2.4.2 确定配合和公差带代号的应用示例

本节给出应用 ISO 极限与配合制确定配合间隙和/或过盈的示例。此外，在配合之外，还含有确定公差带代号的示例。

2.4.2.1 由极限偏差确定配合

由间隙和过盈的定义，最小间隙和最大过盈的计算采用相同的公式，即孔的下极限尺寸-轴的上极限尺寸；最大间隙和最小过盈的计算采用相同的公式，即孔的上极限尺寸-轴的下极限尺寸。间隙计算的结果是正值，过盈计算的是负值。

【例1】 计算配合：$\phi36H8/f7$。

对于孔 $\phi36H8$，得：

$ES = +0.039$mm，因此，有： 上极限尺寸 = 36.039mm

$EI = 0$ 下极限尺寸 = 36.000mm

对于轴 $\phi36f7$，得：

$es = -0.025$mm，因此，有： 上极限尺寸 = 35.975mm

$ei = -0.050$mm 下极限尺寸 = 35.950mm

因此：

孔的下极限尺寸-轴的上极限尺寸 = 36.000mm-35.975mm = 0.025mm

孔的上极限尺寸-轴的下极限尺寸 = 36.039mm-35.950mm = 0.089mm

可见，该配合是具有最大间隙为 0.089mm 和最小间隙为 0.025mm 的间隙配合。

【例2】 计算配合：$\phi36H7/n6$。

对于孔 $\phi36H7$，得：

$ES = +0.025$mm，因此，有： 上极限尺寸 = 36.025mm

$EI = 0$ 下极限尺寸 = 36.000mm

对于轴 $\phi36n6$，得：

$es = +0.033$mm，因此，有： 上极限尺寸 = 36.033mm

$ei = +0.017$mm 下极限尺寸 = 36.017mm

因此：

孔的下极限尺寸-轴的上极限尺寸 = 36.000mm-36.033mm = -0.033mm

孔的上极限尺寸-轴的下极限尺寸 = 36.025mm-36.017mm = +0.008mm

计算得到一个正值和一个负值，可见，该配合是具有最大间隙为 0.008mm 和最大过盈为 0.033mm 的过渡配合。

【例3】 计算配合：$\phi36H7/s6$。

对于孔 $\phi36H7$，得：

$ES = +0.025$mm，因此，有： 上极限尺寸 = 36.025mm

$EI = 0$ 下极限尺寸 = 36.000mm

对于轴 $\phi36s6$，得：

$es = +0.059$mm，因此，有： 上极限尺寸 = 36.059mm

$ei = +0.043$mm 下极限尺寸 = 36.043mm

因此：

孔的下极限尺寸-轴的上极限尺寸 = 36.000mm-36.059mm = -0.059mm

孔的上极限尺寸-轴的下极限尺寸 = 36.025mm-36.043mm = -0.018mm

计算得到两个负值。可见，该配合是具有最大过盈为 0.059mm 和最小过盈为 0.018mm 的过盈配合。

2.4.2.2　配合公差的确定

可用计算的解释结果来确定配合公差，如图 2-19 所示。依据定义，间隙配合公差：最大间隙-最小间隙，即 0.089mm-0.025mm = 0.064mm。过渡配合公差：最大间隙+最大过盈，即 0.008mm+0.033mm = 0.041mm。过盈配合公差：最大过盈-最小过盈，即 0.059mm-0.018mm = 0.041mm。

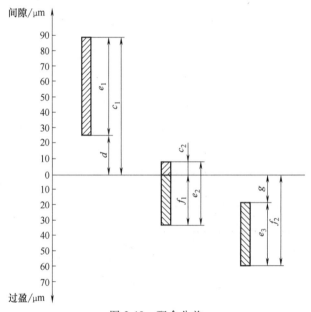

图 2-19　配合公差

注：最大间隙：$c_1 = 0.089$mm；$c_2 = 0.008$mm　最小间隙：$d = 0.025$mm

间隙配合量：$e_1 = 0.064$mm　过渡配合量：$e_2 = 0.041$mm　过盈配合量：$e_3 = 0.041$mm

最大过盈：$f_1 = 0.033$mm；$f_2 = 0.059$mm　最小过盈：$g = 0.018$mm

2.4.2.3　由计算得到的配合确定特定公差代号

（1）公差数值

为将计算得到的配合转换为极限偏差和公差带代号，首先确定公差数值大小：

计算得到的配合公差 ≥ 孔的 IT 值+轴的 IT 值

【例4】　计算配合：公称尺寸为 40mm，最小间隙为 24μm，最大间隙为 92μm，间隙配合公差为 68μm。

选取的两个公差数值之和须等于或小于计算得到的配合公差。配合公差的一半是 34μm。在表 2-5 中，在公称尺寸范围>30～50mm 的所在行上，值 34μm 位于 25μm 和 39μm 之间。表 2-5 中的值之和是 64μm，该值小于 68μm。因此，一个标准公差数值是 25μm，标准公差等级是 IT7，另一个标准公差数值是 39μm，标准公差等级是 IT8。

（2）偏差和公差带代号的确定

应对采用基孔制配合还是采用基轴制配合，还是采用基本偏差的其他组合做出决策。对于下面的示例，选择基孔制配合，查表确定公差带代号。

例 4 中公称尺寸为 40mm，选择配合制孔 H。

1）孔的公差带代号的确定。选择孔的公差等级为 IT8，下极限偏差 $EI = 0$，上极限偏差 $ES = +39\mu m$。因此，有：孔的下极限尺寸为 40mm，孔的上极限尺寸为 40.039mm，孔的公差带代号是 H8，该要素的尺寸是 40H8。

2）轴的公差带代号的确定。最小间隙为 0.024mm，孔的下极限尺寸 40mm，因此，有轴的上极限尺寸 = 40mm－0.024mm = 39.976mm。由上极限偏差的定义有：

$$es = 39.976mm - 40mm = -24\mu m。$$

在表 2-12 中，在公称尺寸范围 >30～50mm 所在行上，值 $-25\mu m$ 可作为 es。因此，有：对于 $es = -25\mu m$，其公差带代号修饰符为"f"，下极限偏差 $ei = es - IT7 = -25\mu m - 25\mu m = -50\mu m$。该轴的公差带代号为 f7，要素尺寸为 40f7。

3）配合的控制。该配合的标示为 40H8/f7。实际计算最小间隙为 $25\mu m$，最大间隙为 $89\mu m$。

设计人员确定零件配合时，应给出是否接受偏离原始计算得到的配合，还是严格地按标注最小间隙和最大间隙的决定。

2.5　未注公差尺寸的公差

"未注公差尺寸"即通常所谓的"自由尺寸"。其实，自由尺寸并不自由，它是指那些不包括在尺寸链中，对配合性无直接影响，且在一般情况下不影响该零件的工作性能和质量的尺寸，这些尺寸给定的公差为一般公差。一般公差是指在车间的一般加工条件下可保证的公差。因此，未注公差的尺寸在加工时的变动仍受限于一定的公差要求，其要求是在相应的技术文件中说明。为明确对图样上未注公差尺寸的要求，国家标准对未注公差尺寸的极限偏差及有关概念做了规定。

2.5.1　图样上未注公差的原因

构成零件的所有要素总是具有一定的尺寸和几何形状。由于尺寸误差和几何特征（形状、方向、位置）误差的存在，为保证零件的使用功能就必须对它们加以限制，超出将会损害其功能。因此，零件在图样上表达的所有要素都有一定的公差要求。

对功能上无特殊要求的要素可给出一般公差。一般公差可应用在线性尺寸、角度尺寸、形状和位置等几何要素。

采用一般公差的要素在图样上可不单独注出其公差，而是在图样上、技术要求或技术文件（如企业标准）中做出总的说明。

一般来说，图样上不标注公差往往有以下几种情况。

1）非配合尺寸。虽无配合要求，但为了装配方便、减轻重量、节约材料及外形美观等原因，应对尺寸变化加以限制，但其公差要求不高，故一般不注出公差数值。

2）零件上某些尺寸的公差可以由工艺来保证。例如，冲压件的尺寸由冲模决定，铸件的尺寸由木模决定，只要冲模、木模的尺寸正确，可以满足要求，就没必要再注明零件公差。

3）为简化制图，使图面清晰并突出那些重要的、有公差要求的尺寸，故其他尺寸便不注出公差。

采用一般公差，可带来以下好处：

1）简化制图，图面清晰易读，可高效地进行信息交换。

2）节省图样设计时间。设计人员不必逐一考虑或计算公差数值，只需了解某要素在功能上是否允许采用大于或等于一般公差的公差数值。

3）图样明确了哪些要素可由一般工艺水平保证，可简化检验要求，有助于质量管理。

4）突出了图样上注出公差的尺寸，这些尺寸大多是重要的且需要控制的，引起加工与检验时重视和做出计划安排。

5）由于签订合同前就已经知道工厂的"通常车间精度"，买方和供方间能更方便地进行订货谈判；同时图样表示完整也可避免交货时买方和供方间的争论。

只有特定车间的通常车间精度可靠地满足等于或小于所采用的一般公差条件时，才能完全体现上述这些好处。因此，车间应做到：

- 测量、评估车间的通常车间精度。
- 只接受一般公差等于或大于通常车间精度的图样。
- 抽样检查以保证车间的通常车间精度不被降低。

2.5.2 有关规定和适用范围

对某确定的数值，加大公差通常在制造上并不会经济。例如，适宜"通常中等精度"水平的车间加工 35mm 直径的某要素，规定 ±1mm 的极限偏差通常在制造上对车间不会带来更大的利益，而选用 ±0.3mm 的一般公差的极限偏差数值（中等级）就足够。

当功能上允许的公差等于或大于一般公差时，应采用一般公差。只有当要素的功能允许比一般公差大的公差，而该公差在制造上比一般公差更为经济时（如装配时所钻的不通孔深度），其相应的极限偏差数值要在尺寸后注出。

由于功能上的需要，某要素要求采用比"一般公差"小的公差数值，则应在尺寸后注出其相应的极限偏差数值。当然这不属一般公差的范畴。

GB/T 1804—2000《一般公差　未注公差的线性和角度尺寸的公差》规定了未注出公差的线性和角度尺寸的一般公差的公差等级和极限偏差数值，适用于金属切削加工的尺寸，也适用于一般的冲压加工的尺寸。非金属材料和其他工艺方法加工的尺寸可参照采用。

1）该标准适用于下面尺寸：①长度尺寸，包括孔、轴、直径、台阶尺寸、距离、倒角半径和倒角尺寸等；②工序尺寸；③零件组装以后，需再经过加工所形成的尺寸。

2）该标准不适用于以下尺寸：①已在图样上给出公差的尺寸；②用括号标明的辅助尺寸；③用方框标明的理论正确尺寸；④零件组装后构成的尺寸。

3）线性尺寸的一般公差规定 4 个公差等级，适用于非配合尺寸。

4）规定图样上线性尺寸的未注公差，应考虑车间的一般加工精度，选取相应的公差等级，由相应的技术文件或标准做出具体规定，并在图样上、技术文件或标准中用该标准号和公差等级代号表示。例如，选用中等级时，表示为"GB/T 1804-m"。

2.5.3 一般公差的公差等级和极限偏差数值

一般公差分精密 f、中等 m、粗糙 c、最粗 v 共 4 个公差等级。按未注公差的线性尺寸和角度尺寸分别给出了各公差等级的极限偏差数值。

(1) 线性尺寸

表 2-15 给出了线性尺寸的极限偏差数值;表 2-16 给出了倒圆半径和倒角高度尺寸的极限偏差数值。

表 2-15 线性尺寸的极限偏差数值 (单位:mm)

公差等级	公称尺寸分段							
	0.5~3	>3~6	>6~30	>30~120	>120~400	>400~1000	>1000~2000	>2000~4000
精密 f	±0.05	±0.05	±0.1	±0.15	±0.2	±0.3	±0.5	—
中等 m	±0.1	±0.1	±0.2	±0.3	±0.5	±0.8	±1.2	±2
粗糙 c	±0.2	±0.3	±0.5	±0.8	±1.2	±2	±3	±4
最粗 v	—	±0.5	±1	±1.5	±2.5	±4	±6	±8

表 2-16 倒圆半径和倒角高度尺寸的极限偏差数值 (单位:mm)

公差等级	公称尺寸分段			
	0.5~3	>3~6	>6~30	>30
精密 f	±0.2	±0.5	±1	±2
中等 m				
粗糙 c	±0.4	±1	±2	±4
最粗 v				

注:倒圆半径和倒角高度的含义参见 GB/T 6403.4。

(2) 角度尺寸

表 2-17 给出了角度尺寸的极限偏差数值,其值按角度短边长度确定,对圆锥角按圆锥素线长度确定。

表 2-17 角度尺寸的极限偏差数值

公差等级	长度分段/mm				
	~10	>10~50	>50~120	>120~400	>400
精密 f	±1°	±30′	±20′	±10′	±5′
中等 m					
粗糙 c	±1°30′	±1°	±30′	±15′	±10′
最粗 v	±3°	±2°	±1°	±30′	±20′

2.5.4 一般公差的图样表示法及应用示例

若采用本标准规定的一般公差,应在图样标题栏附近或技术要求、技术文件(如企业标准)中注出本标准号及公差等级代号。例如,选取中等级时,标注为:GB/T 1804-m。

图 2-20 中尺寸 19、R5、R1.5、φ3 为未注公差，根据图样技术要求中"未注公差应符合 GB/T 1804-m"的说明。可查表 2-15，得尺寸 19 的极限偏差为±0.2，R5、R1.5、φ3 的极限偏差为±0.1。

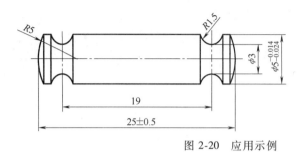

技术要求
未注公差应符合GB/T 1804-m。

图 2-20　应用示例

2.5.5　检测与拒收

线性和角度尺寸的一般公差是在车间普通工艺条件下，机床设备可保证的公差。在正常维护和操作情况下，它代表车间通常的加工精度。

一般公差的公差等级的公差数值符合通常的车间精度。按零件使用要求选取相应的公差等级。

线性尺寸的一般公差主要用于低精度的非配合尺寸。

采用一般公差的尺寸在正常车间精度保证的条件下，一般可不检验。若抽样检测或仲裁时，其公差值要求按 GB/T 1804 确定。

除另有规定，超出一般公差的零件如未达到损害其功能时，通常不应判定拒收。

零件功能允许的公差常常是大于一般公差，所以当零件任一要素超出（偶然地超出）一般公差时零件的功能通常不会被损害。只有当零件的功能受到损害时，超出一般公差的零件才能被拒收。

第**3**章

尺寸公差的规范及标注图解

本章主要阐述尺寸公差（线性尺寸和角度尺寸以及除线性、角度尺寸外的尺寸）的相关标准内容。介绍了线性尺寸、角度尺寸的缺省规范操作集及尺寸要素的若干特定规范操作集，给出了线性尺寸、角度尺寸的规范修饰符及图样标注方法。针对线性、角度尺寸之外的尺寸，本章介绍了应用尺寸规范控制时所引起的不确定。本章的内容体系和涉及的标准如图3-1所示。

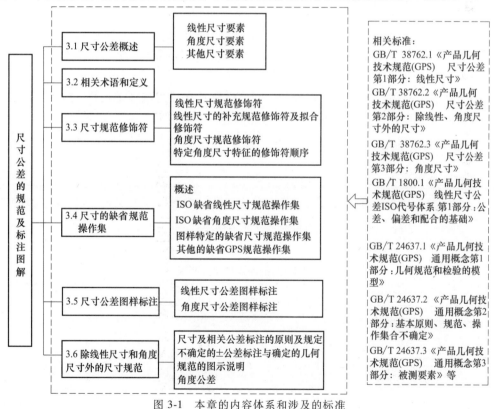

图 3-1　本章的内容体系和涉及的标准

3.1　尺寸公差概述

尺寸公差包括线性尺寸公差、角度尺寸公差和除线性、角度尺寸外的尺寸公差三类。

线性尺寸在 ISO/GPS 标准中有两种常用的规定：即局部两点尺寸和包容要求。与局部两点尺寸规定不同的是，包容要求的最大实体尺寸是对于实际组成尺寸要素的最大内切（对于内要素）或者最小外接（对于外要素）的全局尺寸进行控制。除了包容要求的最大实体尺寸，还有些在分析产品加工余量问题、最小壁厚问题时也需要使用全局尺寸。GB/T 38762.1—2020（ISO 14405-1：2016）中，有 4 种关于全局尺寸的拟合准则，分别为最小二乘、最大内切、最小外接及最小区域准则。GB/T 38762.1—2020 增加了 3 种经计算得到的线性尺寸，分别为周长直径、面积直径及体积直径，并给出相应的修饰符号，GB/T 38762.1—2020 增加了 7 种与统计排序相关的修饰符号，这些新的符号给产品设计意图表达提供了更丰富的符号语言。

对于线性尺寸，依据现行的 GPS 尺寸公差标准（ISO 14405-1），线性尺寸包含局部尺寸、全局尺寸、计算尺寸和统计（排序）尺寸 4 种。16 个线性尺寸修饰符号再配合其他 13 个补充修饰符号，可以表达的功能更为精确。这些符号的增加不仅是产品功能描述的需求，也是产品数字化设计、数字化制造和数字化检测的需求。

对于角度尺寸，包含角度尺寸（Angular Size）和角度距离（Angular Distance）两部分。其中的角度距离在国家标准附录部分列出了尺寸要素之间和一个尺寸要素与一个平面要素之间的角度距离。由于这种标注方法存在很大的规范不确定性，GB/Z 24638—2009 明确提出了应采用 GB/T 1182 中几何公差进行标注。本章节中的角度尺寸（Angular Size）是依据现行的 GPS 标准 GB/T 38762.3—2020（ISO 14405-3：2016）内容进行介绍。

对于除线性、角度尺寸外的尺寸，GB/T 38762.2—2020（ISO 14405-2：2016）说明了应用尺寸规范控制线性、角度尺寸之外的尺寸，以避免在这些尺寸上使用±公差引起的不确定以及用几何规范控制上述尺寸的益处。

3.1.1 线性尺寸要素

线性尺寸要素是指具有线性尺寸的尺寸要素。

有一个或者多个本质特征的几何要素，其中只有一个可以作为变量参数，其余的参数是"单参数族"中的一员，且这些参数遵守单调抑制性。

常见的线性尺寸要素见表 3-1。

表 3-1　常见的线性尺寸要素

序号	图例	线性尺寸要素	线性尺寸特征
1		圆柱面	直径
2	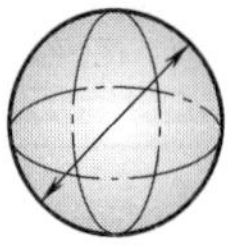	球面	直径（球径）
3	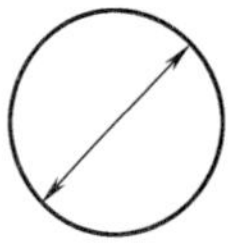	圆（回转面与垂直于回转面轴线的平面的交线）	直径

（续）

序号	图例	线性尺寸要素	线性尺寸特征
4		两相对平行平面	厚度或宽度
5		两相对平行直线（圆柱面与过圆柱面轴线的平面的交线，或者棱柱面与垂直于棱柱面中心面的平面的交线）	厚度或宽度
6		两相对圆（一对同轴回转面与垂直于公共轴线的平面的交线）	壁厚

　　图 3-2 和图 3-3 所示为两相对平行平面型及圆柱面型线性尺寸要素。由两个平行平面（内要素或外要素）组成的组合要素是一个线性尺寸要素，其线性尺寸为其宽度。一个圆柱孔或轴是线性尺寸要素，其线性尺寸是其直径。

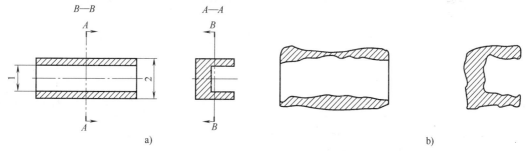

图 3-2　由两相对平面组成的线性尺寸要素的示例
a）公称尺寸要素（内和外）　b）提取要素
1—内尺寸要素的尺寸　2—外尺寸要素的尺寸

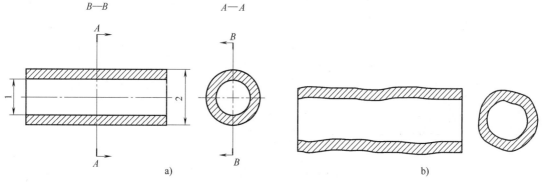

图 3-3　由圆柱面组成的线性尺寸要素的示例
a）公称尺寸要素（内和外）　b）提取要素
1—内尺寸要素的尺寸　2—外尺寸要素的尺寸

3.1.2　角度尺寸要素

　　角度尺寸要素主要有两种类型，即棱形角度尺寸要素和回转体角度尺寸要素。

• 棱形角度尺寸要素：由楔形（截断或未截断）的横截面建立的两条相对直线，该横截面垂直于楔形/截断楔形的两个拟合平面的相交直线，如图 3-4 a、c 所示。

• 回转体角度尺寸要素：由圆锥/圆台的纵截面建立的两条相对直线，该纵截面包含圆锥/圆台的旋转拟合轴线，如图 3-4b、d 所示。

角度尺寸规范及其规范修饰符适用于下列角度尺寸要素：圆锥（截断如圆台或未截断）、楔形（截断或未截断）、两条相对直线（由垂直于楔形/截断楔形两平面相交直线的平面与楔形/截断楔形相交得到，或由包含圆锥/圆台轴线的平面与圆锥/圆台相交得到），两条相对直线的示例如图 3-4e、f 所示。

图 3-5 说明了角度尺寸要素和两个非角度尺寸要素间的角度距离，表明了材料方向相对时（当绕着两要素的相交线旋转其中一要素能使其与另一要素重合时，两要素的材料方向为相对），角度尺寸要素是存在的。

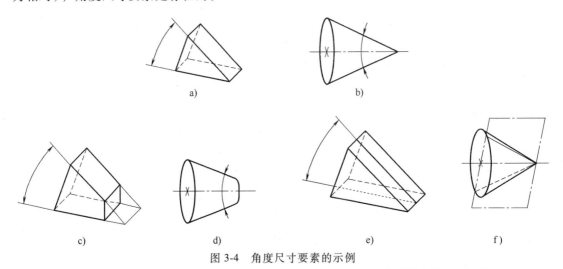

图 3-4　角度尺寸要素的示例

a）楔形　b）圆锥　c）截断楔形　d）圆台　e）楔形的两条相对线　f）圆锥的两条相对素线

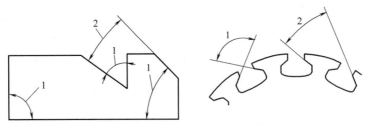

图 3-5　可能的角度尺寸要素的示例

1—角度尺寸要素　2—非角度尺寸要素

3.1.3　其他尺寸要素

对于台阶尺寸、半径尺寸、线性距离、倒角的高度和角度、棱边半径、角度距离等，属于除线性尺寸和角度尺寸外的其他尺寸。依据 GB/T 4249—2018（ISO 8015：2011）的图样明确性（公差标注）原则和归责原则，尺寸公差标注应依据 GPS 标准进行明确标注，从而尽可能避免或减少图样标注的歧义（规范不确定性）；如果未依据 GPS 标准进行明确标注，图样标注的解读将可能存在歧义，这些规范不确定性由设计人员负责。为避免歧义，以及更明确地表达产品的功能需求，这些除线性尺寸和角度尺寸外的其他尺寸标注应采用几何公差进行标注，如图3-6所示。

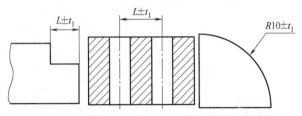

图3-6　除线性尺寸和角度尺寸以外的其他尺寸的示例

3.2　相关术语和定义

GB/T 38762《产品几何技术规范（GPS）尺寸公差》给出了线性尺寸、角度尺寸的相关术语和定义，见表3-2。

表3-2　相关术语和定义

序号	术语	定义及说明
1	尺寸要素（Feature of Size）	线性尺寸要素或角度尺寸要素 注：线性尺寸要素、角度尺寸要素和尺寸的线性要素、尺寸的角度要素含义相同
2	上极限尺寸（Upper Limit of Size，ULS）	尺寸特征的最大许用值
3	下极限尺寸（Lower Limit of Size，LLS）	尺寸特征的最小许用值
4	尺寸（Size）	尺寸要素的可变尺寸参数，可在公称要素或拟合要素上定义
5	尺寸特征（Size Characteristic）	与尺寸有关的特征，由提取组成要素定义
6	局部线性尺寸（Local Linear Size）	根据定义，沿着和/或绕着尺寸要素的方向上，尺寸要素的尺寸特征会有不唯一的评定结果
7	两点尺寸（Two-Point Size）	（局部尺寸）提取组成线性尺寸要素上的两相对点间的距离 注：图中 d_1、d_i 和 d_n 为两点尺寸
8	截面尺寸（Section Size）	提取组成要素给定横截面的全局尺寸 注：部分尺寸为完整被测尺寸要素的局部尺寸 图示：基于最大内切准则（也可为其他准则）并由直接全局尺寸获得的截面尺寸

（续）

序号	术语	定义及说明
9	部分尺寸（Portion Size）	提取要素指定部分的全局尺寸 注:部分尺寸为完整被测尺寸要素的局部尺寸 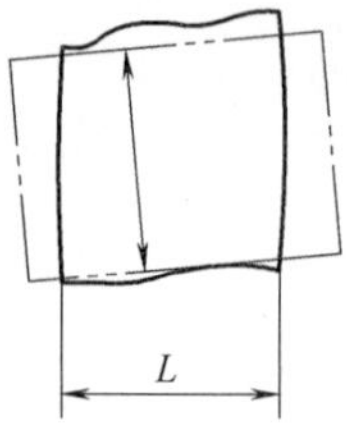 图示:基于最大内切准则（也可为其他准则）并由直接全局尺寸获得的部分尺寸,图中 L 为要求的部分圆柱面长度
10	球面尺寸（Spherical Size）	球面尺寸属于局部线性尺寸,即最大内切球面的直径 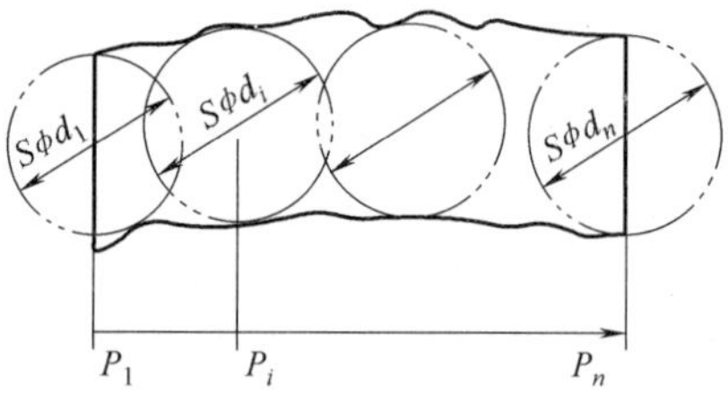 注:图中 d 为尺寸,P 为位置
11	全局尺寸（Global Size） 全局线性尺寸（Global Linear Size）	根据定义,沿着和绕着尺寸要素的方向上,尺寸要素的尺寸特征具有唯一的评定结果
12	直接全局尺寸（Direct Global Size） 直接全局线性尺寸（Direct Global Linear Size）	全局尺寸等于拟合组成要素的尺寸,该拟合组成要素与尺寸要素的形状类型相同,其建立不受尺寸、方向或位置的限制
13	最小二乘尺寸（Least-Square Size）	采用总体最小二乘准则（即要求拟合组成要素与提取组成要素间的距离平方和最小）从提取组成要素中获得拟合组成要素的直接全局尺寸 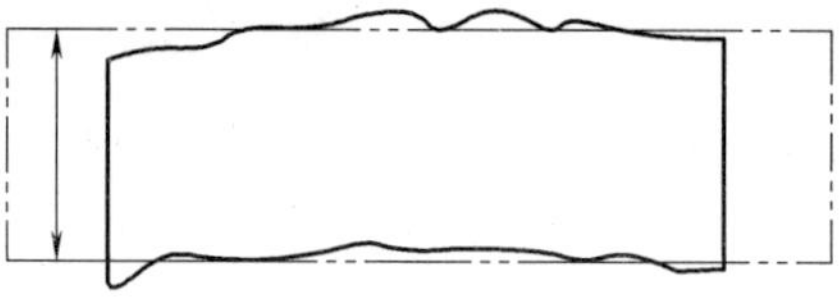
14	最大内切尺寸（Maximum Inscribed Size）	采用最大内切准则从提取组成要素中获得拟合组成要素的直接全局尺寸 注:对于内尺寸要素而言,最大内切尺寸曾被称为"内要素的配合尺寸",即拟合组成要素内切于提取组成要素,且其尺寸为最大（提取组成要素与拟合组成要素相接触） 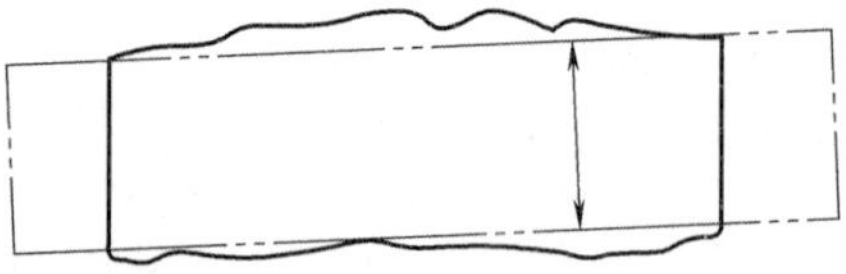

（续）

序号	术语	定义及说明
15	最小外接尺寸（Minimum Circumscribed Size）	采用最小外接准则从提取组成要素中获得拟合组成要素的直接全局尺寸 注:对于外尺寸要素而言,最小外接尺寸曾被称为"外要素的配合尺寸",即拟合组成要素外接于提取组成要素,且其尺寸为最小(提取组成要素与拟合组成要素相接触) 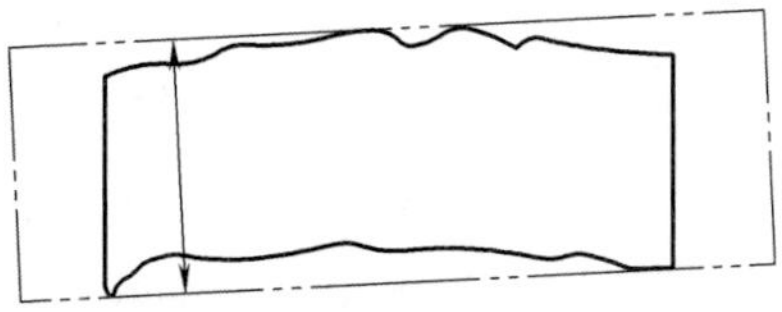
16	最小区域尺寸（Minimax Size） 切比雪夫尺寸（Chebyshev Size）	采用最小区域准则从提取组成要素中获得的拟合组成要素的直接全局尺寸 注:最小区域准则给出了包含提取组成要素的最小包络区域,且不受内、外材料约束,即提取组成要素与拟合组成要素上所有点之间距离的最大值最小,且不受材料约束 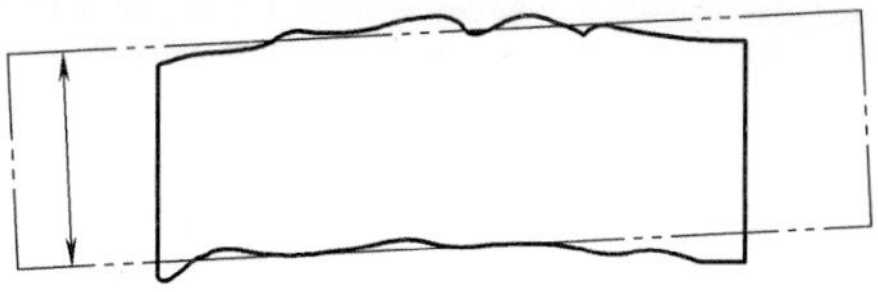
17	间接全局尺寸（Indirect Global Size） 间接全局线性尺寸（Indirect Global Linear Size）	全局计算尺寸或统计尺寸 注:如间接全局尺寸可以是提取柱面上一组两点尺寸的平均值
18	计算尺寸（Calculated Size）	通过数学公式计算所得的尺寸,该尺寸反映了尺寸要素的本质特征与要素的一个或几个其他尺寸之间的关系
19	周长直径（Circumference Diameter）	（提取圆柱面的）计算尺寸,其直径 d 由 $d = \dfrac{C}{\pi}$ 获得 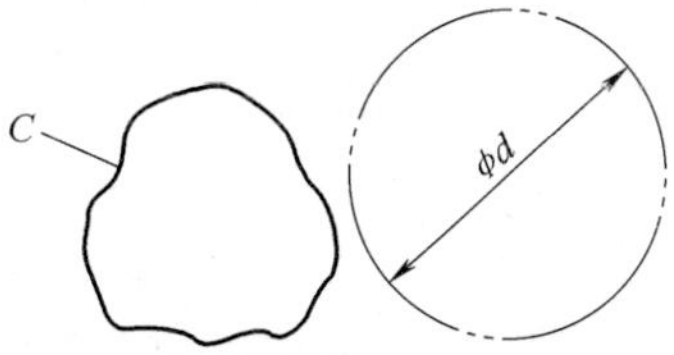 图中 C 为横截面的提取组成轮廓线长度,所取横截面垂直于最小二乘拟合圆柱面的轴线
20	面积直径（Area Diameter）	（提取圆柱面的）计算尺寸,其直径 d 由 $d = \sqrt{\dfrac{4A}{\pi}}$ 获得 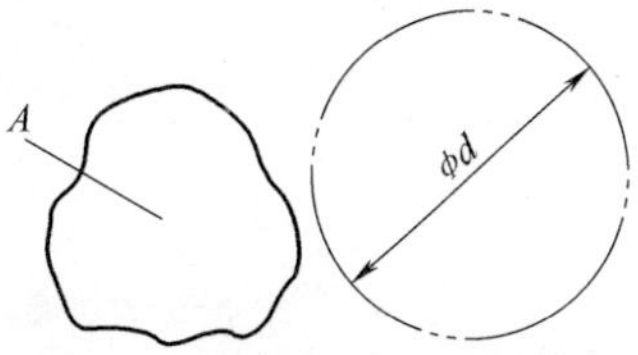 图中 A 为横截面的提取组成轮廓线所围成的面积,所取横截面垂直于最小二乘拟合圆柱面的轴线

(续)

序号	术语	定义及说明
21	体积直径(Volume Diameter)	(提取圆柱面的)计算尺寸,其直径 d 由 $d=\sqrt{\dfrac{4V}{\pi L}}$ 获得: 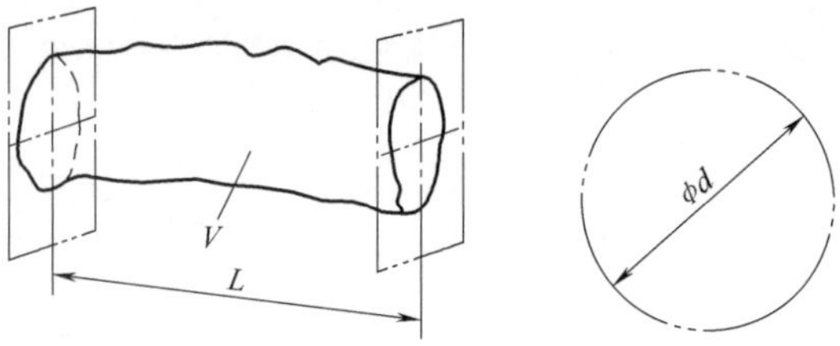 图中 V 为提取组成圆柱面所限定的体积;L 为圆柱面的长度,圆柱面位于两平行平面(垂直于最小二乘拟合圆柱轴线且两平面间距离最大)间,并包含要素的一个完整截面
22	统计尺寸(Rank-Order Size)	用数学方法,在沿着和/或绕着被测要素获得的一组局部尺寸中定义的尺寸特征 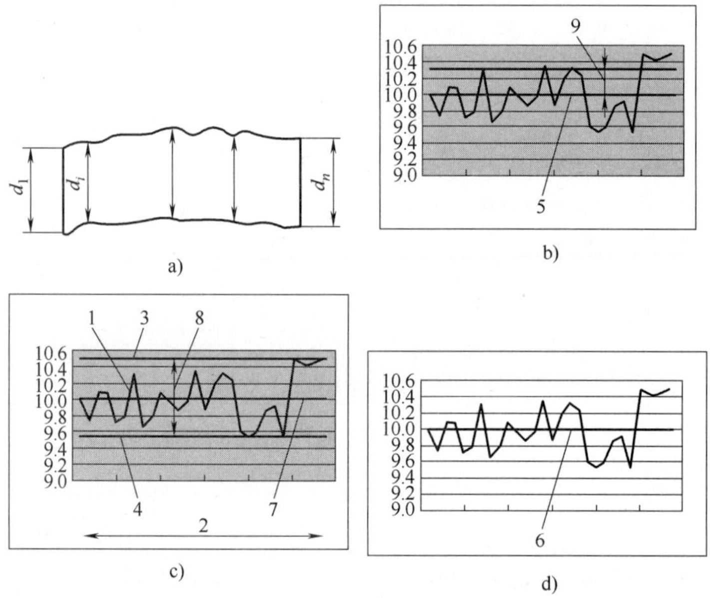 1——组局部尺寸数值 2—轴向位置 3—最大尺寸 4—最小尺寸 5—平均尺寸 6—中位尺寸 7—极值平均尺寸 8—尺寸范围 9—尺寸的标准差 d_i—局部尺寸数值
23	最大尺寸(Maximum Size)	沿着和/或绕着被测要素获得的一组局部尺寸的最大值定义的统计尺寸
24	最小尺寸(Minimum Size)	沿着和/或绕着被测要素获得的一组局部尺寸的最小值定义的统计尺寸
25	平均尺寸(Average Size)	沿着和/或绕着被测要素获得的一组局部尺寸的平均值定义的统计尺寸
26	中位尺寸(Median Size)	沿着和/或绕着被测要素获得的一组局部尺寸的中位值定义的统计尺寸 中位值允许局部尺寸总体均分为相等的两部分(上 50%、下 50%)。中位尺寸与平均尺寸可能相同也可能不同,这取决于总体分配的函数

（续）

序号	术语	定义及说明
27	极值平均尺寸（Mid-Range Size）	沿着和/或绕着被测要素获得的一组局部尺寸的极值平均（即最大值与最小值的平均值）定义的统计尺寸
28	尺寸范围（Range of Size）	沿着和/或绕着被测要素获得的一组局部尺寸的最大值与最小值的差值定义的统计尺寸
29	尺寸的标准差（Standard Deviation of Size）	沿着和/或绕着被测要素获得的一组局部尺寸的标准差定义的统计尺寸
30	包容要求（Envelope Requirement）	最小实体尺寸控制两点尺寸,同时最大实体尺寸控制最小外接尺寸或最大内切尺寸 注:"包容要求"曾称为"泰勒原则"
31	用于外尺寸要素的包容要求（Envelope Requirement for External Features of Size）	下极限尺寸控制两点尺寸,同时上极限尺寸控制最小外接尺寸 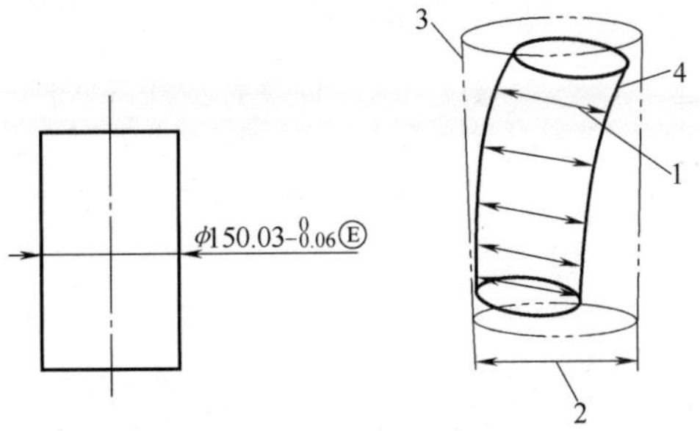 ϕ150.03$-^{0}_{0.06}$Ⓔ a)　　　　　b) 1—两点尺寸　2—包容圆柱面直径　3—包容提取要素4的圆柱面　4—提取组成要素
32	用于内尺寸要素的包容要求（Envelope Requirement for Internal Features of Size）	上极限尺寸控制两点尺寸,同时下极限尺寸控制最大内切尺寸 ϕ12$^{+0.1}_{0}$Ⓔ 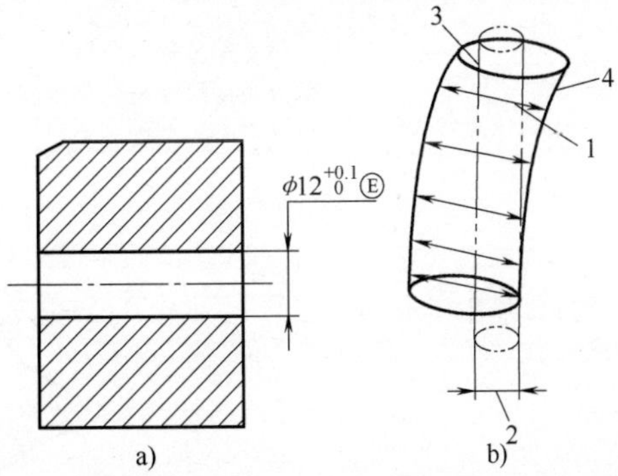 a)　　　　　b) 1—两点尺寸　2—包容圆柱面直径　3—被提取要素4包容的圆柱面　4—提取组成要素相同公差的尺寸要素
33	角度尺寸（Angular Size）	圆锥的角度尺寸,两条共面相对直线间的角度尺寸或两个相对的非平行平面间的角度尺寸
34	局部角度尺寸（Local Angular Size）	在特定的位置具有唯一数值,而沿着和/或绕着角度尺寸要素时具有不唯一数值的角度尺寸特征

（续）

序号	术语	定义及说明
35	两线角度尺寸（Two-Line Angular Size）	由两条提取线所建立的拟合直线之间的角度，该提取线由与拟合角度尺寸要素交线垂直的横截面得到 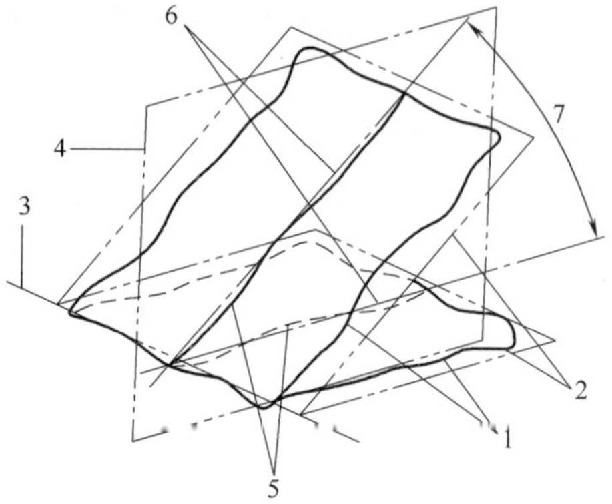 1—实际角度尺寸要素　2—实际角度尺寸要素1的拟合平面　3—两个拟合平面2的相交直线　4—与相交直线3垂直的横截面　5—两条提取线　6—两条拟合直线　7—两直线间的角度尺寸
36	回转体的两线角度尺寸（Two-Line Revolute Angular Size）	由两提取线的拟合直线得到的两线角度尺寸，对应的提取线由回转体要素与包含轴线的平面相交得到
37	棱形的两线角度尺寸（Two-Line Prismatic Angular Size）	由两提取线的拟合直线得到的两线角度尺寸，对应的提取线由两个提取表面与垂直于它们拟合相交直线的平面相交得到
38	部分角度尺寸（Portion Angular Size）	给定部分提取角度尺寸要素的全局角度尺寸。在考虑完整角度尺寸要素时，部分角度尺寸是局部角度尺寸；而在仅考虑特定部分角度尺寸要素时，部分角度尺寸是全局角度尺寸 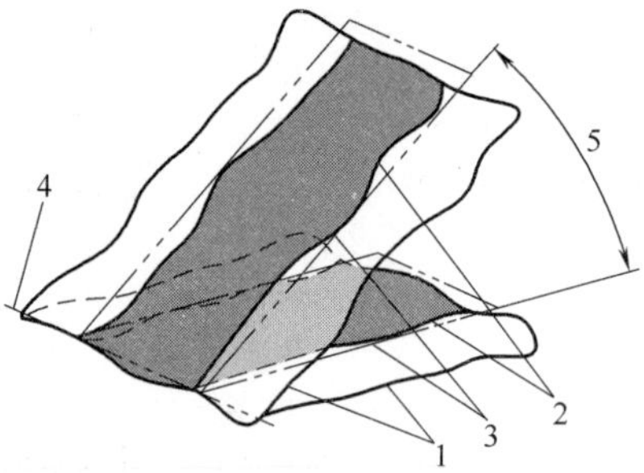 1—实际角度尺寸要素　2—部分实际角度尺寸要素　3—部分实际角度尺寸要素的拟合平面　4—两个拟合平面的相交直线　5—部分角度尺寸
39	全局角度尺寸（Global Angular Size）	对于整个被测角度尺寸要素，具有唯一数值的角度尺寸特征

（续）

序号	术语	定义及说明
40	直接全局角度尺寸（Direct Global Angular Size）	由角度尺寸要素的一个拟合要素所定义的全局角度尺寸 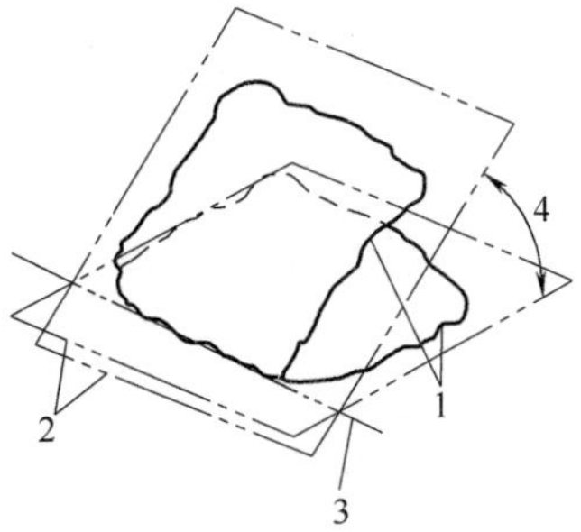 1—实际角度尺寸要素　2—实际角度尺寸要素的拟合平面　3—两个拟合平面的相交直线　4—在垂直于交线的平面内所定义的直接全局角度尺寸
41	最小二乘全局角度尺寸（Least Squares Global Angular Size）	采用最小二乘拟合准则的直接全局角度尺寸 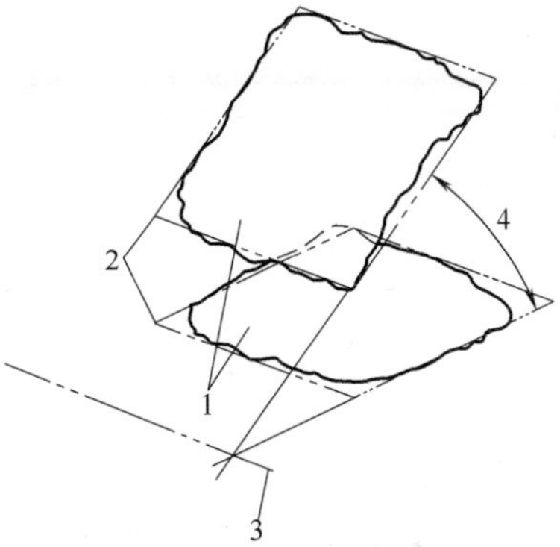 1—实际角度尺寸要素　2—实际角度尺寸要素的拟合平面　3—两个拟合平面的相交直线　4—最小二乘全局角度尺寸
42	最小区域全局角度尺寸（Minimax Global Angular Size）	采用最小区域拟合准则的直接全局角度尺寸 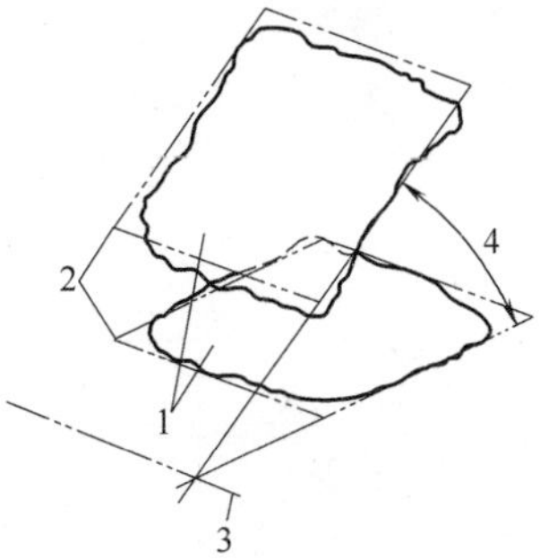 1—实际角度尺寸要素　2—实际角度尺寸要素的拟合平面　3—两个拟合平面的相交直线　4—最小区域全局角度尺寸
43	间接全局角度尺寸（Indirect Global Angular Size） 统计角度尺寸（Rank-Order Angular Size）	对于沿着和/或绕着角度尺寸要素获得的一组同类局部尺寸值,通过数学方法定义的全局角度尺寸 对于沿着和/或绕着角度尺寸要素,可以对其局部角度尺寸进行统计,从而得到唯一值(如最大角度尺寸、最小角度尺寸、平均角度尺寸等) 统计角度尺寸的定义可参见统计线性尺寸的定义 更多关于统计角度尺寸的子类型细节,参见统计线性尺寸的定义 例如,统计角度尺寸可以是提取圆锥面上所有两线角度尺寸的平均值

3.3 尺寸规范修饰符

3.3.1 线性尺寸规范修饰符

线性尺寸规范修饰符见表 3-3，分别给出了局部尺寸、全局尺寸、计算尺寸及统计尺寸，统计尺寸可用作计算部分尺寸、全局尺寸和局部尺寸的补充。

表 3-3　线性尺寸规范修饰符

类别	修饰符	描述
局部尺寸	LP	两点尺寸
	LS	由球面定义的局部尺寸
全局尺寸	GG	最小二乘拟合准则
	GX	最大内切拟合准则
	GN	最小外接拟合准则
	GC	最小区域(切比雪夫)拟合准则
计算尺寸	CC	周长直径(计算尺寸)
	CA	面积直径
	CV	体积直径
统计尺寸	SX	最大尺寸
	SN	最小尺寸
	SA	平均尺寸
	SM	中位尺寸
	SD	极值平均尺寸
	SR	尺寸范围
	SQ	尺寸的标准偏差

3.3.2 线性尺寸的补充规范修饰符及拟合修饰符

线性尺寸的补充规范修饰符见表 3-4。在尺寸规范中为上/下极限规范了定义尺寸特征的特定类型，所涉及的修饰符与符号见表 3-5。

表 3-4　线性尺寸的补充规范修饰符

符号	描述	标注示例
UF	联合尺寸要素	UF 3×ϕ10±0.1(GN)
(E)	包容要求	10±0.1(E)
/长度数值	要素的任意限定部分	ϕ10±0.1(GG)/5
ACS	任意横截面	ϕ10±0.1(GX)ACS
SCS	特定横截面	10±0.1(GX)CSC
ALS	任意纵截面	10±0.1(GX)ALS
数字×	多个要素	2×10±0.1(E)
CT	公共被测尺寸要素	2×ϕ10±0.1(E)CT
(F)	自由状态条件	ϕ10±0.1 (LP)(SA)(F)
←→	区间	ϕ10±0.1A←→B
◁∥B	相交平面	5±0.02ALS ◁⊥A
←∥B	方向要素	5±0.02ALS ←⊥A
⟨1⟩	旗注	10±0.1⟨1⟩

表 3-5　尺寸特征类型、子类型及其拟合修饰符

尺寸特征类型	子类型	附加定义	拟合修饰符	说明
局部尺寸	两点尺寸		(LP)	任意局部两点尺寸都需满足尺寸规范
	球面尺寸		(LS)	任意由球面定义的局部尺寸都需满足尺寸规范
	截面尺寸	用最小二乘拟合准则获得	(GG)ACS	对于任意横截面,其最小二乘拟合圆的尺寸都需满足尺寸规范
			(GG)ALS	对于任意纵截面,其最小二乘拟合两线尺寸都需满足尺寸规范
			(GG)SCS	对于指定横截面,其最小二乘拟合圆的尺寸都需满足尺寸规范
		用最大内切拟合准则获得	(GX)ACS	对于任意横截面,其最大内切拟合圆的尺寸都需满足尺寸规范
			(GX)ALS	对于任意纵截面,其最大内切拟合两线尺寸都需满足尺寸规范
			(GX)SCS	对于指定横截面,其最大内切拟合圆的尺寸都需满足尺寸规范

（续）

尺寸特征类型	子类型	附加定义	拟合修饰符	说明
局部尺寸	截面尺寸	用最小外接拟合准则获得	(GN)ACS	对于任意横截面,其最小外接拟合圆的尺寸都需满足尺寸规范
			(GN)ALS	对于任意纵截面,其最小外接拟合两线尺寸都需满足尺寸规范
			(GN)SCS	对于指定横截面,其最小外接拟合圆的尺寸都需满足尺寸规范
		用最小区域拟合准则获得	(GC)ACS	对于任意横截面,其最小区域(切比雪夫)拟合圆的尺寸都需满足尺寸规范
			(GC)ALS	对于任意纵截面,其最小区域(切比雪夫)拟合两线尺寸都需满足尺寸规范
			(GC)SCS	对于指定横截面,其最小区域(切比雪夫)拟合圆的尺寸都需满足尺寸规范
		采用周长直径的计算尺寸	(CC)	对于任意横截面,采用周长计算所得直径尺寸需满足尺寸规范
		采用面积直径的计算尺寸	(CA)	对于任意横截面,采用面积计算所得直径尺寸需满足尺寸规范
		局部尺寸的任意类型统计尺寸	(LP)(SA)ACS	对于任意横截面,局部两点尺寸的平均值需满足尺寸规范
	长度为 L 的部分尺寸	用最小二乘拟合准则获得	例:(GG)/20	对于任意局部20mm范围,其最小二乘拟合尺寸需满足尺寸规范
		用最大内切拟合准则获得	例:(GX)/20	对于任意局部20mm范围,其最大内切拟合尺寸需满足尺寸规范
		用最小外接拟合准则获得	例:(GN)/20	对于任意局部20mm范围,其最小外接拟合尺寸需满足尺寸规范
		用最小区域拟合准则获得	例:(GC)/20	对于任意局部20mm范围,其最小区域拟合尺寸需满足尺寸规范
		采用体积直径的计算尺寸	例:(CV)/20	对于任意局部20mm范围,其体积计算所得尺寸需满足尺寸规范
		截面尺寸、球面尺寸或两点尺寸的统计尺寸	例:(LP)(SA)ACS (SX)A⟷B	在 A~B 限定区域范围内,对于任意横截面中的局部两点尺寸的平均值进行统计排序,所得的最大值需满足尺寸规范
全局尺寸	直接全局尺寸	用最小二乘拟合准则获得	(GG)	用最小二乘拟合准则获得全局尺寸需满足尺寸规范
		用最大内切拟合准则获得	(GX)	用最大内切拟合准则获得全局尺寸需满足尺寸规范
		用最小外接拟合准则获得	(GN)	用最小外接拟合准则获得全局尺寸需满足尺寸规范
		用最小区域拟合准则获得	(GC)	用最小区域拟合(切比雪夫)准则获得全局尺寸需满足尺寸规范

（续）

尺寸特征类型	子类型	附加定义	拟合修饰符	说明
全局尺寸	计算全局尺寸	采用体积直径的计算尺寸	(CV)	采用体积计算所得尺寸需满足尺寸规范
	间接全局尺寸	局部尺寸的统计尺寸	例：(GN)ACS(SN)	对于任意横截面，采用最小外接拟合，沿轴向方向进行统计排序，其最小尺寸需满足尺寸规范
局部与全局尺寸	包容要求	两点尺寸与最大内切或最小外接尺寸的组合	(E)	任意局部两点尺寸不超过最小实体尺寸极限，同时最小外接尺寸（对于外要素）或最大内切尺寸（对于内要素）不超过最大实体尺寸极限

　　结合线性尺寸的相关定义及分类，当应用完整尺寸要素时，涉及尺寸要素的几种特征类型之间的相互关系，如图 3-7 所示，其中 "––▸" 表示由某尺寸的统计尺寸定义。

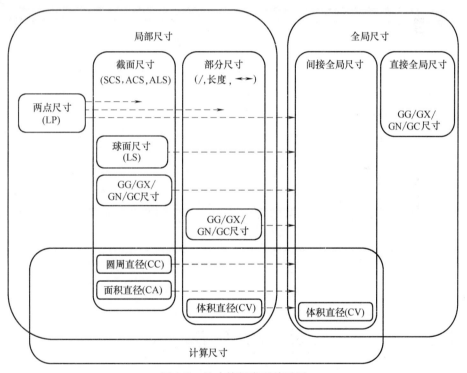

图 3-7　尺寸特征类型关系图

3.3.3　角度尺寸规范修饰符

　　角度尺寸规范修饰符见表 3-6，分别给出了局部尺寸、全局尺寸、计算尺寸及统计尺寸，统计尺寸可用作计算部分尺寸、全局尺寸和局部尺寸的补充。表 3-7 给出了角度尺寸的通用规范修饰符，线性距离适用于棱形尺寸要素和回转体尺寸要素的轴线方向，角度距离适用于回转体尺寸要素的回转方向。

表 3-6 角度尺寸规范修饰符

修饰符	修饰符及图例	说明
⒧Ⓒ (LC)	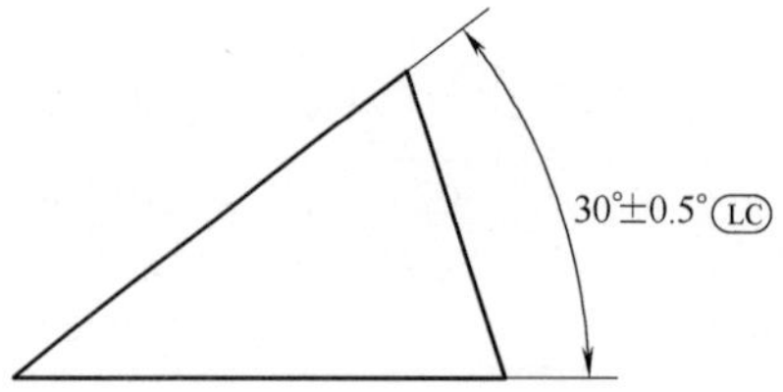 30°±0.5° ⒧Ⓒ	采用最小区域(切比雪夫)拟合准则的两直线间角度尺寸
⒧Ⓖ (LG)	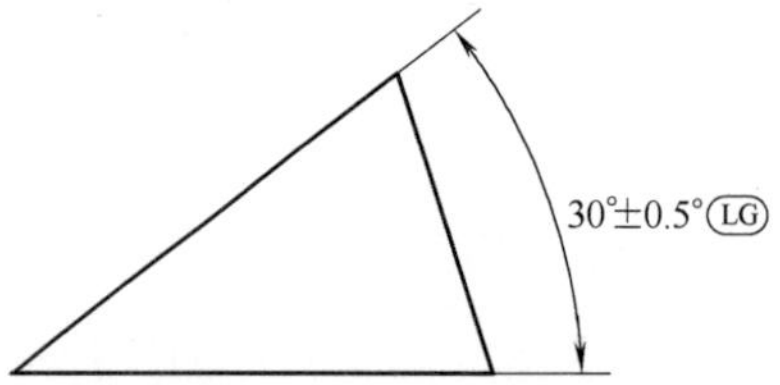 30°±0.5° ⒧Ⓖ	采用最小二乘拟合准则的两直线间角度尺寸
⒢Ⓖ (GG)	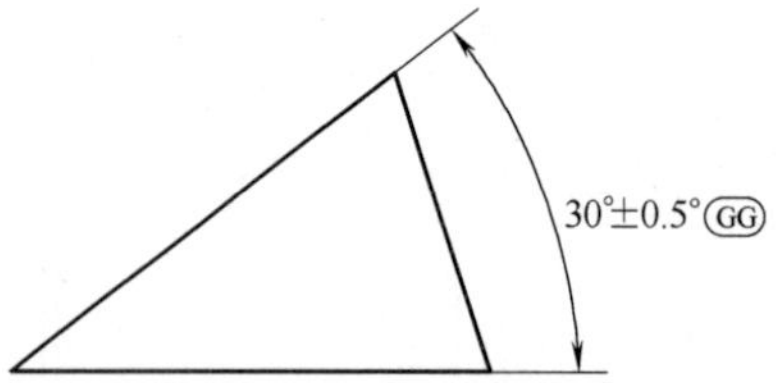 30°±0.5° ⒢Ⓖ	采用最小二乘拟合准则的全局角度尺寸
⒢Ⓒ (GC)	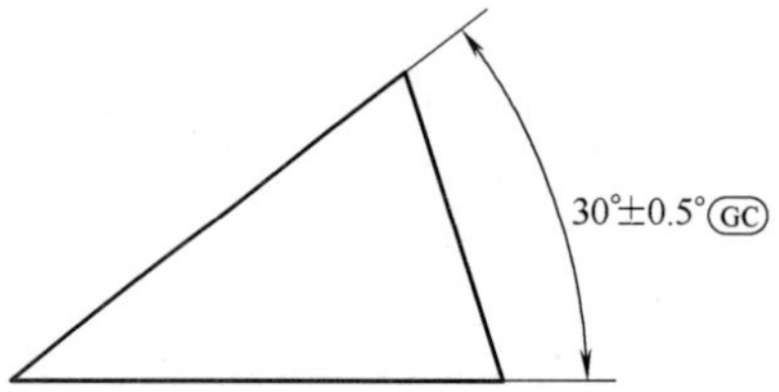 30°±0.5° ⒢Ⓒ	采用最小区域(切比雪夫)拟合准则的全局角度尺寸
ⓈⓍ (SX)	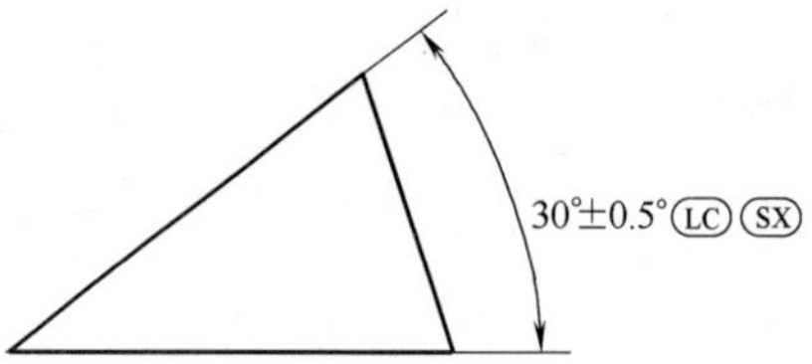 30°±0.5° ⒧Ⓒ ⓈⓍ	统计的最大角度尺寸
Ⓢⓝ (SN)	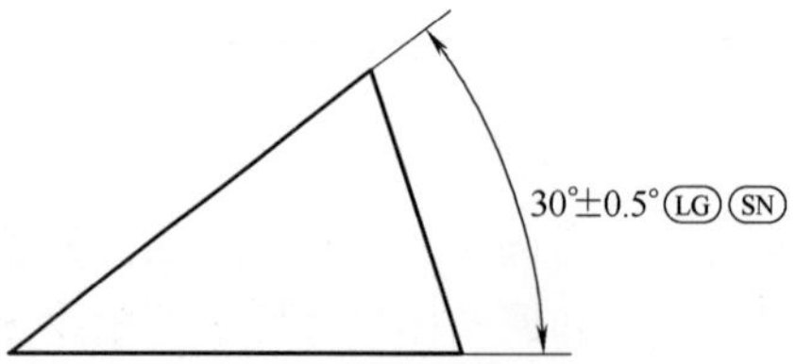 30°±0.5° ⒧Ⓖ Ⓢⓝ	统计的最小角度尺寸

（续）

修饰符	修饰符及图例	说明
(SA)	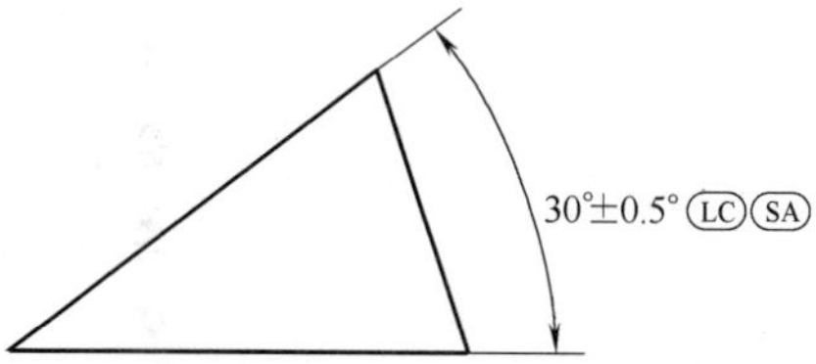 30°±0.5° (LC)(SA)	统计的平均角度尺寸
(SM)	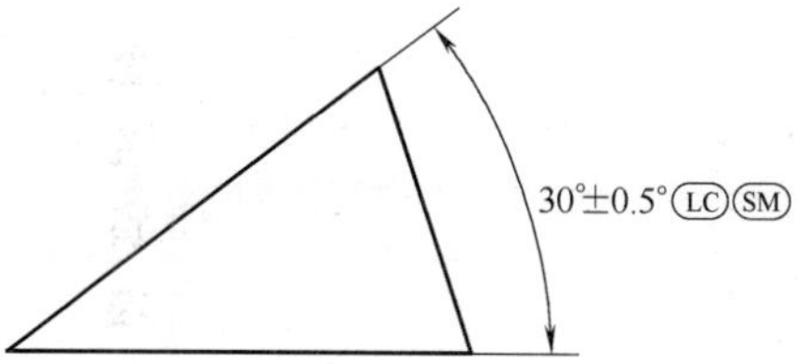 30°±0.5° (LC)(SM)	统计的中位数角度尺寸
(SD)	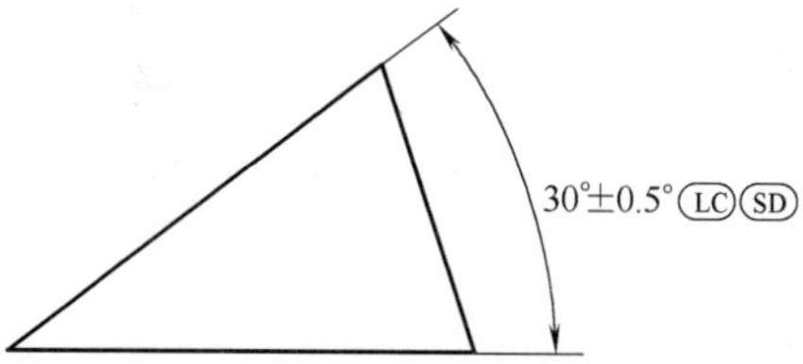 30°±0.5° (LC)(SD)	统计的极值平均角度尺寸
(SQ)	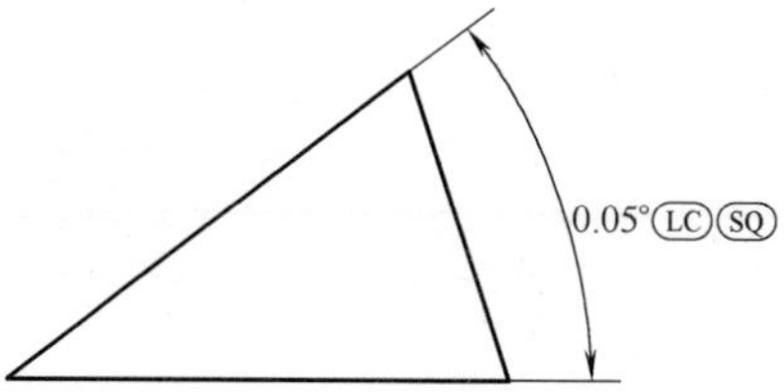 0.05° (LC)(SQ)	统计角度尺寸的标准偏差
(SR)	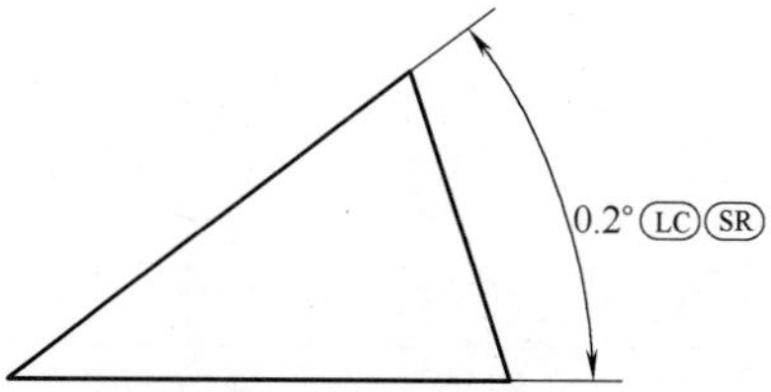 0.2° (LC)(SR)	统计角度尺寸的范围

表 3-7 角度尺寸的通用规范修饰符

符号	标注示例		说明
	楔形角度尺寸要素	回转体角度尺寸要素	
/线性距离	35°±1°/15	35°±1°/15	角度尺寸要素的任意限定部分
/角度距离	不适用	35°±1°/15	角度尺寸要素的任意限定部分

（续）

符号	标注示例		说明
	楔形角度尺寸要素	回转体角度尺寸要素	
SCS	45°±2° SCS	不适用	特定横截面
Number x	2×45°±2°	2×45°±2°	多个角度尺寸要素
CT	2×45°±2° CT	2×45°±2° CT	公共被测角度尺寸要素
Ⓕ	35°±1° Ⓕ	35°±1° Ⓕ	自由状态
←→	35°±1°A ←→ B	35°±1°A ←→ B	区间

结合角度尺寸的相关定义及分类，涉及角度尺寸几种特征类型之间的相互关系，如图 3-8 所示，其中"——▶"表示统计操作，dd 表示定义部分的尺寸。

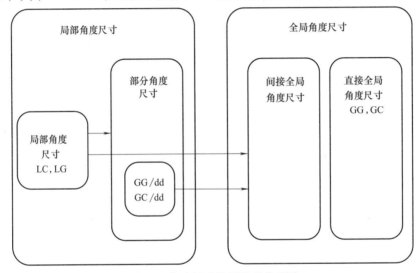

图 3-8　角度尺寸特征类型关系图

3.3.4　特定角度尺寸特征的修饰符顺序

为了定义可用于上/下极限规范的特定类型角度尺寸特征，修饰符与符号应按表 3-8 所列的顺序使用。

表 3-8　特定角度尺寸特征的修饰符顺序

角度尺寸特征类别	子类型	附加定义	拟合修饰符
局部角度尺寸	两线间角度尺寸		ⓁⒸ 或 ⓁⒼ
	长度 L 范围的部分角度尺寸	最小二乘拟合准则	例：ⒼⒼ/25
		最小区域拟合准则	例：ⒼⒸ/20
		局部角度尺寸的统计角度尺寸;在部分上建立的角度尺寸	例：ⓁⒼ/20 ⓈⓃ

（续）

角度尺寸特征类别	子类型	附加定义	拟合修饰符
全局角度尺寸	直接全局角度尺寸	最小二乘拟合准则	例：(GG)
		最小区域拟合准则	例：(GC)
	间接全局角度尺寸	基于局部角度尺寸的统计角度尺寸	例：(LG) (SD)　(GG)/10 (SD)

3.4　尺寸的缺省规范操作集

3.4.1　概述

当线性尺寸采用基本 GPS 标注时，其规范操作集为缺省规范操作集。线性尺寸的缺省规范操作集可为：ISO 缺省 GPS 规范操作集，图样中的缺省 GPS 规范操作集，其他的缺省 GPS 规范操作集。

线性尺寸的基本 GPS 规范无附带规范修饰符，可为五种类型之一，见表 3-9。依据现行的 GPS 标准，带有 ISO 公差代号的规范与包含上/下极限的规范是等价的。依据 GB/T 1800—2009，带有 ISO 公差代号的规范缺省为包容要求。GB/T 1800—2020 对此进行了更新，即使采用 ISO 公差代号，其规范缺省与 GB/T 38762.1—2020 中所规定的缺省规范保持一致。

表 3-9　不同类型的线性尺寸基本 GPS 规范

序号	用于线性尺寸的基本 GPS 规范	示例	说明
1	公称尺寸±极限偏差	$150_{-0.2}^{0}$；$\phi38_{-0.1}^{+0.2}$；55 ± 0.2	由公称尺寸和上下极限偏差综合确定上极限尺寸和下极限尺寸
2	公称尺寸后注有 GB/T 1800.1 所规定的公差代号	$68H8$；$\phi67k6$；$165js10$	公称尺寸所对应的公差由标准公差代号进行表达，内容参见 GB/T 1800.1
3	上、下极限尺寸值	150；$\phi38.2$；55.2　149.8；$\phi37.9$；54.8	上极限尺寸和下极限尺寸分别明确标注
4	上极限或下极限尺寸值	$85.2max$；$84.8min$	仅规定了上极限尺寸或仅规定了下极限尺寸
5	由公称尺寸定义的一般公差，该公称尺寸既不标注在括号内，也不是理论正确尺寸（即方框内标注的尺寸）	10 和标题栏内标注 ISO2768-m	按照一般公差标准 ISO2768-m 确定尺寸 10 的公差，内容参见 GB/T 1804

当角度尺寸采用基本 GPS 标注时，其规范操作集为缺省规范操作集。角度尺寸的缺省规范操作集可为：ISO 缺省 GPS 规范操作集；图样特定缺省 GPS 规范操作集；变更的缺省 GPS 规范操作集。

不带规范修饰符时，角度尺寸的基础 GPS 规范可能为表 3-10 中的四种类型之一。

表 3-10　角度尺寸基本 GPS 规范

序号	角度尺寸的 GPS 基本规范	示例
1	公称角度尺寸±极限偏差[①]	35°±1°
2	角度尺寸上极限值和下极限值[①]	36° 34°
3	角度尺寸上极限值或下极限值[①]	45°max；32°min
4	公称角度尺寸，该角度尺寸既不标注在括号中，也不用理论正确尺寸，并且在标题栏内或者附近标明所采用的一般公差[②]	45° 在标题栏内或者附近注明 GB/T 1804—f

① 公称角度尺寸和极限偏差必须注出单位（十进制或/度/分/秒）。
② 一般公差相关内容见 GB/T 1804（ISO 2768-1）。

3.4.2　ISO 缺省线性尺寸规范操作集

尺寸的 ISO 缺省规范操作集（无规范修饰符）是两点尺寸。当图样中没有标注另外的尺寸缺省规范时，则尺寸的 ISO 缺省规范操作集适用。当上、下两个极限都为两点尺寸（缺省）时，无须标注修饰符⒧ⓟ。图 3-9 和图 3-10 所示三种尺寸的规范操作集均采用了 ISO 缺省规范操作集，且含义完全相同，仅仅是表达方式不同。

图 3-9　尺寸的基本 GPS 规范示例：圆柱面

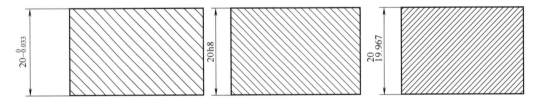

图 3-10　尺寸的基本 GPS 规范示例：两相对平行平面

3.4.3　ISO 缺省角度尺寸规范操作集

角度尺寸的 ISO 缺省规范操作集是采用最小区域拟合（切比雪夫拟合）准则的"两线角度尺寸"。当图样上没有涉及其他角度尺寸缺省规范的标注时，角度尺寸应采用 ISO 缺省规范操作集。当角度尺寸上、下限都采用两线角度尺寸时，修饰符ⓁⒸ无须标注出来，如图 3-11 所示。

若采用最小区域准则，则有无材料约束对角度尺寸的评定没有影响。公差应用于沿着两个实际组成表面的所有横截面，所有的角度值都应在角度公差范围内。

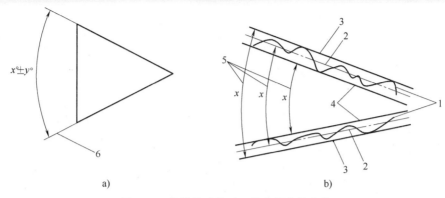

图 3-11　角度尺寸的 ISO 缺省规范操作集

a）标注　b）解释

1—实际要素　2—采用无材料约束的最小区域准则拟合要素　3—采用材料外部约束的最小区域准则拟合要素

4—采用材料内部约束的最小区域准则拟合要素　5—两线角度尺寸　6—角度尺寸

3.4.4　图样特定的缺省尺寸规范操作集

当图样中的缺省规范操作集应用于尺寸规范时，需按下列顺序将其标注在标题框内或附近：按照国家标准线性尺寸 GB/T 38762；适用于所选线性尺寸缺省定义的规范修饰符。为便于读图，在特定缺省规范标注后可将所有其他类型的修饰符标注在括号内，见表 3-11。

在引用 GB/T 38762 之前，应通过增加词语"线性尺寸"或者"角度尺寸"，以说明线性/角度尺寸的不同缺省规范操作集。

表 3-11　图样特定的缺省尺寸规范操作集

序号	图样标注	图样解释
1	线性尺寸GB/T 38762 Ⓖ Ⓖ	整张图样线性尺寸的缺省规范操作集产生了变更，角度尺寸的缺省规范操作集未产生变更 整张图样中线性尺寸缺省规范操作集并非两点尺寸，而是全局最小二乘尺寸
2	线性尺寸GB/T 38762 Ⓔ(ⓁⓅ Ⓖ Ⓖ Ⓖ Ⓝ Ⓖ Ⓧ)	整张图样线性尺寸的缺省规范操作集产生了变更，角度尺寸的缺省规范操作集未产生变更 整张图样中线性尺寸缺省规范操作集并非两点尺寸，而是包容要求。括号里的修饰符表示在图样中还有明确注明的局部两点尺寸、全局最小二乘尺寸、全局最小外接尺寸和全局最大内切尺寸

(续)

序号	图样标注	图样解释
3	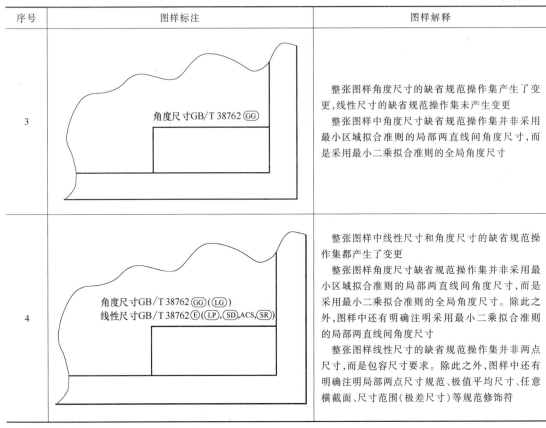 角度尺寸GB/T 38762 (GG)	整张图样角度尺寸的缺省规范操作集产生了变更,线性尺寸的缺省规范操作集未产生变更 整张图样中角度尺寸缺省规范操作集并非采用最小区域拟合准则的局部两直线间角度尺寸,而是采用最小二乘拟合准则的全局角度尺寸
4	角度尺寸GB/T 38762 (GG) (LG) 线性尺寸GB/T 38762 (E) (LP) (SD),ACS, (SR)	整张图样中线性尺寸和角度尺寸的缺省规范操作集都产生了变更 整张图样角度尺寸缺省规范操作集并非采用最小区域拟合准则的局部两直线间角度尺寸,而是采用最小二乘拟合准则的全局角度尺寸。除此之外,图样中还有明确注明采用最小二乘拟合准则的局部两直线间角度尺寸 整张图样线性尺寸的缺省规范操作集并非两点尺寸,而是包容尺寸要求。除此之外,图样中还有明确注明局部两点尺寸规范、极值平均尺寸、任意横截面、尺寸范围(极差尺寸)等规范修饰符

3.4.5　其他的缺省 GPS 规范操作集

如需要采用其他（变更）的缺省规范操作集（如企业内部规范），应在相关文件中进行定义。作为一个完整规范操作集的一部分，对其他的缺省规范操作集，应严谨、明确、完整的进行定义，如图 3-12 所示。

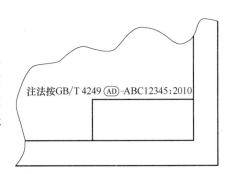

1）注明"注法"或"注法按 GB/T 4249"。

2）表示其他变更缺省的符号 (AD)。

图 3-12　其他的缺省规范操作集标注

3）相关文件和其他必要信息（如发布日期）的完整标识。

3.5　尺寸公差图样标注

3.5.1　线性尺寸公差图样标注

依据 GB/T 4249 的要素原则，缺省时，尺寸公差标注应用于单一完整尺寸要素。

当尺寸公差需要应用于下列情况时，需要进行注明。

1）公差应用于特定的限定部分（特定限定部分的整个范围）。

2）公差应用于在特定长度范围内的任意限定部分。

3）公差应用于尺寸要素任意限定部分（任意横截面和任意纵截面）。

4）公差应用于特定横截面。

5）公差独立应用于多个尺寸要素。

6）公差同时应用于多个尺寸要素（将多个尺寸要素视为一个尺寸要素）。

当尺寸特征的 ISO 缺省规范操作集不适用时，可用规范修饰符以及补充修饰符对具体的特定规范操作集进行明确标注（参见 GB/T 24637.2—2020）。

规范修饰符应与尺寸的一般 GPS 规范同时使用，或者当尺寸特征为尺寸范围或者尺寸的标准偏差时，与给定公差组合使用。

3.5.1.1 基本 GPS 规范的标注规则

规则 1：当 GPS 尺寸规范为下列形式时，尺寸规范标注在同一行（除非标注为包容要求，否则上、下极限尺寸采用相同的规范操作集）。

1）极限偏差对称于零点。

2）极限偏差由公差代号确定（见 GB/T 1800）。

3）由一般公差或者作为单侧极限确定。

规则 2：当尺寸要素为圆或圆柱面时，尺寸的公称值前应标注符号 ϕ 且无空格符；当尺寸要素为球面时，尺寸的公称值前应标注符号 $S\phi$。若已明确尺寸要素不使用一般公差，则上述标注后面应加空格符。在极限偏差前标注如下。

1）极限偏差前带有±。

2）标注 ISO 公差代号。

3）标注"min."或者"max."，相应对下公差限或者上公差限进行规定。

规则 3：当采用两个极限偏差或两个极限尺寸定义 GPS 尺寸规范时，该尺寸规范应写成两行，要求如下。

1）下行应包括尺寸的公称值或下极限尺寸，当尺寸要素为圆或圆柱面时，数值前应标注 ϕ 且无空格符；当尺寸要素为球面时，数值前应标注符号 $S\phi$。此外，尺寸公称值应在下极限偏差前，并以空格符隔开。

2）上行应包括上极限偏差（不标注尺寸的公称值）或上极限尺寸，当尺寸要素为圆或圆柱面时，数值前应标注 ϕ 且无空格符；当尺寸要素为球面时，数值前应标注符号 $S\phi$。

3）上下极限偏差应以小数点对齐。

规则 4：当极限偏差值不为零时，上、下极限偏差需标注正、负号（+或−）且不加空格符；当偏差值为零时，+、−号可以省略。

规则 5：多个尺寸要素的修饰符"$n\times$"标注在尺寸规范之前，并以空格符隔开，如 $2\times$ 或 $5\times$。

3.5.1.2 带有修饰符的一般尺寸规范的标注规则

其他规范修饰符应按如下顺序标注在公差数值、公差代号或极限尺寸值后。

1）尺寸特征类型的修饰符：局部尺寸、全局尺寸或计算尺寸，如 Ⓛ Ⓟ、Ⓖ Ⓖ、Ⓒ Ⓒ 和 Ⓔ。

2）完整要素任意限定部分、任意横截面或任意纵截面的修饰符，如"/25"、"ACS"和"ALS"。若尺寸规范应用于几何要素的任意限定部分、任意横截面或任意纵截面，那么相应修饰符应位于统计尺寸修饰符之后，例如，用 $\widetilde{SX}$、$\widetilde{SN}$ 或 $\widetilde{SA}$ 定义每一限定部分或每一截面的全局特征。

3）特定横截面的修饰符"SCS"；当其含义可能不明确时，采用多个特定横截面；统计修饰符 $\widetilde{SX}$、$\widetilde{SN}$ 或 $\widetilde{SA}$ 标注在定义局部特征的一组暗含或明确的修饰符之前。当被测要素为"任意部分""任意横截面"或"部分要素内的任意横截面"时，为了定义其全局尺寸特征，统计尺寸修饰符应放在完整要素的限定部分或任意横截面的修饰符之后，如 $25\pm0.1\widetilde{GG}/25\widetilde{SA}$ 或 $12\pm0.05\widetilde{GG}ACS\widetilde{SX}$。

4）用区间符号标注特定部分。

5）公共被测尺寸要素修饰符"CT"；统计尺寸的修饰符，如 $\widetilde{SX}$、$\widetilde{SN}$ 或 $\widetilde{SA}$ 应放在 CT 修饰符之前，如 $2\times150\pm0.05\widetilde{GG}ACS\widetilde{SA}CT$。

6）自由状态条件的修饰符 $\widetilde{F}$。

7）若必要，使用相交平面来明确"ALS"或"ACS"标注；也可紧随其后使用方向要素来明确所涉及的尺寸方向以及拟合的方向约束，如 $10\pm0.03\widetilde{GN}ALS$ ⟨☰|A⟩ ⟨∥|A⟩。

8）旗注框格的补充标注。

3.5.1.3 特定规范操作集的标注

1）若上、下极限尺寸应用同一规范操作集，则只需标注出一组规范修饰符（表 3-12 中序号 1~7 图）。

2）若上、下极限尺寸应用不同的规范操作集，规范操作集可按如下方式标注。

① 标注在每个极限尺寸、极限偏差或公差代号后（表 3-12 中序号 8~12 图）。

② 按下列顺序标注在同一行内：方括号内标注出上极限尺寸的规范操作集；空格，连字符和空格；方括号内标注出下极限尺寸的规范操作集。

包容要求 $\widetilde{E}$ 是一种简化标注，表达了线性尺寸要素的两个特定规范操作集。包容要求也可以等价表述为上极限尺寸和下极限尺寸两个单独要求。对于内要素（如孔），$\widetilde{LP}$ 应用于上极限尺寸（最小实体尺寸），$\widetilde{GX}$ 应用于下极限尺寸（最大实体尺寸）。对于外要素（如轴），$\widetilde{GN}$ 应用于上极限尺寸（最大实体尺寸），且 $\widetilde{LP}$ 应用于下极限尺寸（表 3-12 中序号 11~12 图）。

3）若上、下极限尺寸应用于一个线性尺寸要素的多个尺寸规范，则应采用如下的规范。

① 标在不同的尺寸线上，每条尺寸线上包括一个或两个规范操作集（表 3-12 中序号 13 图）。

② 在一条尺寸线上直接标出，或间接标注在该尺寸的引线上，多个尺寸规范由-隔开，并分别写在方括号内（表 3-12 中序号 14~15 图）。

③ 在一条尺寸线的多个引线上标注，每条引线包括 1~2 个规范操作集（表 3-12 中序号 16~17 图）。

特定规范操作集的标注示例见表 3-12。

表 3-12　特定规范操作集的标注示例

序号	类别	图例	描述和解释
1		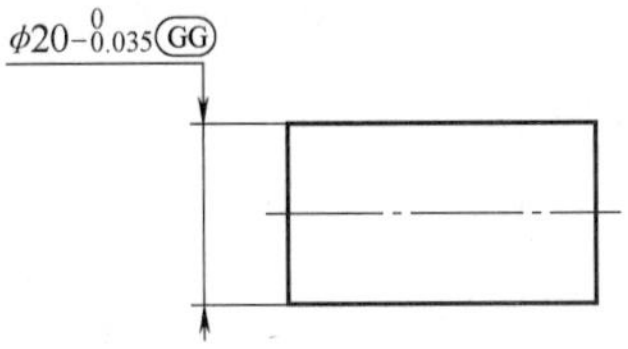 $\phi 20_{-0.035}^{~~0}$ (GG)	最小二乘尺寸规范操作集应用于上下极限偏差,该图为基于极限偏差的尺寸特定规范操作集示例
2		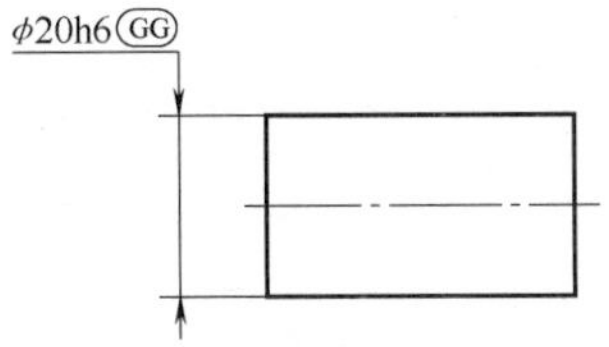 $\phi 20h6$ (GG)	最小二乘尺寸规范操作集应用于上下极限偏差,该图为基于公差代号的尺寸特定规范操作集示例
3		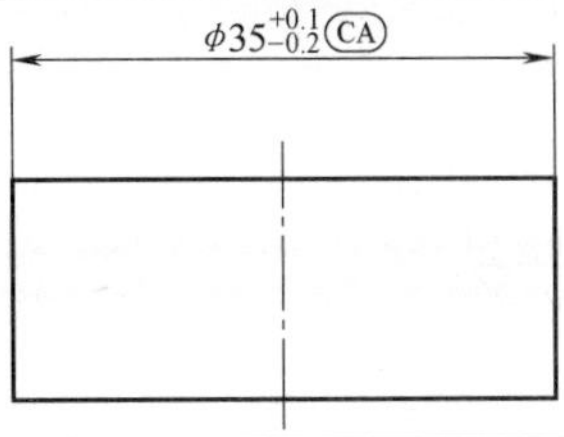 $\phi 35_{-0.2}^{+0.1}$ (CA)	面积直径规范操作集应用于上下极限尺寸
4	上、下极限尺寸应用同一规范操作集	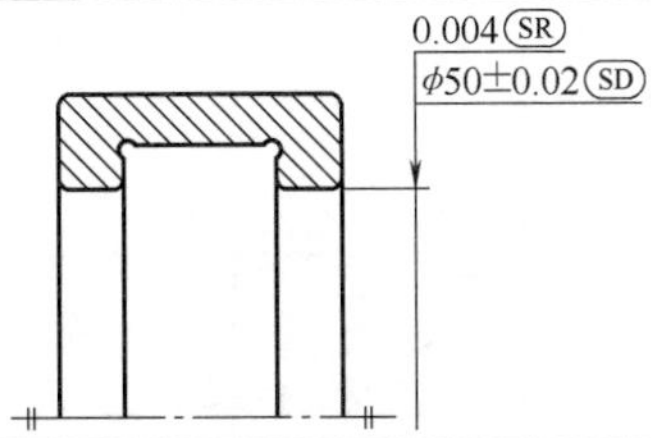 0.004 (SR) $\phi 50\pm 0.02$ (SD)	上方标注:两点尺寸值的范围上限为 0.004mm 下方标注:两点尺寸的极值平均尺寸值的上、下极限尺寸为($\phi 50\pm 0.02$)mm
5		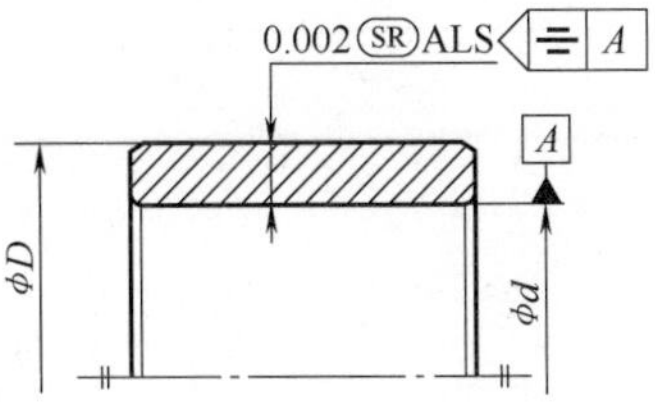 0.002 (SR)ALS ⟨≡ A⟩　ϕD　ϕd　A	对厚度标注的规范操作集如下 对厚度标注的规范操作集:非理想表面的任意纵截面内,任意位置的壁厚的两点尺寸值范围的上极限为 0.002mm
6		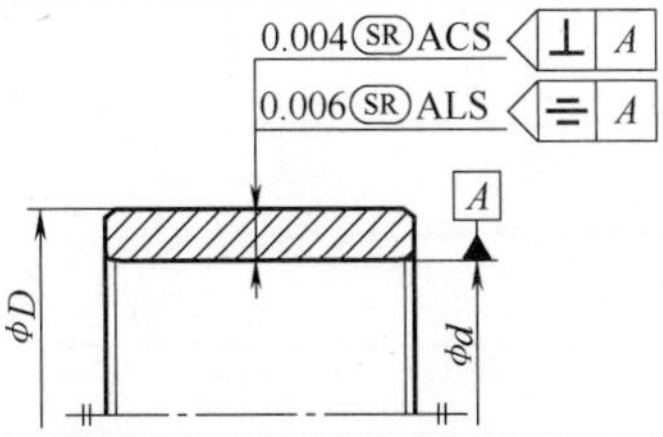 0.004 (SR)ACS ⟨⊥ A⟩ 0.006 (SR)ALS ⟨≡ A⟩　ϕD　ϕd　A	对于厚度标注的规范操作集如下 上方标注:任意横截面内两点尺寸的尺寸范围的上极限为 0.004mm 下方标注:任意纵截面内两点尺寸的尺寸范围的上极限为 0.006mm
7		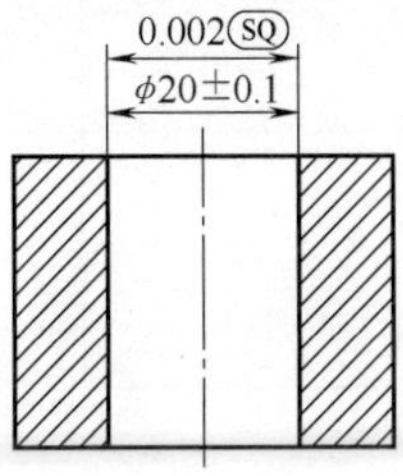 0.002 (SQ) $\phi 20\pm 0.1$	对直径标注的规范操作集如下 下方标注:实际表面上任意两点尺寸值的上下极限为(20 ± 0.1)mm 上方标注:实际表面上任意位置的两点尺寸值的标准偏差的上极限为(0.002)mm

（续）

序号	类别	图例	描述和解释
8		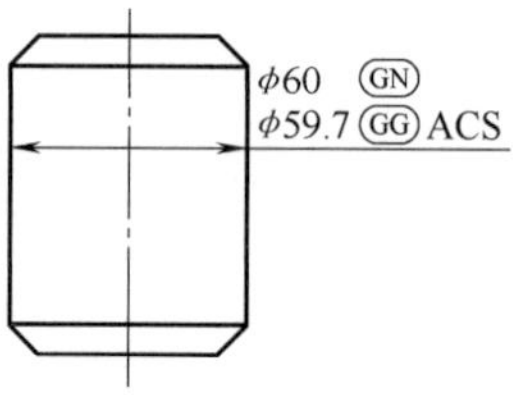 $\phi60$ ⓖⓝ $\phi59.7$ ⓖⓖ ACS	这两种表达的含义相同。规范操作集定义的尺寸特征为任意横截面内，最小外接规范操作集应用于上极限尺寸；所注最小二乘尺寸规范操作集应用于下极限尺寸
9		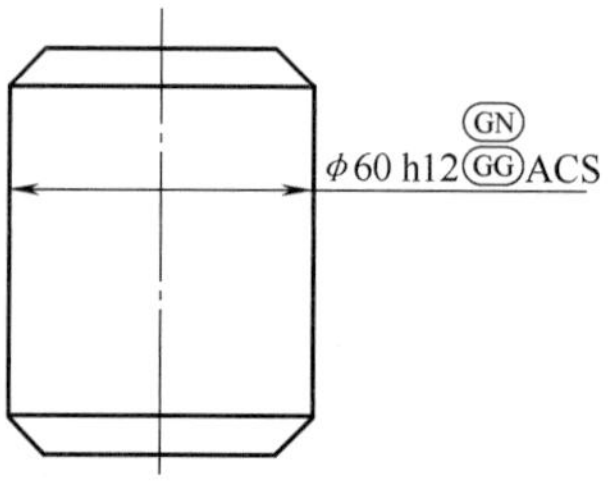 $\phi60\,h12$ ⓖⓝⓖⓖ ACS	
10	上、下极限尺寸应用于不同规范操作集	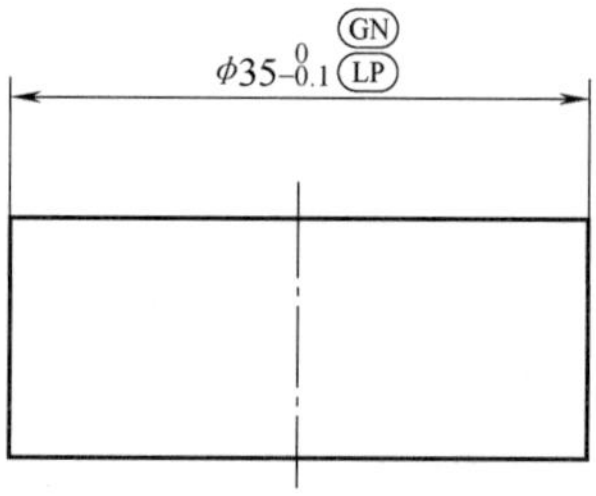 $\phi35^{\ 0}_{-0.1}$ ⓖⓝ ⓛⓟ	
11		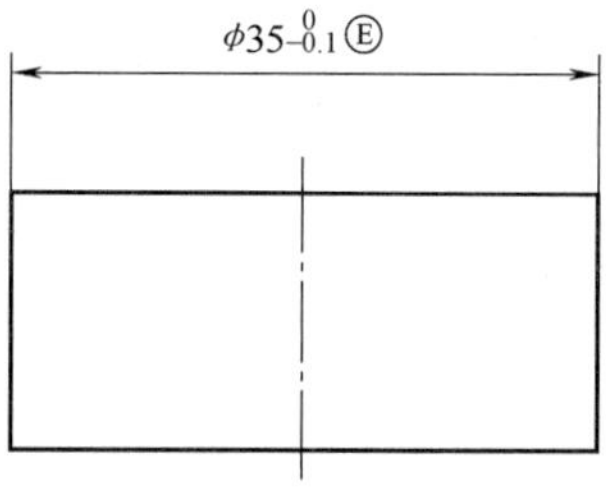 $\phi35^{\ 0}_{-0.1}$ ⓔ	这三种表达方式含义完全相同，包容符号是一种简化的标注 最小外接规范操作集应用于上极限尺寸，两点尺寸规范操作集应用于下极限尺寸 当尺寸图比尺寸小很多，或者尺寸要素的去除部分较大时，则尺寸的评定结果会明显变化，可使用方向要素减少该影响
12		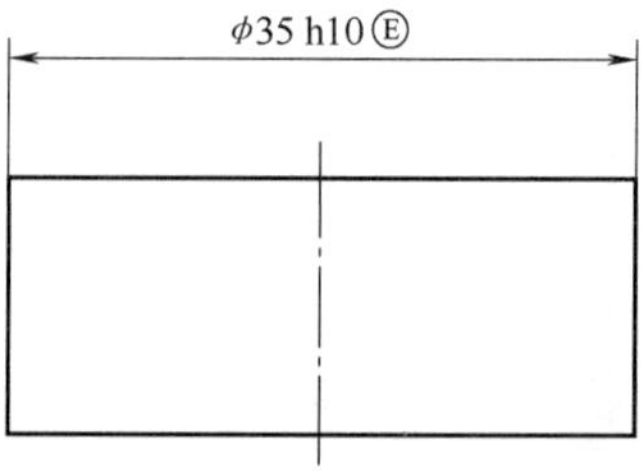 $\phi35\,h10$ ⓔ	

(续)

序号	类别	图例	描述和解释
13	上、下极限尺寸应用于一个线性尺寸要素的多个尺寸规范	$\phi 120^{+0.1}_{0}$ Ⓔ/25 $\phi 120^{+0.2}_{0}$ Ⓔ	若多个尺寸特征要求应用于同一尺寸要素,那么应采用如下的规范 如果可以,应标在不同的尺寸线上(序号13图),每条尺寸线上包括一或两个规范操作集 在一条尺寸线上直接标出(序号14图),或间接标注在该尺寸线的引线上(序号15图),多个尺寸规范由-隔开,并分别写在方括号内 在一条尺寸线的多个引线上标注,每条引线包括1~2个规范操作集(序号16和序号17图) 应用于完整线性尺寸要素的包容要求(0/+0.2)mm 应用于任何限定长度范围为25mm以内的线性尺寸要素的包容要求为(0/+0.1)mm
14		$[\phi 200^{+0.2}_{0}$ Ⓔ$]-[\phi 200^{+0.1}_{0}$ Ⓔ/25$]$	
15		$[\phi 120^{+0.2}_{0}$ Ⓔ$]-[\phi 120^{+0.1}_{0}$ Ⓔ/25$]$	
16		$\phi 120^{+0.2}_{0}$ Ⓔ $\phi 120^{+0.1}_{0}$ Ⓔ/25	
17		$\phi 60$ max. ⒼⓃ $\phi 59.7$ min. ⒼⒼ ACS	对于上极限尺寸,规范操作集定义为最小外接拟合圆柱直径;对于下极限尺寸,规范操作集定义为在任意横截面内的最小二乘尺寸拟合圆的直径

3.5.1.4 装配图中的配合公差标注

为避免歧义（图3-13与图3-14），在装配图上可以采用配合尺寸和公差进行标注。

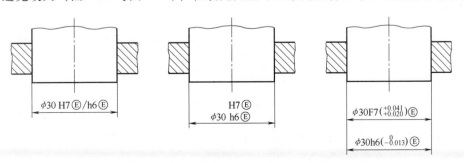

图 3-13 标注有 ISO 公差代号的两个要素配合的装配图示例

3.5.1.5 定义了尺寸特征的被测要素的标注

对于完整被测线性尺寸要素的标注，表 3-13 中序号 1~2 图给出了完整线性尺寸要素的要求以及完整联合尺寸要素的要求相应标注示例。对于完整尺寸要素的某一特定限定部分的标注，表 3-13 中序号 3~4 图给出了相应标注示例。对于具有特定长度的尺寸要素的任意限定部分，其标注示例见表 3-13 中序号 5~6 图。对于线性尺寸要素的任意横截面或任意纵截面，其标注示例见表 3-13 中序号 7~9 图。对于尺寸要素特定横截面内的尺寸特征标注，包括完整尺寸要素特定横截面的标注、多个特定横截面的标注、锥体特定横截面的标注，表 3-13 中序号 10~15 图给出了相应标注示例。应用于多个尺寸要素的独立要求以及同时应用于多个尺寸要素的要求的标注示例见表 3-13 中序号 16~17 图。

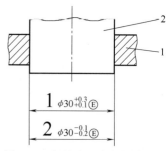

图 3-14　标注有正负极限偏差的
两个要素配合的装配图示例

表 3-13　定义了尺寸特征的尺寸要素标注示例

序号	类别	图示	描述和解释
1	完整被测线性尺寸要素	$\phi150^{+0.1}_{-0.2}$ 完整线性尺寸要素的要求	该线性尺寸规范适用于完整被测线性尺寸要素。当被测要素为完整要素时，无须添加额外标注 注：规范操作集为缺省操作集 对于整个尺寸要素，"局部两点直径"同时适用于上、下极限尺寸
2		UF 3×$\phi100\pm0.5$ ⓖⓝ 完整联合尺寸要素的要求	该规范应用于联合尺寸要素（UF）时，应在规范前标注 UF $n\times$ 注：规范操作集为特定规范操作集——最小外接全局尺寸
3	尺寸要素的特定限定部分	$\phi20\pm0.1$ ⌷12⌷　⌷25⌷	如果规范仅应用于完整尺寸要素的某一个固定限定部分，需按照下述规则标注 1）用粗点画线指明完整要素的限定部分，在其上标注尺寸线 2）使用两个字母表明固定限定部分的起始和终点；两个字母标注在尺寸公差之后，并用"←→"符号隔开 部分的范围和位置应由理论正确尺寸（TED）确定 对于整个尺寸要素，规范操作集为缺省操作集，"局部两点直径"同时适用于上、下极限尺寸
4		$\phi20\pm0.1$ A←→B ⌷12⌷　A ⌷25⌷　B	

（续）

序号	类别	图示	描述和解释
5	具有特定长度的尺寸要素的任意限定部分	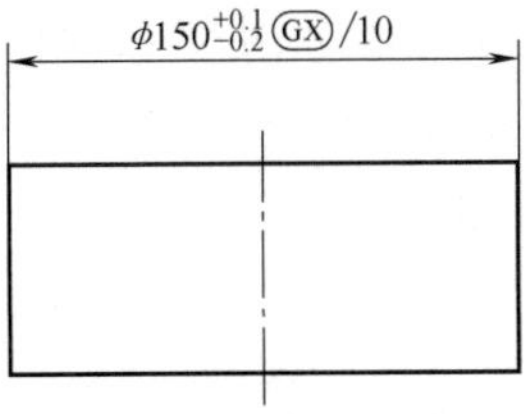 $\phi150^{+0.1}_{-0.2}$ ⒼⓍ /10 尺寸要素完整范围内的任意限定部分标注	若规范应用于尺寸要素的任意限定部分,应按照规范顺序标注,并在规范修饰符"/"后写出限定部分的长度数值(视之为理论正确尺寸)。标注"/0"表示限定部分长度为零,等价于"ACS"修饰符。建议此类情况使用"ACS"修饰符。该任意限定部分可以适用于完整的尺寸要素或尺寸要素的固定限定部分 若任意限定部分取自完整尺寸要素的固定限定部分,该固定限定部分应按规则进行标注 注:上、下极限尺寸采用相同的规范操作集,对于任一指定长度(10mm)的圆柱形要素,其上下极限尺寸都应用"最大内切直径"
6		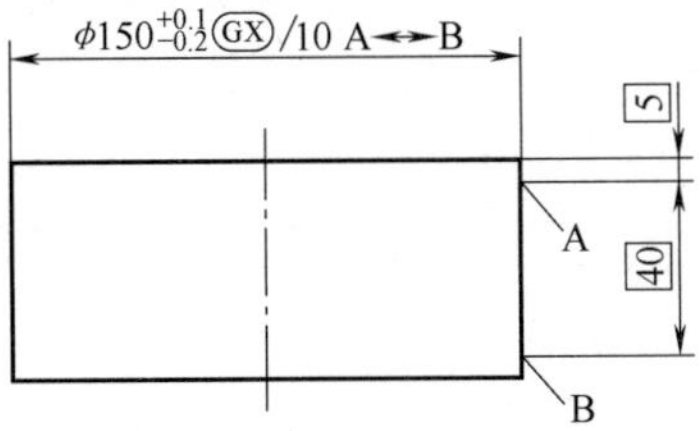 $\phi150^{+0.1}_{-0.2}$ ⒼⓍ /10 A ↔ B 5 A 40 B 尺寸要素的特定范围内的任意限定部分标注	
7	线性尺寸要素的任意横截面或任意纵截面	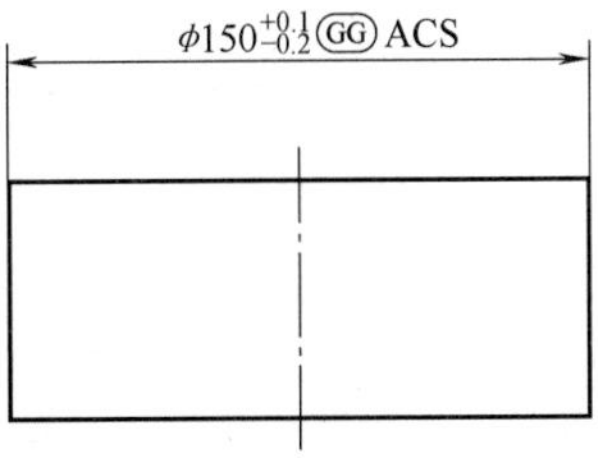 $\phi150^{+0.1}_{-0.2}$ ⒼⒼ ACS 主视图中的任意横截面标注示例	若规范应用于尺寸要素的任意横截面或任意纵截面,应在视图或剖视图内分别对横截面及纵截面标注规范修饰符"ACS"或"ALS"。该任意横截面或任意纵截面可以适用于完整的尺寸要素或尺寸要素的固定限定部分 横截面定义为垂直于轴线的平面。纵截面定义为包含轴线的半平面。如果该轴线为尺寸要素本身的拟合轴线,那么相交平面可以省略,否则需注明适当的相交平面修饰符 当尺寸要素可视为厚度时(例如,两直线间的距离或两圆间的距离),那么相交平面框格应作为ALS或ACS的补充,以便指明建立相交平面的尺寸要素 相交平面标注总是位于尺寸规范组成序列的末尾,如有需要,可在其后添加方向要素框格,但需在旗注框格前
8		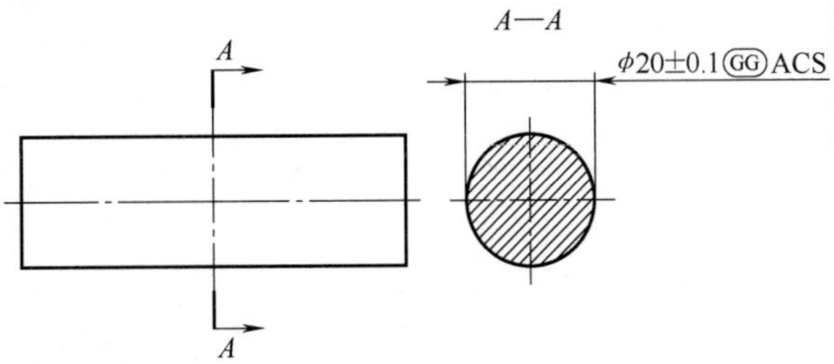 A A—A $\phi20\pm0.1$ ⒼⒼ ACS A 横截面视图中的任意横截面标注示例	
9		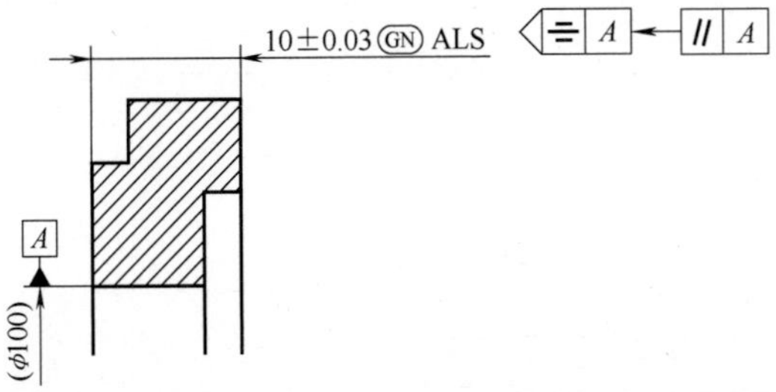 10±0.03 ⒼⓃ ALS ⟨≡|A⟩ ← ∥|A A ($\phi100$) 采用ALS修饰符并结合相交平面与方向要素的标注示例	尺寸特征为局部最小外接尺寸,该尺寸定义在两提取组成线(提取组成尺寸要素与包含基准A的半平面的相交线)间的任意纵截面内,且方向平行于基准A(以此避免相对面较小时带来的不确定)

（续）

序号	类别	图示	描述和解释
10	尺寸要素特定横截面内的尺寸特征	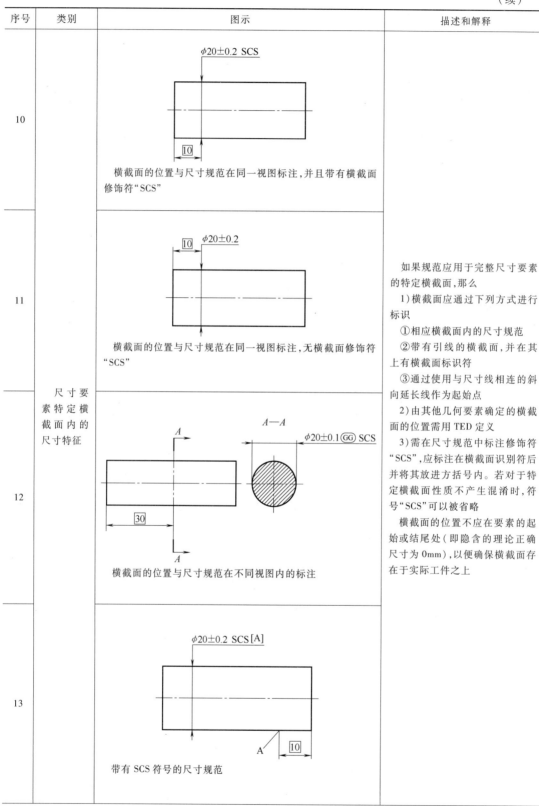 横截面的位置与尺寸规范在同一视图标注,并且带有横截面修饰符"SCS"	
11		横截面的位置与尺寸规范在同一视图标注,无横截面修饰符"SCS"	如果规范应用于完整尺寸要素的特定横截面,那么 1)横截面应通过下列方式进行标识 ①相应横截面内的尺寸规范 ②带有引线的横截面,并在其上有横截面标识符 ③通过使用与尺寸线相连的斜向延长线作为起始点 2)由其他几何要素确定的横截面的位置需用 TED 定义 3)需在尺寸规范中标注修饰符"SCS",应标注在横截面识别符后并将其放进方括号内。若对于特定横截面性质不产生混淆时,符号"SCS"可以被省略 横截面的位置不应在要素的起始或结尾处(即隐含的理论正确尺寸为 0mm),以便确保横截面存在于实际工件之上
12		横截面的位置与尺寸规范在不同视图内的标注	
13		带有 SCS 符号的尺寸规范	

(续)

序号	类别	图示	描述和解释
14	尺寸要素特定横截面内的尺寸特征	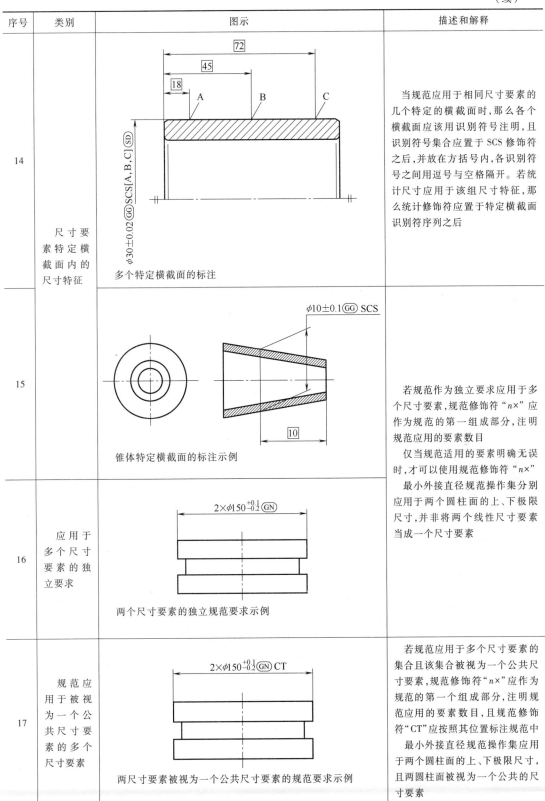 多个特定横截面的标注	当规范应用于相同尺寸要素的几个特定的横截面时,那么各个横截面应该用识别符号注明,且识别符号集合应置于 SCS 修饰符之后,并放在方括号内,各识别符号之间用逗号与空格隔开。若统计尺寸应用于该组尺寸特征,那么统计修饰符置于特定横截面识别符序列之后
15		锥体特定横截面的标注示例	若规范作为独立要求应用于多个尺寸要素,规范修饰符"n×"应作为规范的第一组成部分,注明规范应用的要素数目 仅当规范适用的要素明确无误时,才可以使用规范修饰符"n×" 最小外接直径规范操作集分别应用于两个圆柱面的上、下极限尺寸,并非将两个线性尺寸要素当成一个尺寸要素
16	应用于多个尺寸要素的独立要求	两个尺寸要素的独立规范要求示例	
17	规范应用于被视为一个公共尺寸要素的多个尺寸要素	两尺寸要素被视为一个公共尺寸要素的规范要求示例	若规范应用于多个尺寸要素的集合且该集合被视为一个公共尺寸要素,规范修饰符"n×"应作为规范的第一个组成部分,注明规范应用的要素数目,且规范修饰符"CT"应按照其位置标注规范中 最小外接直径规范操作集应用于两个圆柱面的上、下极限尺寸,且两圆柱面被视为一个公共的尺寸要素

3.5.1.6 非刚性零件的尺寸标注

若规范应用于非刚性零件，规范中应添加规范修饰符 Ⓕ（参见 ISO 10579：2010）注明规范应用于自由状态条件下的要素或工件，如图 3-15 所示。

3.5.1.7 补充标注

当对尺寸规范应用补充要求时，应在规范后加标数字旗注。相应要求应在标题栏附近或补充文档内进行定义。

示例：[10±0.1⟨1⟩] − [10±0.2⟨2⟩]

其中：

⟨1⟩：热处理前；⟨2⟩：热处理后。

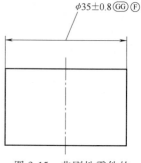

图 3-15　非刚性零件的自由状态要求示例

注解用标示可以如下描述 GPS 特征。

1）作为一个或多个 GPS 特征的函数的计算特征。这种情况下，函数的参数应作为 GPS 特征标注在图样上。

2）限定特征（参见 ISO 10579 以及 ISO/TS 17863）。

3）特定状态下的特征。

旗注也可用来指明几种规范的任意共有标注，例如，特定规范操作集、限定条件、工件生产的附件要求等。

3.5.2　角度尺寸公差图样标注

角度尺寸公差的图样标注与线性尺寸公差的图样标注类似，见表 3-14。

如果没有其他特殊注明，角度尺寸公差标注应用于单一完整角度尺寸要素，并且采用 ISO GPS 缺省的规范操作集。当被测要素是整个要素时，无须额外的标注。

当被测要素是整个要素的一部分时，应采用规定的横截面或部分区域进行标注，详细标注方法可参见线性尺寸部分。

当角度尺寸分别独立应用于多个角度尺寸要素时，应使用"n×"修饰符进行明确注明。

当角度尺寸同时适用于被视为同一要素的多个角度尺寸要素时，应使用"n×"修饰符并且注明修饰符"CT"。

当角度尺寸不采用 ISO 缺省规范操作集时，公差标注应包含所指定的特定规范操作集修饰符。角度尺寸修饰符的顺序和标注规则与线性尺寸标注类似。

表 3-14　定义了尺寸特征的尺寸要素标注示例

序号	图样标注	图样解释
1	60°±1°	该角度尺寸规范适用于整个角度尺寸要素

（续）

序号	图样标注	图样解释
2	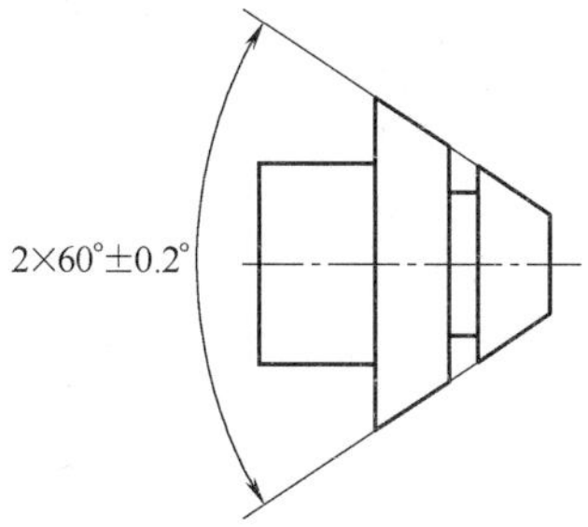 2×60°±0.2°	角度尺寸规范分别独立适用于两个具有相同要求的角度尺寸要素
3	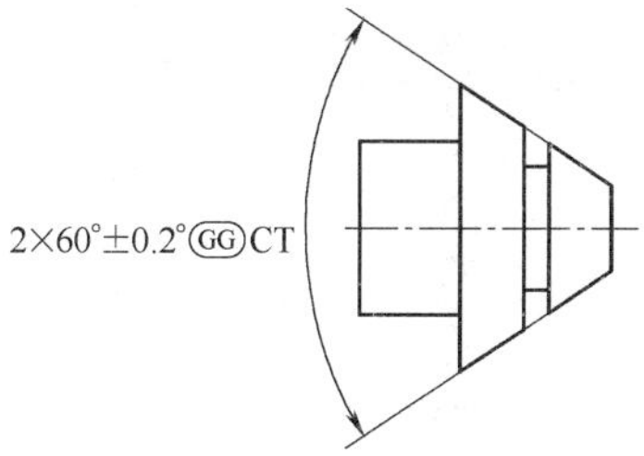 2×60°±0.2° ⒼⒼ CT	将两个角度尺寸要素视为一个角度尺寸要素的共同要求 整体按照最小二乘拟合的全局角度尺寸需满足该角度尺寸规范

3.6　除线性尺寸和角度尺寸外的尺寸规范

3.6.1　尺寸及相关公差标注的原则及规定

对于线性尺寸和角度尺寸以外的尺寸，将±公差标注应用于实际工件时，其要求是不确定的（即标注的理解存在歧义）。这种不确定性将可能造成产品设计工程师、工艺工程师、测量工程师对同样的标注理解产生分歧，因此不推荐采用这种类型的规范标注。

尺寸标注缺省单位如下。

1）对于线性尺寸及其相关公差极限，单位是毫米（mm）。

2）对于角度尺寸及其相关公差极限，单位是度（°），可以使用十进制度或度、分、秒。

对于线性尺寸，不标注单位；其单位是缺省的。对于角度尺寸，应当为公称值和公差极限注明单位。如果使用非缺省单位，则应该在图样的标题栏或其附近标注单位。

GB/T 38762.1 的规定可以避免线性尺寸要素的尺寸规范的规范不确定，GB/T 38762.3 的规定可以避免角度尺寸要素的尺寸规范的规范不确定。为了使规范不确定最小化，表3-15 列出的情形应使用几何规范进行标注。

表 3-15　非尺寸要素的尺寸类型

尺寸	要素的特征、类型和数量			尺寸类型
线性尺寸 （长度单位）	单一要素	组成要素或导出要素		半径尺寸
				弧长
	两个要素	组成-组成要素	同向	线性距离或台阶高度
			反向	线性距离
		组成-导出要素		线性距离
		导出-导出要素		线性距离
	边（两个组成要素 间的过渡区域）	组成要素	倒角形状	倒角的高度和角度
			倒圆形状	棱边半径
角度尺寸 （角度单位）	两个要素	组成-组成要素		角度距离
		组成-导出要素		角度距离
		导出-导出要素		角度距离

3.6.2　不确定的±公差标注与确定的几何规范的图示说明

表 3-16 列出了不确定的±公差标注与确定的几何规范的示例。几何规范的应用可以避免尺寸±公差标注带来的不确定。一般来说，基于几何规范的要求，不会导致或导致较小的规范不确定。

如果应用几何规范，可能出现几种不同的标注方式。每个示例都配有示意图，说明了使用±公差的不确定性以及因此造成的高度规范不确定。

表 3-16　不确定的±公差标注与确定的几何规范的示例

序号	类别	图示	描述和解释
1	两个组成要素间的线性距离	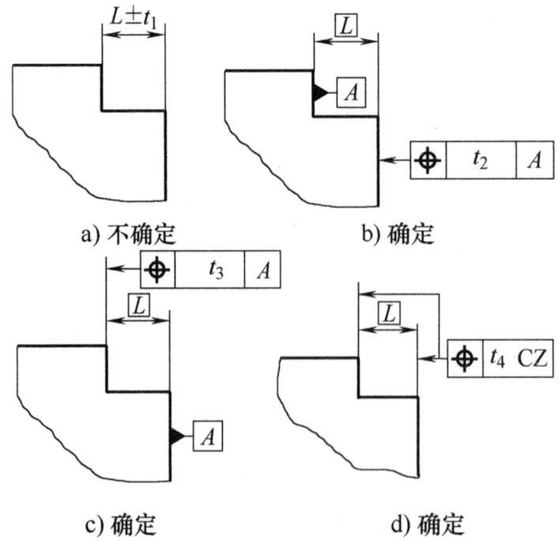 a) 不确定　　b) 确定 c) 确定　　d) 确定 台阶的线性尺寸以及三种应用几何规范的标注	图 a 所示为一个使用尺寸公差的标注示例。这样标注是不确定的，会导致很高的规范不确定；图 b~d 所示为使用几何规范的几种不同方案。这样标注是确定的，不会导致或导致很低的规范不确定。 在图 b 中，基准平面 A 建立在基准要素 A 上，即左侧竖直的公称平表面。基准 A 在空间中与工件对齐。右侧竖直平面标注了一个 TED（理论正确尺寸）距离为 L 的一个位置公差带。 在图 c 中，基准平面 A 建立在基准要素 A 上，即右侧竖直的公称平表面。基准 A 在空间中与工件对齐。左侧竖直平面标注了一个 TED（理论正确尺寸）距离为 L 的一个位置公差带。 图 d 中未标注基准。同时考虑两个竖直平表面确定工件在空间中的方向。用相互距离 L 处的位置度公差带来确定两个平表面间的相互关系

（续）

序号	类别	图示	描述和解释
2	两个组成要素间的线性距离	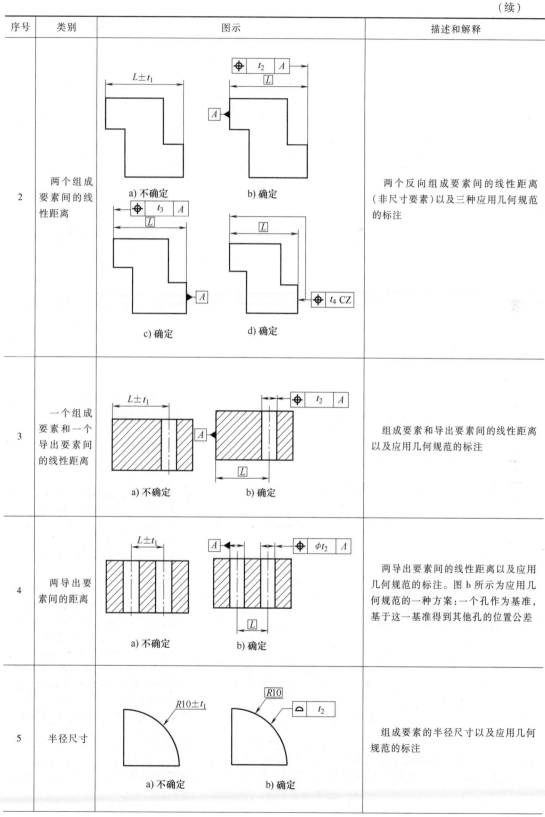	两个反向组成要素间的线性距离（非尺寸要素）以及三种应用几何规范的标注
3	一个组成要素和一个导出要素间的线性距离		组成要素和导出要素间的线性距离以及应用几何规范的标注
4	两导出要素间的距离		两导出要素间的线性距离以及应用几何规范的标注。图 b 所示为应用几何规范的一种方案：一个孔作为基准，基于这一基准得到其他孔的位置公差
5	半径尺寸		组成要素的半径尺寸以及应用几何规范的标注

（续）

序号	类别	图示	描述和解释
6	非平面组成要素间的线性距离	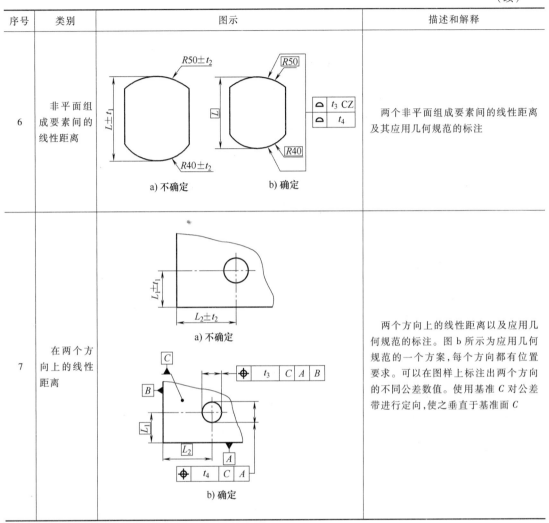	两个非平面组成要素间的线性距离及其应用几何规范的标注
7	在两个方向上的线性距离		两个方向上的线性距离以及应用几何规范的标注。图 b 所示为应用几何规范的一个方案，每个方向都有位置要求。可以在图样上标注出两个方向的不同公差数值。使用基准 C 对公差带进行定向，使之垂直于基准面 C

3.6.3 角度公差

几何规范应用于两个组成要素间角度距离的标注如图 3-16 所示，一个组成要素和一个导出要素间的角度距离的标注如图 3-17 所示。

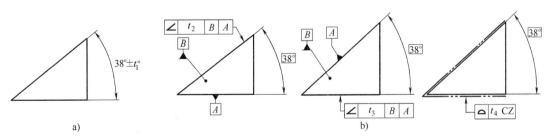

图 3-16　几何规范应用于两个组成要素间角度距离的标注
a）尺寸公差　b）几何规范

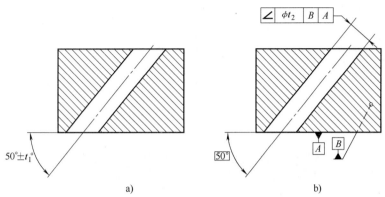

图 3-17　一个组成要素和一个导出要素间的角度距离的标注

a）不确定　b）确定

第**4**章

尺寸链及计算方法

在设计机器和零部件及加工装配过程中，经常会遇到相关尺寸、公差和技术要求的确定，这些问题可以运用尺寸链原理来解决。尺寸链原理是分析和研究整机、部件及零件精度之间内在关系的基本原理。当决定机器零件的公差时，不能孤立地对待某个尺寸，而应当联系相关尺寸全盘考虑，这是进行尺寸链分析计算的基础。GB/T 5847—2004《尺寸链　计算方法》规定了尺寸链的形式、计算参数和计算公式，适用于机械产品中存在尺寸链关系的长度尺寸和角度尺寸的公差计算。合理运用尺寸链计算方法，可以提高产品制造的经济效益。

本章的内容体系及涉及的标准如图 4-1 所示。

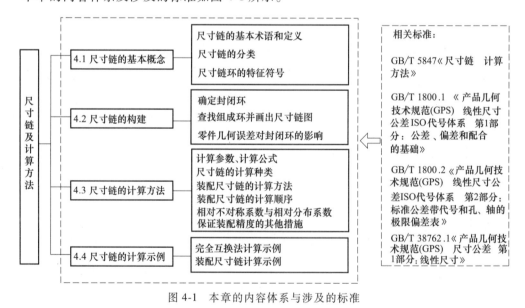

图 4-1　本章的内容体系与涉及的标准

4.1　尺寸链的基本概念

4.1.1　尺寸链的基本术语和定义

尺寸链的基本术语和定义见表 4-1。

表 4-1　尺寸链的基本术语和定义

术语	定　义
尺寸链	在零件加工或机器装配过程中,由相互连接的尺寸按一定顺序形成封闭的尺寸组,称为尺寸链(图 4-2 和图 4-3b、c)
环	列入尺寸链中的每一个尺寸。称为环,尺寸链的环分为封闭环和组成环。图 4-2 所示的 A_0、A_1、A_2、A_3、A_4、A_5 和图 4-3 所示的 α_0、α_1、α_2 都是环
封闭环	尺寸链中在加工过程或装配过程最后自然形成的一环,称为封闭环。封闭环代号用加下角标"0"表示。图 4-2 所示的 A_0 和图 4-3 所示的 α_0 为封闭环
组成环	在尺寸链中对封闭环有影响的全部环,称为组成环。这些环中任一环的变动,必然引起封闭环的变动,按其影响的不同,分为增环、减环和补偿环。图 4-2 所示的 A_1、A_2、A_3、A_4、A_5 和图 4-3 所示的 α_1、α_2 都是组成环。组成环代号用加下角标阿拉伯数字表示
增环	在尺寸链的组成环中,由于该环的变动而引起封闭环的同向变动,则该类环称为增环。同向变动是指该组成环增大时封闭环增大,该组成环减小时封闭环也减小。图 4-2 所示的 A_3 是增环
减环	在尺寸链的组成环中,由于该环的变动引起封闭环的反向变动,则该类组成环称为减环。反向变动是指该组成环增大时封闭环减小,该组成环减小时封闭环增大。图 4-2 所示的 A_1、A_2、A_4、A_5 和图 4-3 所示的 α_1、α_2 都为减环
补偿环	在尺寸链中预选选定的某一组成环,可以改变其大小或位置,使封闭环达到规定要求,该组成环称为补偿环,如图 4-4 的 L_2
传递系数	表示各组成环对封闭环影响大小的系数称为传递系数。传递系数值等于组成环在封闭环上引起的变动量对该组成环本身变动量之比 设 L_1、L_2、$\cdots$、L_m 为各组成环,L_0 为封闭环,则有 $L_0 = f(L_1、L_2、\cdots、L_m)$,其中 m 为组成环的环数 图 4-2 和图 4-3 所表示的尺寸链,则有:$A_0 = A_3 - (A_1 + A_2 + A_4 + A_5)$ 和 $\alpha_0 = -(\alpha_1 + \alpha_2)$ 假设第 i 组成环的传递系数为 ξ_i,则 $\xi_i = \dfrac{\partial f}{\partial L_i}$,对于增环,$\xi_i$ 为正值;对于减环,ξ_i 为负值

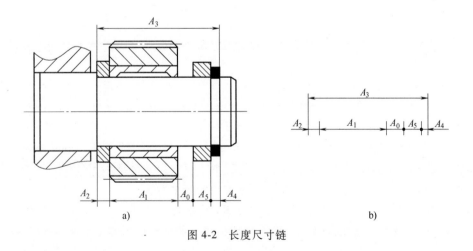

图 4-2　长度尺寸链

4.1.2　尺寸链的分类

根据各尺寸的应用场合不同,尺寸链可分为装配尺寸链、零件尺寸链、工艺尺寸链等;根据各尺寸的几何特征不同,尺寸链可分为长度尺寸链和角度尺寸链;根据环变动性质的不同,尺寸链可分为标量尺寸链和矢量尺寸链;根据链与链间的包容关系的不同,尺寸链可分

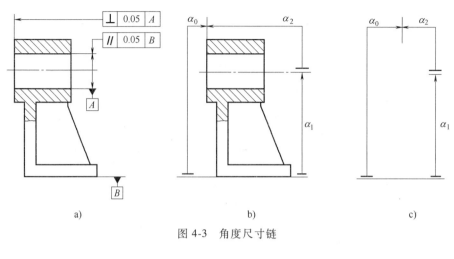

图 4-3　角度尺寸链

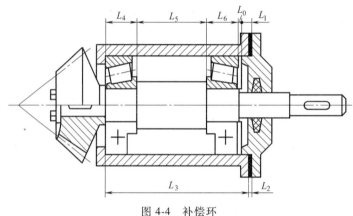

图 4-4　补偿环

为基本尺寸链和派生尺寸链；根据各尺寸的空间位置不同，尺寸链可分为空间尺寸链、平面尺寸链与直线尺寸链。

（1）长度尺寸链和角度尺寸链

1）长度尺寸链是全部环为长度尺寸的尺寸链，其组成环为长度环，长度环的代号是用大写斜体拉丁文字母 A、B、C 等表示，如图 4-2 所示。

2）角度尺寸链是全部环为角度尺寸的尺寸链，其组成环为角度环。角度环的代号是用小写斜体希腊字母 α、β、γ 等表示，如图 4-3 所示。直角尺寸链常用于分析和计算机械结构中有关零件要素的位置精度，如平行度、垂直度和同轴度等。

（2）装配尺寸链、零件尺寸链和工艺尺寸链

1）装配尺寸链是全部组成环为不同零件设计尺寸所形成的尺寸链（图 4-5）。

2）零件尺寸链是全部组成环为同一零件设计尺寸所形成的尺寸链（图 4-6）。

3）工艺尺寸链是全部组成环为同一零件工艺尺寸所形成的尺寸链（图 4-7）。

装配尺寸链和零件尺寸链统称为设计尺寸链。设计尺寸是指零件图上标注的尺寸；工艺尺寸包括工序尺寸、定位尺寸与基准尺寸，是工件加工过程中所遵循的依据。

（3）基本尺寸链和派生尺寸链

1）基本尺寸链是全部组成环皆直接影响封闭环的尺寸链，如图 4-8 所示尺寸链 β。

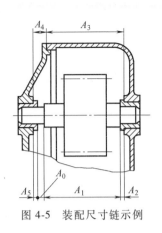

图 4-5　装配尺寸链示例

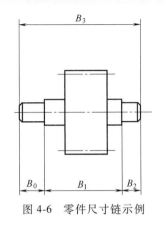

图 4-6　零件尺寸链示例

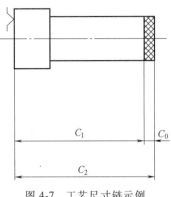

图 4-7　工艺尺寸链示例

2）派生尺寸链是一个尺寸链的封闭环为另一尺寸链组成环的尺寸链，如图 4-8 所示尺寸链 α。

（4）标量尺寸链和矢量尺寸链

1）标量尺寸链是全部组成环皆为标量尺寸所形成的尺寸链，如图 4-2~图 4-5 所示。

2）矢量尺寸链是全部组成环为矢量尺寸所形成的尺寸链，如图 4-9 所示。

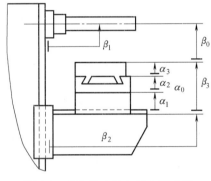

图 4-8　基本尺寸链与派生尺寸链

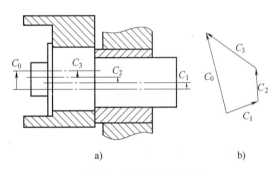

图 4-9　矢量尺寸链示例

（5）直线尺寸链、平面尺寸链和空间尺寸链

1）直线尺寸链是全部组成环平行于封闭环的尺寸链，直线尺寸链又称为线性尺寸链，如图 4-2、图 4-4 和图 4-5 所示。直线尺寸链中增环的传递系数 $\xi_i = +1$，减环的传递系数 $\xi_i = -1$。

2）平面尺寸链是全部组成环位于一个或几个平行平面内，但某些组成环不平行于封闭环的尺寸链，如图 4-10 所示。

3）空间尺寸链是组成环位于几个不平行平面内的尺寸链。

尺寸链中常见的是直线尺寸链。平面尺寸链和空间尺寸链可以用坐标投影法转换为直线尺寸链。

4.1.3　尺寸链环的特征符号

尺寸链环的特征符号见表 4-2。

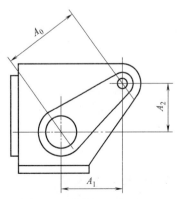

图 4-10　平面尺寸链示例

表 4-2　尺寸链环的特征符号

环的特征		符　号	图　例
长度环	距离	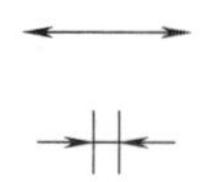	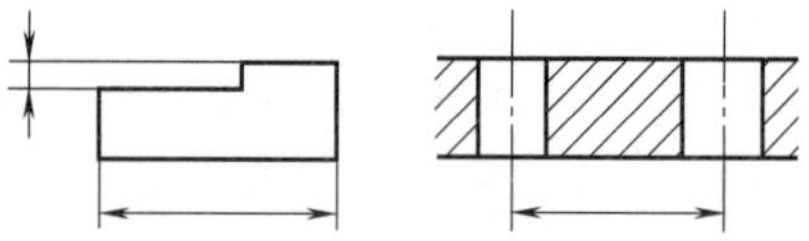
	偏移	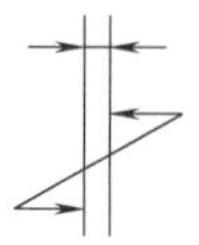	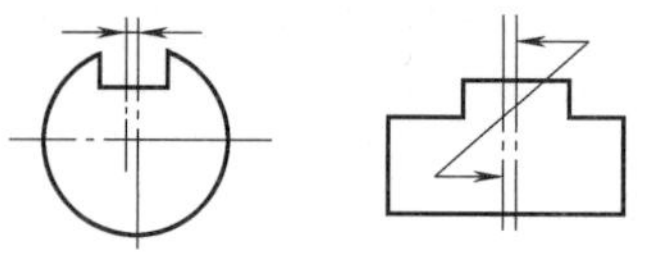
	偏心		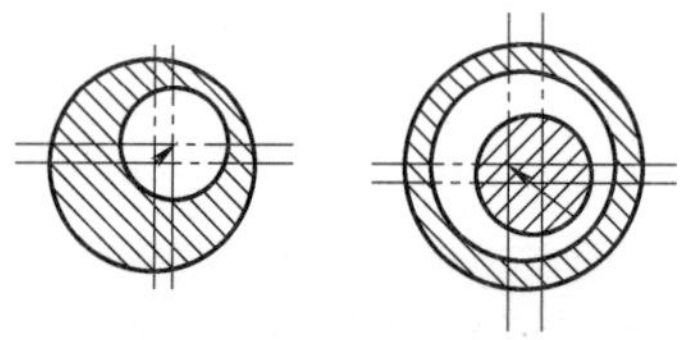
	矢径		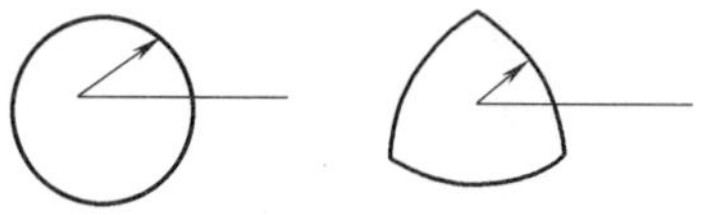
角度环	平行	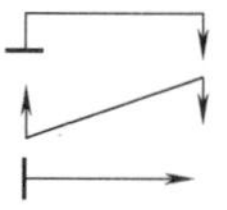	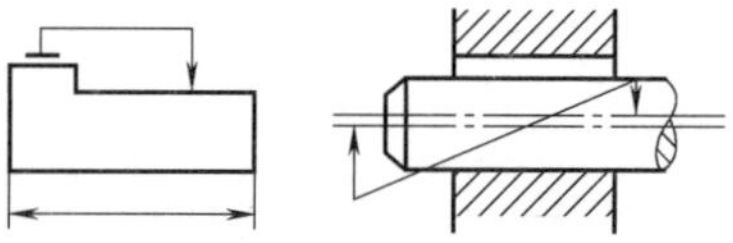
	垂直	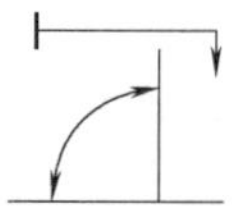	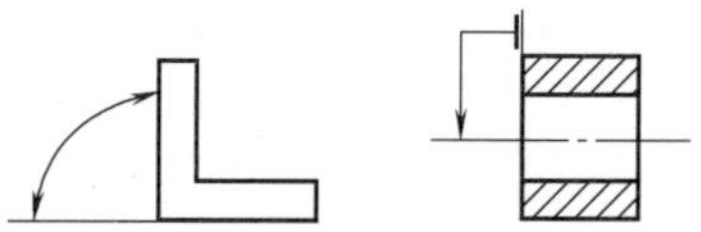
	倾斜	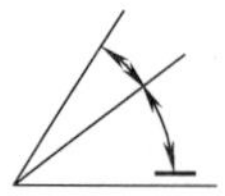	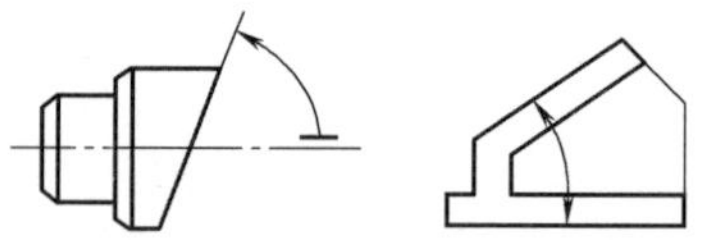
	角度	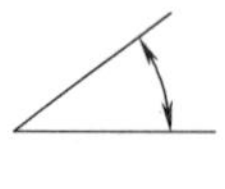	

注：角度环中区分基准要素与被测要素时，符号中短粗线位于基准要素，箭头指向被测要素；当互为基准时，用双箭头符号表示。

4.2　尺寸链的构建

尺寸链计算前需要合理构建尺寸链，以下举例说明构建装配尺寸链的详细步骤。

4.2.1　确定封闭环

装配尺寸链中的封闭环就是装配后应达到的装配精度要求，构建尺寸链时必须首先明确封闭环。一般每项装配精度要求就可以相应建立一个尺寸链。

图 4-11 所示为齿轮机构的尺寸链，由于齿轮 3 要在轴 1 上回转运动，齿轮在轴套 4 和挡圈 2 之间应有轴向间隙，而且该间隙应控制在一定范围内。由于该间隙是在零件装配过程中最后形成的，所以它就是封闭环。为计算方便，可将间隙集中在齿轮与挡圈之间，用 L_0 表示。

4.2.2　查找组成环并画出尺寸链图

查找组成环的方法是：从封闭环的一端开始，依次找出那些会引起封闭环变动的相互连接的各个零件尺寸，直到最后一个零件尺寸与封闭环的另一端连接为止，其中每一个尺寸就是一个组成环。在装配关系中，对装配精度要求有直接影响的那些零件的尺寸，都是装配尺寸链中的组成环。对于每项装配精度要求，通过对装配关系的分析，都可查明其相应装配尺寸链的组成环。

当确定封闭环并找出了组成环后，可用符号将它们标注在装配示意图上，或将封闭环和各个组成环相互连接的关系单独地用简图表示出来，就得到了尺寸链图。画尺寸链图时，可用带箭头的线段来表示尺寸链的各环，线段一端的箭头只表示查找组成环的方向。与封闭环线段箭头方向一致的组成环为减环，与封闭环箭头方向相反的组成环为增环。

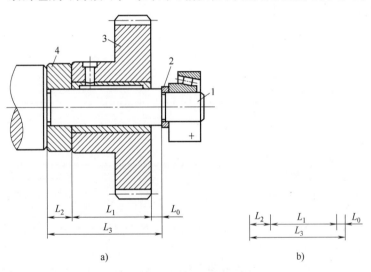

图 4-11　齿轮机构的尺寸链
a）齿轮机构　b）尺寸链图
1—轴　2—挡圈　3—齿轮　4—轴套

如图 4-11a 所示，可以从封闭环 L_0 的左端开始，查找影响间隙 L_0 大小的尺寸，它们依次为齿轮轮毂的宽度 L_1、轴套厚度 L_2 和轴上两台肩之间的长度 L_3。由这三个组成环对封闭环的影响的性质可知，尺寸 L_3 为增环，尺寸 L_1、L_2 为减环。将尺寸 L_0 与 L_1、L_2、L_3 依次用线段连接，就得到了如图 4-11b 所示的尺寸链图。在查找组成环时，应注意遵循"最短尺寸链原则"。

在装配精度要求既定的条件下，组成环数目越少，则组成环所分配到的公差就越大，组成环所在部位的加工就越容易。所以在设计产品时，应尽可能使影响装配精度的零件数量最少。

4.2.3 零件几何误差对封闭环的影响

上例尺寸链中都是线性尺寸的变动对封闭环的影响，有时还需考虑位置误差对封闭环的影响。这时位置误差可以按尺寸链中的尺寸来处理。以图 4-11a 所示的轴套、齿轮和轴为例，它们的图样标注和实际零件分别如图 4-12~图 4-14 所示。

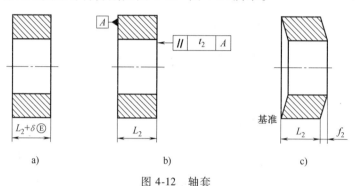

图 4-12　轴套

a）采用包容要求　b）采用独立原则　c）实际零件

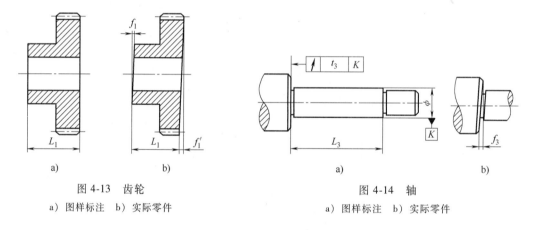

图 4-13　齿轮　　　　　　　图 4-14　轴

a）图样标注　b）实际零件　　a）图样标注　b）实际零件

如图 4-12a 所示，当轴套厚度 L_2 的尺寸公差与两端面的平行度公差之间的关系采用包容要求时，其两端的平行度误差控制在 L_2 的尺寸公差内，因此该平行度误差对封闭环的影响已经包括在 L_2 的尺寸公差内，不必单独考虑其影响。如图 4-12b 所示，当轴套厚度 L_2 的尺寸公差与两端面的平行度公差 t_2 之间的关系采用独立原则时，其两端面的平行度误差 f_2 会影响封闭环的大小（图 4-12c），平行度公差 t_2（允许的平行度误差最大值）就应作为一个组成环（减环）列入尺寸链中。

如图 4-13a 所示，当齿轮轮毂宽度 L_1 的尺寸公差与两端面圆跳动公差 t_1 之间的关系采用独立原则时，齿轮的任一个端面圆跳动 f_1 或 f_1' 会影响封闭环的大小（图 4-13b）。因此，端面圆跳动公差 t_1 应作为组成环（减环）列入尺寸链。

如图 4-14a 所示，当轴上两台肩之间的长度 L_3 的尺寸公差与台肩的端面圆跳动公差 t_3 之间的关系采用独立原则时，大台肩的端面圆跳动 f_3 会影响封闭环的大小（图 4-14b）。因此，端面圆跳动公差 t_3 应作为组成环（减环）列入尺寸链。

如果三个零件的位置公差都列入尺寸链，则除尺寸 L_3 为增环外，其余 5 个组成环即线

性尺寸 L_1、L_2 和位置公差 t_1、t_2、t_3 皆为减环。尺寸链中位置误差对封闭环的影响比较复杂，应根据具体情况做具体分析。

4.3　尺寸链的计算方法

4.3.1　计算参数

尺寸、偏差、公差及计算参数代号见表 4-3。计算参数关系如图 4-15 所示。

表 4-3　尺寸、偏差、公差及计算参数代号

代号	名称	说　明
L	公称尺寸	
L_{max}	上极限尺寸	
L_{min}	下极限尺寸	
ES	上极限偏差	
EI	下极限偏差	
X	实际偏差	
T	公差	
Δ	中间偏差	上极限偏差与下极限偏差的平均值
$\overline{X}$	平均偏差	实际偏差的平均值
$\varphi(x)$	概率密度函数	
m	组成环环数	
ζ	传递系数	各组成环对封闭环影响大小的系数
k	相对分布系数	表征尺寸分布分散性的系数,正态分布时为 1
e	相对不对称系数	表征分布曲线不对称程度的系数,$e=\dfrac{\overline{X}-\Delta}{T/2}$
T_{av}	平均公差	全部组成环取相同公差值时的组成环公差
T_L	极值公差	按全部组成环公差算术相加计算的封闭环或组成环公差
T_S	统计公差	按各组成环和封闭环统计特征计算的封闭环或组成环公差
T_Q	平方公差	按全部组成环公差平方和计算的封闭环或组成环公差
T_E	当量公差	按各组成环具有相同统计特性计算的封闭环或组成环公差

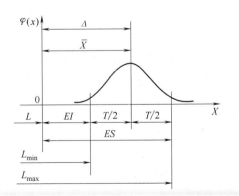 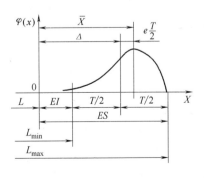

图 4-15　计算参数关系

4.3.2 计算公式

尺寸链的计算，主要计算封闭环与组成环的基本尺寸、公差及极限偏差之间的关系。尺寸链的计算公式见表 4-4。

表 4-4 尺寸链的计算公式

序号	计算内容		计算公式	说　明
1	封闭环公称尺寸		$L_0 = \sum\limits_{i=1}^{m} \xi_i L_i$	下角标"0"表示封闭环，"i"表示组成环及其序号，下同
2	封闭环中间偏差		$\Delta_0 = \sum\limits_{i=1}^{m} \xi_i \left(\Delta_i + e_i \dfrac{T_i}{2} \right)$	当 $e_i = 0$ 时，$\Delta_0 = \sum\limits_{i=1}^{m} \xi_i \Delta_i$
3	封闭环公差	极值公差	$T_{0L} = \sum\limits_{i=1}^{m} \vert \xi_i \vert T_i$	在给定各组成环公差的情况下，按此计算的封闭环公差 T_{0L}，其公差数值最大
		统计公差	$T_{0S} = \dfrac{1}{k_0} \sqrt{\sum\limits_{i=1}^{m} \xi_i^2 k_i^2 T_i^2}$	当 $k_0 = k_i = 1$ 时，得平方公差 $T_{0Q} = \sqrt{\sum\limits_{i=1}^{m} \xi_i^2 T_i^2}$，在给定各组成环公差的情况下，按此计算的封闭环平方公差 T_{0Q}，其公差数值最小 当 $k_0 = 1$、$k_i = k$ 时，得当量公差 $T_{0E} = k \sqrt{\sum\limits_{i=1}^{m} \xi_i^2 T_i^2}$，它是统计公差 T_{0S} 的近似值 其中 $T_{0L} > T_{0S} > T_{0Q}$
4	封闭环极限偏差		$ES_0 = \Delta_0 + \dfrac{1}{2} T_0$ $EI_0 = \Delta_0 - \dfrac{1}{2} T_0$	
5	封闭环极限尺寸		$L_{0max} = L_0 + ES_0$ $L_{0min} = L_0 + EI_0$	
6	组成环平均公差	极值公差	$T_{av,L} = \dfrac{T_0}{\sum\limits_{i=1}^{m} \vert \xi_i \vert}$	对于直线尺寸链 $\vert \xi_i \vert = 1$，则 $T_{av,L} = \dfrac{T_0}{m}$，在给定封闭环公差情况下，按此计算的组成环平均公差 $T_{av,L}$，其公差数值最小
		统计公差	$T_{av,S} = \dfrac{k_0 T_0}{\sqrt{\sum\limits_{i=1}^{m} \xi_i^2 k_i^2}}$	当 $k_0 = k_i = 1$ 时，得组成环平均平方公差 $T_{av,Q} = \dfrac{T_0}{\sqrt{\sum\limits_{i=1}^{m} \xi_i^2}}$；直线尺寸链 $\vert \xi_i \vert = 1$，则 $T_{av,Q} = \dfrac{T_0}{\sqrt{m_0}}$，在给定封闭环公差的情况下，按此计算组成环平均平方公差 $T_{av,Q}$，其公差数值最大 当 $k_0 = 1$、$k_i = k$ 时，得组成环平均当量公差 $T_{av,E} = \dfrac{T_0}{k \sqrt{\sum\limits_{i=1}^{m} \xi_i^2}}$；直线尺寸链 $\vert \xi_i \vert = 1$，则 $T_{av,E} = \dfrac{T_0}{k \sqrt{m_1}}$，它是统计公差 $T_{av,S}$ 的近似值 其中 $T_{av,L} > T_{av,S} > T_{av,Q}$

（续）

序号	计算内容	计算公式	说　明
7	组成环极限偏差	$ES_i = \Delta_i + \dfrac{1}{2}T_i$ $EI_i = \Delta_i - \dfrac{1}{2}T_i$	
8	组成环极限尺寸	$L_{i\max} = L_i + ES_i$ $L_{i\min} = L_i + EI_i$	

4.3.3　尺寸链的计算种类

尺寸链的计算就是指计算封闭环和组成环的基本尺寸及其极限偏差。在工程中，尺寸链计算主要有以下三种。

4.3.3.1　正计算

已知各组成环的公称尺寸和极限偏差，求封闭环的公称尺寸和极限偏差。正计算的目的是审核图样上标注的各组成环的公称尺寸和上、下极限偏差，在加工后是否能满足总的技术要求，即验证设计的正确性。

4.3.3.2　反计算

已知封闭环的公称尺寸和极限偏差及各组成环的公称尺寸，求各组成环的公差和极限偏差。反计算的目的是根据总的技术要求来确定各组成环的上、下极限偏差，即属于设计工作方面的问题，也可理解为解决公差的分配问题。

反计算主要包括两项内容：分配各组成环的公差；确定各环极限偏差。

分配各组成环的公差常用下述两种方法。

（1）等公差法

计算时先假定各组成环的公差相等，求得各组成环的平均公差 T_{av}，然后根据各组成环的尺寸大小、结构工艺特点及加工难易程度适当进行调整，最后决定各组成环的公差 T_i。这种方法常用于同一尺寸链中公称尺寸大致相同的情况下。

组成环的平均公差可按表 4-4 中的公式计算，即

$$T_{av} = \frac{T_0}{m} \tag{4-1}$$

式中　T_0——各组成环的公差之和；

　　　m——尺寸链中组成环的个数。

（2）等精度法

按各组成环的公差等级相同的原则，先求出各组成环的平均公差等级系数 a_{av}，然后确定各组成环的公差等级及公差。

当尺寸≤500mm、公差等级为 IT5~IT18 时，其标准公差数值

$$IT = ai \tag{4-2}$$

其中，公差单位 i 由公称尺寸决定，即

$$i = 0.45\sqrt[3]{D_M} + 0.001D_M \tag{4-3}$$

式中 D_M——公称尺寸分段的几何平均值，其各尺寸分段的公差单位值见表 4-5。

表 4-5 各尺寸分段的公差单位值

尺寸分段/mm	≤3	>3~6	>6~10	>10~18	>18~30	>30~50	>50~80	>80~120	>120~180	>180~250	>250~315	>315~400	>400~500
公差单位 $i/\mu m$	0.54	0.73	0.9	1.08	1.31	1.56	1.86	2.17	2.52	2.9	3.23	3.54	3.89

平均公差等级系数 a_{av} 可按下式计算，即

$$a_{av} = \frac{T_0}{\sum_{j=1}^{n-1} i_j} \tag{4-4}$$

由式（4-4）求得的平均公差等级系数 a_{av} 值，根据 IT1～IT18 标准公差计算公式取一个与之接近的公差等级，再由标准公差数值表查得各组成环的公差数值。

若前两种方法均不理想，可在等公差数值或相同公差等级的基础上，根据各零件公称尺寸的大小，孔类和轴类零件的不同，毛坯生产工艺及热处理要求的不同，材料差别的影响，加工的难易程度以及车间的设备状况，将各环公差数值加以人为的经验调整，以尽可能切合实际，并使之加工经济。在进行组成环极限偏差的确定时，先留一个组成环作为调整环，其余组成环的上、下极限偏差按"偏差向体内原则"确定，即当组成环为包容面尺寸时，则令其下极限偏差为零（按基本偏差 H 配置）；当组成环为被包容面尺寸时，则令其上极限偏差为零（按基本偏差 h 配置）。有时，组成环既不是包容面尺寸，又不是被包容面尺寸，如孔距尺寸，此时，取对称的极限偏差（按基本偏差 JS 配置）。进行公差设计计算时，最后需进行校核，以保证设计的正确性。

4.3.3.3 中间计算

已知封闭环及某些组成环的公称尺寸和极限偏差，求某一组成环的公称尺寸和极限偏差。中间计算多应用于工艺尺寸计算方面的问题，如制定工序公差、基准的换算等。

4.3.4 装配尺寸链的计算方法

按照产品设计要求、结构特征、公差大小与生产条件，可用互换法、分组法、修配法和调整法等方法达到装配尺寸链封闭环公差要求。

4.3.4.1 互换法

按照互换程度的不同，互换法分为完全互换法和大数互换法。

（1）完全互换法

在全部产品中，装配时各组成环不需挑选或辅助加工，装入后即能达到封闭环的公差要求。该方法采用极值公差公式计算，又称为极值或极大值极小值法。

该方法是按照误差综合后的两种最不利情况，即各增环皆为上极限尺寸而各减环皆为下极限尺寸，或各增环皆为下极限尺寸而各减环皆为上极限尺寸，来计算封闭环极限尺寸的方法。

这种方法是尺寸链计算中最基本的方法，计算简单，一般用于 3～4 环尺寸链，或环数

虽多但精度要求不同的场合。

（2）大数互换法

在绝大多数产品中，装配时各组成环不需挑选或改变其大小或位置，装入后即能达到封闭环的公差要求，即保证大数互换。该方法采取统计公差公式计算，又称为概率法。

大数互换法是以一定置信水平为依据的。通常封闭环趋近正态分布，取置信水平 $P = 99.73\%$，此时相对分布系数 $k_0 = 1$，在有些生产条件较差时，要求适当放大组成环公差时，可取较低的 P 值。但是，在采取该法时，应有适当的工艺措施保证，以排除个别产品超出公差范围或极限偏差。置信水平 P 与相对分布系数 k_0 的对应数值见表 4-6。

该方法常用在大批量生产的情况，在相同封闭环公差条件下，可使组成环的公差扩大，经济效益更好，适用于对精度要求较高而且环数也较多的尺寸链。

表 4-6　置信水平 P 与相对分布系数 k_0 的对应数值

置信水平 P(%)	99.73	99.5	99	98	95	90
相对分布系数 k_0	1	1.06	1.16	1.29	1.52	1.82

依据概率论中的随机变量合成规则，各组成环的标准偏差 σ_i 与封闭环的标准偏差 σ_0 的关系为 $\sigma_0 = \sqrt{\sum_{i=1}^{m} \sigma_i^2}$。若组成环的实际尺寸符合正态分布，且分布中心与公差带中心重合，则封闭环的尺寸也符合正态分布，各环公差与标准偏差关系为 $T_i = 6\sigma_i$ 及 $T_0 = 6\sigma_0$。封闭环的公差与所有组成环公差的关系为 $T_0 = \sqrt{\sum_{i=1}^{m} k_i^2 T_i^2}$，其中，$k$ 为相对分布系数。组成环为正态分布时 $k = 1$；偏态时为 $k = 1.17$ 等。中间偏差为上下极限偏差的算术平均值，即 $\Delta_0 = \frac{1}{2}(ES_0 + EI_0)$ 及 $\Delta_i = \frac{1}{2}(ES_i + EI_i)$，封闭环的中间尺寸等于所有增环的中间尺寸之和减去所有减环中间尺寸之和，即 $A_{0中} = \sum_{i=1}^{n} A_{i中} - \sum_{i=n+1}^{m} A_{i中}$。可得封闭环的中间偏差也可表示为 $\Delta_0 = \sum_{i=1}^{n} \Delta_i - \sum_{i=n+1}^{m} \Delta_i$。采用大数互换法计算尺寸链的步骤与完全互换法基本相同。

4.3.4.2　分组法

将各组成环按其实际尺寸大小分为若干组，各对应组进行装配，同组零件具有互换性。该方法通常采用极值公差公式计算。

该方法既可扩大零件的制造公差，又能保证高的装配精度，一般用于大批量生产中的高精度、零件形状简单易测、组成环数少的尺寸链。分组数一般选择 2~4 组。

4.3.4.3　修配法

装配时去除补偿环的部分材料以改变其实际尺寸，使封闭环达到其公差与极限偏差要求。修配方法一般有三种：单件修配法、合并加工修配法和自身加工修配法。该方法通常采用极值公差公式计算。

该方法既可扩大组成环的制造公差，又能得到较高的装配精度，常用于批量不大、环数较多、精度要求高的尺寸链。

4.3.4.4 调整法

装配时用调整的方法改变补偿环的实际尺寸或位置，使封闭环达到其公差与极限偏差要求。常用补偿环分为两种：一种是以选择适当尺寸的垫片、垫圈或轴套等零件来保证技术精度的固定补偿环；一种是以调整镶条、调节螺旋副等某个零件的位置来保证精度要求的可动补偿环。该方法通常采用极值公差公式计算。

该方法可扩大组成环的制造误差，不需修配即可得到很高的装配精度，常应用于封闭环精度要求高、组成环数目多或使用过程中某些零件的尺寸会发生变化的尺寸链。

装配尺寸链几种计算方法的适用情况见表 4-7。

表 4-7 装配尺寸链几种计算方法的适用情况

互换法	完全互换法	优先选用，用于低精度或较高精度、少环装配的情况
	大数互换法	大批量生产、装配精度要求较高、环数较多的情况
分组法		大批量生产、装配精度要求很高、环数少的情况
修配法		单件小批生产、装配精度要求很高、环数较多的情况
调整法	固定补偿环法	大批量生产、装配精度要求较高、环数较多的情况
	可动补偿环法	小批生产、装配精度要求较高、环数较多的情况

4.3.5 装配尺寸链的计算顺序

装配尺寸链的计算顺序如图 4-16 所示。

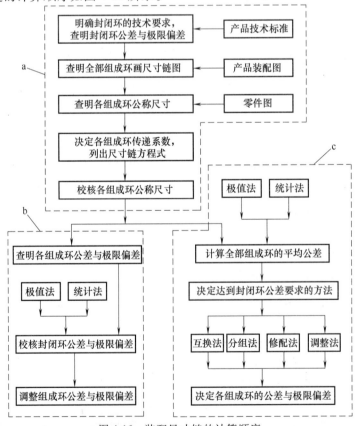

图 4-16 装配尺寸链的计算顺序

a—公称尺寸计算　b—公差设计计算　c—公差校核计算

4.3.6　相对不对称系数与相对分布系数

（1）组成环的分布及其系数

组成环有不同的分布形式，常见的几种分布曲线及其对应的不对称系数 e 和相对分布系数 k 的数值，见表4-8。

表 4-8　组成环的分布及其系数

分布特征	正态分布	三角分布	均匀分布	瑞利分布	偏态分布	
					外尺寸	内尺寸
分布曲线	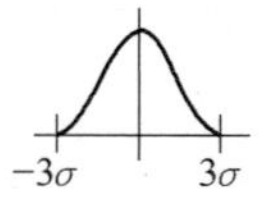	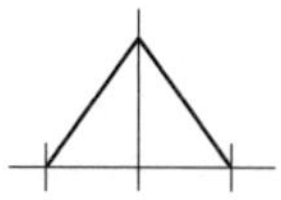	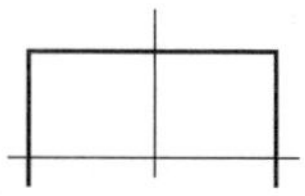	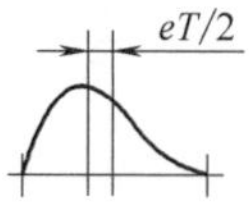	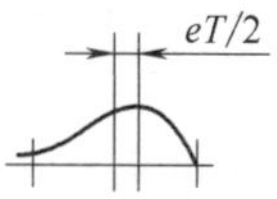	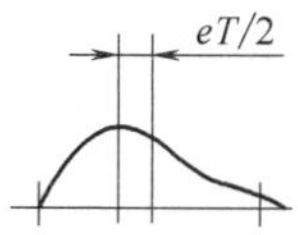
e	0	0	0	−0.28	0.26	−0.26
k	1	1.22	1.73	1.14	1.17	1.17

分布特征及其系数的选取，规定如下。

1）在大批量生产条件下，且工艺过程稳定，则工件尺寸趋近正态分布，取 $e=0$、$k=1$。

2）在不稳定工艺过程中，当尺寸随时间近似线性变动时，形成均匀分布；计算时没有任何参考的统计数据，尺寸及位置误差一般可当作均匀分布，取 $e=0$、$k=1.73$。

3）两个分布范围相等的均匀分布相组合，形成三角分布；计算时没有参考的统计数据，尺寸与位置误差也可当作三角分布，取 $e=0$、$k=1.22$。

4）偏心或径向圆跳动趋近瑞利分布，取 $e=-0.28$、$k=1.14$；偏心在某一方向的分量，取 $e=0$、$k=1.73$。

5）单件小批量生产条件下，工件尺寸也可能形成偏态分布，偏向最大实体尺寸这一边，取 $e=\pm0.26$、$k=1.17$。

（2）封闭环的分布及其系数

1）各组成环在其公差带内按正态分布时，封闭环也必按正态分布；各组成环具有各自不同分布时，只要组成环数 $m\geqslant5$、各组成环分布范围相差又不太大时，封闭环也趋近正态分布，此时，通常取 $e_0=0$、$k_0=1$。

2）当组成环数 $m<5$，各组成环又不按正态分布时，封闭环也不同于正态分布。计算时没有参考的统计数据，可取 $e_0=0$、$k_0=1.1\sim1.3$。

4.3.7　保证装配精度的其他措施

上述给出了装配尺寸链各组成环的计算方法，装配时不用修整就可以满足封闭环的技术要求。但在实际生产的某些情况，为获得更高的装配精度，在不提高组成环加工精度的前提下，可以采用以下三种方法保证装配精度的要求。

（1）修配装配法

修配装配法是将尺寸链的公称尺寸按经济加工精度设计公差数值，封闭环的公差数值比技术条件要求的偏大。在装配时选择某一组成环作为补偿环，预先设定修配量。装配时用去除补偿环部分材料的方法改变其实际尺寸，使得封闭环达到其公差与极限偏差的精度要求。修配装配法适合小批量生产，装配精度要求较高的场合。采用修配法装配时，首先应正确选定补偿环。作为补偿环的零件应满足易于修配并且装卸方便，且不是公共环，即作为补偿环的零件应当只与一项装配精度有关。

（2）调整法

调整法与修配装配法类似，只是改变补偿尺寸的方法不同。调整法是通过改变补偿环的尺寸或位置的方法保证装配精度要求。使用调整法时需要在组成环中选择一个补偿环，装配时用选择或调整的方法改变其尺寸和位置，使得封闭环达到其公差与极限偏差的精度要求。

调整法适用于装配精度要求较高，或使用过程中某些零件尺寸会发生变换的尺寸链中。采用调整法装配时，可以使用一组具有不同尺寸的补偿环或者一个位置可以在装配时调整的补偿环。

（3）分组装配法

分组装配法是在封闭环的技术要求前提下将确定的各组成环的平均公差放大 k 倍，按经济加工精度加工组成环。依据加工后零件的实际偏差，按一定尺寸间隔分为 k 组，装配时采用大配大、小配小的方式进行分组，分组后装配以达到封闭环的精度要求。分组装配法只能在同一组进行，同时，采用分组装配法给组成环分配公差时，要求增环公差数值等于减环公差数值，以保证装配后的配合性质不变。

分组装配法适合于封闭环要求精度高、生产批量较大的场合，可以有效提高零件的可加工性和经济性。

4.4 尺寸链的计算示例

4.4.1 完全互换法计算示例

用完全互换进行尺寸链计算的基本步骤是：

1）画尺寸链图。

2）判别封闭环与增、减环。

3）根据完全互换法计算公式，进行封闭环或组成环量值的计算。

4）校核计算结果。

4.4.1.1 正计算示例

例1：图 4-17a 所示为齿轮箱部件，已知 $A_1 = 10_{-0.036}^{0}$ mm，$A_2 = 189_{+0.050}^{+0.221}$ mm，$A_3 = 2.5_{-0.1}^{0}$ mm，$A_4 = 16.5_{-0.043}^{0}$ mm，$A_5 = 160_{-0.1}^{0}$ mm，试求轴向间隙 N。

解：1）画尺寸链图，如图 4-17b 所示。

2）判别增、减环。间隙 N 是装配时自然形成的，显然是封闭环，据此可判断出 A_2 为增环，A_1，A_3，A_4，A_5 为减环。

3）计算封闭环的公称尺寸。

$$N = A_2 - (A_1 + A_3 + A_4 + A_5) = 189\text{mm} - (10 + 2.5 + 16.5 + 160)\text{mm} = 0\text{mm}$$

4）计算封闭环的上、下极限偏差

$$ES_0 = ES_2 - (EI_1 + EI_3 + EI_4 + EI_5) = +0.221\text{mm} - (-0.036 - 0.1 - 0.043 - 0.1)\text{mm} = +0.5\text{mm}$$

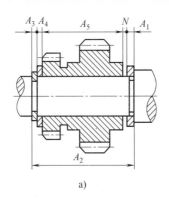

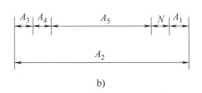

图 4-17 齿轮箱部件及其尺寸链

$$EI_0 = EI_2 - (ES_1 + ES_3 + ES_4 + ES_5) = +0.05\text{mm} - (0+0+0+0)\text{mm} = +0.05\text{mm}$$

5）校核计算结果。由以上计算结果可得

封闭环的公差

$$T_0 = ES_0 - EI_0 = +0.5\text{mm} - 0.05\text{mm} = 0.45\text{mm}$$

$$T_0 = T_{A_1} + T_{A_2} + T_{A_3} + T_{A_4} + T_{A_5} = 0.036\text{mm} + 0.171\text{mm} + 0.1\text{mm} + 0.043\text{mm} + 0.1\text{mm} = 0.45\text{mm}$$

校核结果说明计算无误，所以轴向间隙 $N = 0^{+0.50}_{+0.05}\text{mm}$，即轴向间隙 $N = 0.05 \sim 0.5\text{mm}$。

例2：图 4-18a 所示为滑块与导槽的配合。已知滑块与导槽的尺寸及位置公差如图 4-18c 所示，试计算当滑块与导槽大端在一侧接触时，同侧小端的间隙 N。

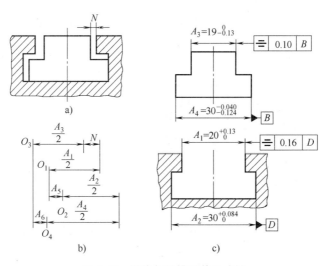

图 4-18 滑块与导槽及其尺寸链

解：1）画尺寸链图。解这一类尺寸链问题时，应注意两点：一是对于具有对称性的尺寸，通常都取其二分之一带入尺寸计算；二是几何公差也作为组成环进入尺寸链。

尺寸链图如图 4-18b 所示，其中 $A_5 = (0 \pm 0.08)\text{mm}$，$A_6 = (0 \pm 0.05)\text{mm}$，为导槽与滑块的对称度公差。$O_1$、$O_2$、$O_3$ 和 O_4 分别为 A_1、A_2、A_3 和 A_4 的对称中心平面。

2）判别增、减环。N 是封闭环，则 $A_1/2$，$A_4/2$ 和 A_6 是增环，$A_2/2$，$A_3/2$ 和 A_5 是减环。

3）计算封闭环的公称尺寸。

$$N = \frac{A_1}{2} + \frac{A_4}{2} + A_6 - \left(\frac{A_2}{2} + \frac{A_3}{2} + A_5 \right) = 10\text{mm} + 15\text{mm} + 0\text{mm} - (15 + 9.5 + 0)\text{mm} = 0.5\text{mm}$$

4）计算封闭环的上、下极限偏差。

$$ES_0 = \frac{ES_1}{2} + \frac{ES_4}{2} + ES_6 - \left(\frac{EI_2}{2} + \frac{EI_3}{2} + EI_5 \right) = +0.065\text{mm} - 0.02\text{mm} + 0.05\text{mm} -$$

$$(0 - 0.065 - 0.08)\text{mm} = +0.24\text{mm}$$

$$EI_0 = \frac{EI_1}{2} + \frac{EI_4}{2} + EI_6 - \left(\frac{ES_2}{2} + \frac{ES_3}{2} + ES_5 \right) = 0\text{mm} - 0.062\text{mm} - 0.05\text{mm} -$$

$$(0.042 + 0 + 0.08)\text{mm} = -0.234\text{mm}$$

5）校核计算结果。封闭环的公差

$$T_0 = ES_0 - EI_0 = +0.24\text{mm} + 0.234\text{mm} = 0.474\text{mm}$$

$$T_0 = \frac{T_{A_1}}{2} + \frac{T_{A_2}}{2} + \frac{T_{A_3}}{2} + \frac{T_{A_4}}{2} + T_{A_5} + T_{A_6} = (0.13 + 0.084 + 0.13 + 0.084)\text{mm}/2 + 0.1\text{mm} + 0.16\text{mm}$$

$$= 0.474\text{mm}$$

校核结果说明计算无误，所以间隙 $N = 0.5^{+0.240}_{-0.234}\text{mm}$，即间隙 $N = 0.266 \sim 0.740\text{mm}$。

4.4.1.2 反计算示例

例3：图4-19a所示齿轮箱部件装配图，轴向间隙 N 的允许值为 $1 \sim 1.5\text{mm}$。已知零件的尺寸为 $A_1 = 141\text{mm}$，$A_2 = A_4 = 5\text{mm}$，$A_3 = 130\text{mm}$。试确定各组成环的公差及上、下极限偏差。

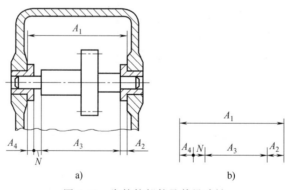

图4-19 齿轮箱部件及其尺寸链

解：1）画尺寸链图，如图4-19b所示。

2）确定封闭环。因为轴向间隙 N 尺寸为装配后自然形成的尺寸，故 N 为封闭环。

3）判别增、减环。从尺寸链图可看出，A_1 是增环，A_2，A_3 和 A_4 是减环。

4）计算封闭环的公称尺寸。

$$N = A_1 - (A_2 + A_3 + A_4) = 141\text{mm} - (5 \times 2 + 130)\text{mm} = 1\text{mm}$$

由题意设 $N = 1^{+0.50}_0$，$T_0 = 0.5\text{mm}$。

5）确定各组成环的公差和极限偏差（按等精度法）

由表4-5得：$i_1 = 2.52\mu\text{m}$，$i_2 = i_4 = 0.73\mu\text{m}$，$i_3 = 2.52\mu\text{m}$。

$$a_{av} = \frac{T_0}{\sum\limits_{j=1}^{n-1} i_j} = \frac{0.5 \times 1000}{2.52 + 0.73 + 0.73 + 2.52} \approx 76.9$$

可确定各组成环采用 IT10（$a = 64$）。因为 $a_{av} > 64$，如果各组成环都取 IT10，则其公差数值总和必小于封闭环的公差数值。因此，可选取难控制的 A_1 作为调整环，A_2、A_3、A_4 均确定为 IT10。

查国家标准可知组成环 A_2、A_3、A_4 的公差为

$$T_{A_2} = T_{A_4} = 0.048\text{mm}, \quad T_{A_3} = 0.16\text{mm}$$

调整环 A_1 的公差数值为

$$T_{A_1} = T_0 - (T_{A_2} + T_{A_3} + T_{A_4}) = 0.5\text{mm} - (0.048 \times 2 + 0.16)\text{mm} = 0.244\text{mm}$$

除调整环 A_1 外，各组成环的极限偏差按"向体原则"确定，即增环按基准孔，减环按基准轴确定其极限偏差。所以

$$A_2 = A_4 = 5_{-0.048}^{0}\text{mm} = 5\text{h}10, \quad A_3 = 130_{-0.16}^{0}\text{mm} = 130\text{h}10$$

调整环 A_1 的极限偏差为

$$ES_1 = ES_N + (EI_2 + EI_3 + EI_4) = 0.5\text{mm} + (-0.048 - 0.048 - 0.16)\text{mm} = +0.244\text{mm}$$

$$EI_1 = EI_N + (ES_2 + ES_3 + ES_4) = 0\text{mm}$$

即 $A_1 = 141_{0}^{+0.244}\text{mm}$。

下面用等公差法解本例。

用等公差法解尺寸链的基本步骤完全同等精度法。这里只介绍计算各组成环公差（仍选 A_1 作为调整环）。

由式（4-1）得各组成环的平均公差为

$$T_{av} = \frac{T_0}{m} = \frac{0.5\text{mm}}{4} = 0.125\text{mm}$$

如果对此部件上各零件尺寸的公差都定为 0.125mm 是不合理的。将 A_3 公差放大，取 $T_{A_3} = 0.16\text{mm}$，A_2、A_4 尺寸小且易加工，取 $T_{A_2} = T_{A_4} = 0.048\text{mm}$。调整环 A_1 的公差数值为

$$T_{A_1} = T_0 - (T_{A_2} + T_{A_3} + T_{A_4}) = 0.5\text{mm} - (0.048 \times 2 + 0.16)\text{mm} = 0.244\text{mm}$$

4.4.1.3　中间计算示例

例4：图 4-20a 所示的轴需铣一键槽，其加工顺序为：车削外圆 $A_1 = \phi 60.5_{-0.074}^{0}\text{mm}$；铣

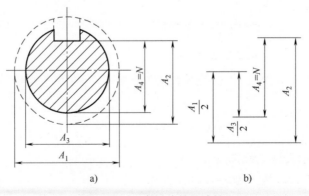

图 4-20　工序尺寸的尺寸链

键槽 A_2；磨外圆 $A_3 = \phi 60^{\ 0}_{-0.046}\,\text{mm}$；要求磨完外圆后保证尺寸 $A_4 = 53^{\ 0}_{-0.2}\,\text{mm}$。求铣键槽时的尺寸 A_2。

解：1）画尺寸链图，如图 4-20b 所示。

2）判别封闭环和增、减环。尺寸 A_4 是加工过程中最后形成的尺寸，因此是封闭环，则 A_2 和 $A_3/2$ 是增环，$A_1/2$ 是减环。

3）计算 A_2 的公称尺寸和极限偏差。因为 $N = A_2 + \dfrac{A_3}{2} - \dfrac{A_1}{2}$，$A_2 = N - \dfrac{A_3}{2} + \dfrac{A_1}{2} = 53\,\text{mm} - 30\,\text{mm} + 30.25\,\text{mm} = 53.25\,\text{mm}$。

又由于 $ES_N = ES_2 + \dfrac{ES_3}{2} - \dfrac{EI_1}{2}$，所以 $ES_2 = ES_N - \dfrac{ES_3}{2} + \dfrac{EI_1}{2} = -0.037\,\text{mm}$。

同理得 $EI_2 = EI_N - \dfrac{EI_3}{2} + \dfrac{ES_1}{2} = -0.177\,\text{mm}$。

得 $A_2 = 53.25^{-0.037}_{-0.177}\,\text{mm}$。

4）校核计算结果。由已知条件可求出

$$T_N = T_{A_4} = ES_{A_4} - EI_{A_4} = 0.2\,\text{mm}$$

$$T_N = T_{A_2} + \frac{T_{A_3}}{2} + \frac{T_{A_1}}{2} = 0.14\,\text{mm} + 0.023\,\text{mm} + 0.037\,\text{mm} = 0.2\,\text{mm}$$

校核结果说明计算无误，所以 $A_2 = 53.25^{-0.037}_{-0.177}\,\text{mm}$。

4.4.2 装配尺寸链计算示例

例5：图 4-21 所示为齿轮部件，轴是固定的，齿轮在轴上回转。

整个尺寸链分析与计算步骤，按照装配尺寸链计算顺序框图所规定的内容与步骤进行。第一步：公称尺寸的分析与计算；第二步：公差设计计算；第三步：公差校核计算。

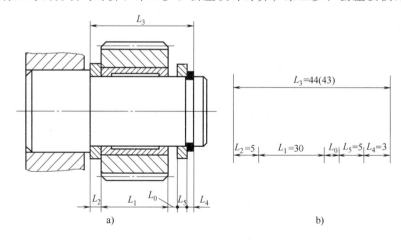

图 4-21　齿轮部件尺寸链计算示例

4.4.2.1 公称尺寸的分析与计算

（1）确定封闭环及其技术要求

由于齿轮在轴上回转，则齿轮左右端面与挡环之间必须有间隙。现将此间隙集中在齿轮右端面与右挡环左端面之间，这个间隙是在装配过程中最后形成的，因而是尺寸链的封闭环，用 L_0 表示。

按其工作条件，此间隙的极限值为 $0.10\sim0.35$mm，即 $L_0=0^{+0.35}_{+0.10}$mm。

（2）查出全部组成环，画出尺寸链图

与封闭环间隙有关的尺寸，就是该齿轮各零件的尺寸，即齿轮宽度 L_1、左挡环宽度 L_2、轴肩到轴槽右侧距离 L_3、弹簧卡环宽度 L_4 及右挡环宽度 L_5。L_0 与 $L_1\sim L_5$ 依次互相毗连，就形成了封闭的尺寸组。若将其尺寸用符号标注在示意装配图上，如图 4-21a 所示，或将尺寸互相连接关系单独表示出来，如图 4-21b 所示，这就是两种形式的尺寸链图。在 6 个环中，L_0 为封闭环，$L_1\sim L_5$ 为组成环。

（3）各组成环公称尺寸的确定

从零件图、装配图中查明各组成环的公称尺寸、标注在尺寸链图上，如图 4-21b 所示。

（4）决定增环、减环及其相应传递系数，列出尺寸链方程式

利用其他零件尺寸不变，某一零件尺寸变化，看对间隙的影响是同向变化（同增或同减）还是反向变化（一增一减或一减一增）的方法，可知 L_3 为增环，传递系数 $\xi_3=+1$；其余 L_1、L_2、L_4、L_5 皆为减环，传递系数：$\xi_1=\xi_2=\xi_4=\xi_5=-1$。得尺寸链方程式为

$$L_0=L_3-(L_1+L_2+L_4+L_5)$$

（5）校核组成环公称尺寸

将各组成环公称尺寸代入尺寸链方程式得

$$L_0=44\text{mm}-(30+5+3+5)\text{mm}=1\text{mm}$$

因规定要求 $L_0=0$mm，为使封闭环公称尺寸符合要求，可将 L_3 减小 1mm，即 $L_3=43$mm。这样，各组成环公称尺寸分别定为：$L_1=30$mm、$L_2=5$mm、$L_3=43$mm、$L_4=3$mm、$L_5=5$mm。

4.4.2.2 公差设计计算

已知：

封闭环极限偏差 $ES_0=0.35$mm，$EI_0=0.10$mm。

封闭环中间偏差 $\Delta_0=\dfrac{1}{2}(0.35+0.10)\text{mm}=0.225$mm。

封闭环公差 $T_0=0.35\text{mm}-0.10\text{mm}=0.25$mm。

各组成环公称尺寸 $L_1=30$mm、$L_2=5$mm、$L_3=43$mm、$L_4=3$mm、$L_5=5$mm。

各组成环传递系数 $\xi_1=\xi_2=\xi_4=\xi_5=-1$，$\xi_3=+1$。

组成环 L_4 是标准环，$L_4=3^{\ 0}_{-0.05}$mm。

现用不同计算方法，决定各组成环的公差与极限偏差。

（1）完全互换法

1）按表 4-4 序号 6 说明栏内的公式（因 $|\xi_i|=1$），各组成环平均极值公差为

$$T_{\text{av,L}}=\frac{T_0}{m}=\frac{0.25\text{mm}}{5}=0.05\text{mm}$$

2）按平均公差及各组成环公称尺寸，各组成环公差等级约为 IT9。

3）按各组成环公称尺寸大小与零件工艺性好坏，以平均公差数值为基础，各组成环公

差分别为

$$T_1 = T_3 = 0.06\text{mm}, \ T_2 = T_5 = 0.04\text{mm}$$

4）求各组成环极限偏差。将组成环 L_3 作为调整尺寸，其余组成环属于外尺寸时按 h，内尺寸时按 H，其极限偏差分别为

$$L_1 = 30_{-0.06}^{\ 0}\text{mm}、L_2 = 5_{-0.04}^{\ 0}\text{mm}、L_4 = 3_{-0.05}^{\ 0}\text{mm}、L_5 = 5_{-0.04}^{\ 0}\text{mm}$$

这时各组成环相应中间偏差为

$$\Delta_1 = -0.03\text{mm}、\Delta_2 = -0.02\text{mm}、\Delta_4 = -0.025\text{mm}、\Delta_5 = -0.02\text{mm}$$

5）按表4-4序号2说明栏内公差，计算组成环 L_3 的中间偏差为

$$\Delta_3 = \Delta_0 + (\Delta_1 + \Delta_2 + \Delta_4 + \Delta_5) = 0.225\text{mm} + (-0.03 - 0.02 - 0.025 - 0.02)\text{mm} = 0.13\text{mm}$$

6）按表4-4序号7中公式决定组成环 L_3 的极限偏差为

$$ES_3 = \Delta_3 + \frac{1}{2}T_3 = 0.13\text{mm} + \frac{1}{2} \times 0.06\text{mm} = 0.16\text{mm}$$

$$EI_3 = \Delta_3 - \frac{1}{2}T_3 = 0.13\text{mm} - \frac{1}{2} \times 0.06\text{mm} = 0.10\text{mm}$$

则 $L_3 = 43_{+0.10}^{+0.16}\text{mm}$。

（2）大数互换法

1）按表4-4序号6说明栏内公差（$k = 1.22$），各组成环平均当量公差为

$$T_{\text{av, E}} = \frac{T_0}{k\sqrt{m}} = \frac{0.25\text{mm}}{1.22\sqrt{5}} = 0.092\text{mm}$$

2）估计各组成环公差等级为IT10。

3）按各组成环公称尺寸大小与零件工艺性好坏，决定各组成环公差。设取 $T_1 = T_3 = 0.11\text{mm}$，$T_2 = T_5 = 0.08\text{mm}$，另已知 $T_4 = 0.05\text{mm}$，校核封闭环当量公差为

$$T_{0E} = k\sqrt{\sum_{i=1}^{m} \xi_i^2 T_i^2} = 1.22\sqrt{0.11^2 + 0.08^2 + 0.11^2 + 0.05^2 + 0.08^2}\text{mm} = 0.242\text{mm}$$

此数小于封闭环公差0.25mm，则满足要求。

4）将组成环 L_3 作为调整尺寸，其余各组成环外尺寸按 h，内尺寸按 H，其极限偏差分别为

$$L_1 = 30_{-0.011}^{\ 0}\text{mm}、L_2 = 5_{-0.08}^{\ 0}\text{mm}、L_4 = 3_{-0.05}^{\ 0}\text{mm}、L_5 = 5_{-0.08}^{\ 0}\text{mm}$$

各组成环相应的中间偏差为

$$\Delta_1 = -0.055\text{mm}、\Delta_2 = -0.04\text{mm}、\Delta_4 = -0.025\text{mm}、\Delta_5 = -0.04\text{mm}$$

5）按表4-4序号2说明栏内公式，计算组成环 L_3 的中间偏差为

$$\Delta_3 = \Delta_0 + (\Delta_1 + \Delta_2 + \Delta_4 + \Delta_5) = 0.225\text{mm} + (-0.055 - 0.04 - 0.025 - 0.04)\text{mm} = 0.065\text{mm}$$

6）按表4-4序号7中公式，决定组成环 L_3 的极限偏差为

$$ES_3 = \Delta_3 + \frac{1}{2}T_3 = 0.065\text{mm} + \frac{1}{2} \times 0.11 = 0.12\text{mm}$$

$$EI_3 = \Delta_3 - \frac{1}{2}T_3 = 0.065\text{mm} - \frac{1}{2} \times 0.11 = 0.01\text{mm}$$

则 $L_3 = 43_{+0.01}^{+0.12}\text{mm}$。

（3）修配法

1）设定 L_5 作为补偿环，各组成环公差如下（约为IT11）：

$$T_1 = T_3 = 0.20\text{mm}、T_2 = T_5 = 0.10\text{mm}、T_4 = 0.05\text{mm}$$

2）按表4-4序号3中公式计算封闭环极限公差为

$$T_{0L} = \sum_{i=1}^{m} |\xi_i| T_i = 0.20\text{mm} + 0.10\text{mm} + 0.20\text{mm} + 0.05\text{mm} + 0.10\text{mm} = 0.65\text{mm}$$

3）计算补偿环 L_5 的补偿量 F。

$$F = T_{0L} - T_0 = 0.65\text{mm} - 0.25\text{mm} = 0.40\text{mm}$$

4）外尺寸按 h，内尺寸按 H，决定除补偿环之外各组成环的极限偏差为

$$L_1 = 30_{-0.20}^{0}\text{mm}、L_2 = 5_{-0.10}^{0}\text{mm}、L_3 = 43_{0}^{+0.20}\text{mm}、L_4 = 3_{-0.05}^{0}\text{mm}$$

这时，各组成环相应的中间偏差为

$$\Delta_1 = -0.10\text{mm}、\Delta_2 = -0.05\text{mm}、\Delta_3 = 0.01\text{mm}、\Delta_4 = -0.025\text{mm}$$

5）按表4-4序号2说明栏内公式，计算补偿环 L_5 的中间偏差为

$$\Delta_5 = \Delta_3 - (\Delta_1 + \Delta_2 + \Delta_4) - \Delta_0$$
$$= 0.10\text{mm} - (-0.10 - 0.05 - 0.025)\text{mm} - 0.225\text{mm} = 0.05\text{mm}$$

6）按表4-4序号7中公式，计算补偿环 L_5 的极限偏差为

$$ES_5 = \Delta_5 + \frac{1}{2}T_5 = 0.05\text{mm} + \frac{1}{2} \times 0.10\text{mm} = 0.10\text{mm}$$

$$EI_5 = \Delta_5 - \frac{1}{2}T_5 = 0.05\text{mm} - \frac{1}{2} \times 0.10\text{mm} = 0\text{mm}$$

于是 $L_5 = 5_{0}^{+0.10}\text{mm}$。

7）按表4-4序号4中公式，验算封闭环极限偏差，即

$$ES_0 = \Delta_0 + \frac{1}{2}T_0 = 0.225\text{mm} + \frac{1}{2} \times 0.65\text{mm} = 0.55\text{mm}$$

$$EI_0 = \Delta_0 - \frac{1}{2}T_0 = 0.225\text{mm} - \frac{1}{2} \times 0.65\text{mm} = -0.10\text{mm}$$

因为封闭环要求其极限偏差为 0.35mm 和 0.10mm，所以补偿环需要改变±0.20mm。

8）最后决定补偿环 L_5 的尺寸。考虑到成品补偿环 L_5 在修配时只能加工切除金属而不能使之加大，所以应该把 0.20mm 预加进去，于是

$$L_5 = (5+0.20)_{0}^{+0.10}\text{mm} = 5.20_{0}^{+0.10}\text{mm}$$

（4）调整法

1）设定 L_5 作为补偿环，并对 L_5 规定若干组不同尺寸，装配时选用不同尺寸的补偿环，使封闭环达到规定要求。

2）按"修配法"计算顺序1）~6），得各组成环尺寸：$L_1 = 30_{-0.20}^{0}\text{mm}$、$L_2 = 5_{-0.10}^{0}\text{mm}$、$L_3 = 43_{0}^{+0.20}\text{mm}$、$L_4 = 3_{-0.05}^{0}\text{mm}$，在补偿环 $L_5 = 5_{0}^{+0.10}\text{mm}$ 时，补偿环的补偿量 $f = 0.40\text{mm}$。

3）决定补偿环 L_5 的组数 Z。取封闭环公差与补偿环公差之差作为补偿环各组之间的尺寸差 S，则

$$S = T_0 - T_5 = 0.25\text{mm} - 0.10\text{mm} = 0.15\text{mm}$$

补偿环组数：$Z = F/S + 1 = \dfrac{0.40\text{mm}}{0.15\text{mm}} + 1 = 3.66$，圆整化取 $Z = 4$。

4）决定补偿环各组尺寸。当补偿环尺寸的组数 Z 为奇数时，则 $L_5 = 5_{\ 0}^{+0.10}\text{mm}$ 是中间的一组尺寸；当组数 Z 为偶数时，应该以 $L_5 = 5_{\ 0}^{+0.10}\text{mm}$ 为对称中心，安排各组尺寸。本例 $Z = 4$，所以

$L_5 = (5 - 0.225)_{\ 0}^{+0.10}\text{mm}$、$(5 - 0.075)_{\ 0}^{+0.10}\text{mm}$、$(5 + 0.075)_{\ 0}^{+0.10}\text{mm}$ 和 $(5 + 0.225)_{\ 0}^{+0.10}\text{mm}$，即

$$L_5 = 5_{-0.225}^{-0.125}\text{mm}、\ 5_{-0.075}^{+0.025}\text{mm}、\ 5_{+0.075}^{+0.175}\text{mm}、\ 5_{+0.225}^{+0.325}\text{mm}$$

（5）计算结果的对比

1）按照完全互换法算得的结果，各组成环公差最小，约为 IT9，但能保证产品 100% 的合格。

2）按照大数互换法算得的结果，各组成环公差较大，约为 IT10，能够保证 99.73% 的产品合格，可能有约 0.27% 的产品超出预定要求的产品，必须进行返修。

3）按照修配法与调整法得到的结果，组成环公差最大，约为 IT11。其中，修配法增加了修配工作量，适用于小批单件生产；调整法在结构中应有能改变尺寸的补偿环，装配时要按实测尺寸配上相应的补偿环，使产品达到预定要求。

4.4.2.3　公差校核计算

已知：

各组成环尺寸 $L_1 = 30_{-0.10}^{\ 0}\text{mm}$、$L_2 = 5_{-0.05}^{\ 0}\text{mm}$、$L_3 = 43_{+0.10}^{+0.20}\text{mm}$、$L_4 = 3_{-0.05}^{\ 0}\text{mm}$、$L_5 = 5_{-0.05}^{\ 0}\text{mm}$。

公差：$T_1 = 0.10\text{mm}$、$T_2 = 0.05\text{mm}$、$T_3 = 0.10\text{mm}$、$T_4 = 0.05\text{mm}$、$T_5 = 0.05\text{mm}$。

中间偏差：$\Delta_1 = -0.05\text{mm}$，$\Delta_2 = -0.025\text{mm}$，$\Delta_3 = +0.15\text{mm}$，$\Delta_4 = -0.025\text{mm}$，$\Delta_5 = -0.025\text{mm}$。

传递系数：$\xi_1 = \xi_2 = \xi_4 = \xi_5 = -1$，$\xi_3 = 1$。

要求封闭环极限偏差 $ES_0 = 0.35\text{mm}$、$EI_0 = 0.10\text{mm}$。

中间偏差：$\Delta_0 = \dfrac{1}{2}(ES_0 + EI_0) = \dfrac{1}{2}(0.35 + 0.10)\text{mm} = 0.225\text{mm}$。

公差：$T_0 = (ES_0 - EI_0) = 0.35\text{mm} - 0.10\text{mm} = 0.25\text{mm}$。

试分别按封闭环的极值公差、平方公差、统计公差与当量公差校核封闭环能否达到规定要求，对按照不同方法计算的结果进行分析比较。

（1）封闭环的极值公差

1）按照表 4-4 序号 3 中的公式，校核封闭环极值公差 T_{0L}，即

$$T_{0L} = \sum_{i=1}^{m} |\xi_i| T_i = 0.10\text{mm} + 0.05\text{mm} + 0.10\text{mm} + 0.05\text{mm} + 0.05\text{mm} = 0.35\text{mm}$$

2）按照表 4-4 序号 2 中的公式，校核封闭环中间偏差 Δ_0，即

$$\Delta_0 = \sum_{i=1}^{m} \xi_i \Delta_i = -(-0.05)\text{mm} - (-0.025)\text{mm} + 0.15\text{mm} -$$

$$(-0.025)\text{mm} - (-0.025)\text{mm} = 0.275\text{mm}$$

3）按照表 4-4 序号 4 中的公式，校核封闭极限偏差 ES_0 和 EI_0，即

$$ES_0 = \Delta_0 + \frac{1}{2}T_0 = 0.275\text{mm} + \frac{1}{2} \times 0.35\text{mm} = 0.45\text{mm}$$

$$EI_0 = \Delta_0 - \frac{1}{2}T_0 = 0.275\text{mm} - \frac{1}{2} \times 0.35\text{mm} = 0.10\text{mm}$$

4）校核结果。封闭环公差大于规定要求，中间偏差也和要求不一致，上极限偏差也超出了规定要求。因此，应适当缩小各组成环公差，参照"完全互换法"计算结果，各组成环应改为

$L_1 = 30_{-0.06}^{\ 0}\text{mm}$、$L_2 = 5_{-0.04}^{\ 0}\text{mm}$、$L_3 = 43_{+0.10}^{+0.16}\text{mm}$、$L_4 = 3_{-0.05}^{\ 0}\text{mm}$、$L_5 = 5_{-0.04}^{\ 0}\text{mm}$

（2）封闭环的平方公差

1）按照表 4-4 序号 3 说明栏内公式，校核封闭环平方公差 T_{0Q}，即

$$T_{0Q} = \sqrt{\sum_{i=1}^{m} \xi_i^2 T_i^2} = \sqrt{0.10^2 + 0.05^2 + 0.10^2 + 0.05^2 + 0.05^2}\ \text{mm} = 0.17\text{mm}$$

2）按照表 4-4 序号 2 中公式，校核封闭环中间偏差 Δ_0，即

$$\Delta_0 = \sum_{i=1}^{m} \xi_i \Delta_i = -(-0.05)\text{mm} - (-0.025)\text{mm} + 0.15\text{mm} -$$
$$(-0.025)\text{mm} - (-0.025)\text{mm} = 0.275\text{mm}$$

3）按照表 4-4 序号 4 中公式，校核封闭环极限偏差 ES_0 和 EI_0，即

$$ES_0 = \Delta_0 + \frac{1}{2}T_0 = 0.275\text{mm} + \frac{1}{2} \times 0.17\text{mm} = 0.36\text{mm}$$

$$EI_0 = \Delta_0 - \frac{1}{2}T_0 = 0.275\text{mm} - \frac{1}{2} \times 0.17\text{mm} = 0.19\text{mm}$$

4）校核结果。封闭环公差满足要求，但中间偏差 $\Delta_0 = 0.275\text{mm}$ 比要求的 0.225mm 大 0.05mm，导致上极限偏差稍微超出界限。应将 L_3 的中间偏差减小 0.05mm，即将 $L_3 = 43_{+0.10}^{+0.20}\text{mm}$ 改为 $L_3 = 43_{+0.05}^{+0.15}\text{mm}$，便可完全符合要求。此时，封闭环极限偏差应为 $ES_0 = 0.31\text{mm}$、$EI_0 = 0.14\text{mm}$。

（3）封闭环的统计公差

1）先决定分布系数 k 值。根据一般生产规范要求，设 L_1、L_2 和 L_5 为小批生产条件，按偏态分布；L_4 为大批量生产，按正态分布；L_3 按三角分布；封闭环 L_0 趋近正态分布，则各环相应系数为：

$$k_1 = 1.17、k_2 = 1.17、k_3 = 1.22、k_4 = 1、k_5 = 1.17、k_0 = 1$$
$$e_1 = 0.26、e_2 = 0.26、e_3 = 0、e_4 = 0、e_5 = 0.26$$

2）按照表 4-4 序号 3 中公式，校核封闭环统计公差 T_{0S}，即

$$T_{0S} = \frac{1}{k_0} \sqrt{\sum_{i=1}^{m} \xi_i^2 k_i^2 T_i^2}$$

$$= \sqrt{1.17^2 \times 0.10^2 + 1.17^2 \times 0.05^2 + 1.22^2 \times 0.10^2 + 1^2 \times 0.05^2 + 1.17^2 \times 0.05^2}\ \text{mm} = 0.19\text{mm}$$

3）按照表 4-4 序号 2 中公式，校核封闭环中间偏差 Δ_0，即

$$\Delta_0 = \sum_{i=1}^{m} \xi_i \left(\Delta_i + e_i \frac{T_i}{2} \right) = -(-0.05 + 0.26 \times 0.05)\,\text{mm} - (-0.025 + 0.26 \times 0.025)\,\text{mm}$$

$$+0.15\,\text{mm} - (-0.025)\,\text{mm} - (-0.025 + 0.26 \times 0.025)\,\text{mm} = 0.249\,\text{mm}$$

4）按照表4-4序号4中公式，校核封闭环极限偏差 ES_0 和 EI_0，即

$$ES_0 = \Delta_0 + \frac{1}{2}T_0 = 0.249\,\text{mm} + \frac{1}{2} \times 0.19\,\text{mm} = 0.344\,\text{mm}$$

$$EI_0 = \Delta_0 - \frac{1}{2}T_0 = 0.249\,\text{mm} - \frac{1}{2} \times 0.19\,\text{mm} = 0.154\,\text{mm}$$

5）校核结果：封闭环公差与极限偏差均符合要求。由于中间偏差比规定值大 0.024mm，可将 $L_3 = 43^{+0.20}_{+0.10}\,\text{mm}$ 改为 $L_3 = 43^{+0.18}_{+0.08}\,\text{mm}$。此时，封闭环极限偏差为 $ES_0 = 0.324\,\text{mm}$、$EI_0 = 0.134\,\text{mm}$。

（4）封闭环的当量公差

1）按照表4-4序号3说明栏内公式，校核封闭环当量公差，即

取 $k = 1.22$（各组成环当作三角分布）

则 $T_{0E} = k\sqrt{\sum_{i=1}^{m} \xi_i^2 T_i^2} = 1.22\sqrt{0.10^2 + 0.05^2 + 0.10^2 + 0.05^2 + 0.05^2}\,\text{mm} = 0.21\,\text{mm}$

2）按照表4-4序号2中公式，校核封闭环中间偏差，即

$$\Delta_0 = \sum_{i=1}^{m} \xi_i \Delta_i = -(-0.05)\,\text{mm} - (-0.025)\,\text{mm} + 0.15\,\text{mm} -$$

$$(-0.025)\,\text{mm} - (-0.025)\,\text{mm} = 0.275\,\text{mm}$$

3）按照表4-4序号4中公式，校核封闭环极限偏差，即

$$ES_0 = \Delta_0 + \frac{1}{2}T_0 = 0.275\,\text{mm} + \frac{1}{2} \times 0.21\,\text{mm} = 0.38\,\text{mm}$$

$$EI_0 = \Delta_0 - \frac{1}{2}T_0 = 0.275\,\text{mm} - \frac{1}{2} \times 0.21\,\text{mm} = 0.17\,\text{mm}$$

4）校核结果。封闭环公差可满足要求，但由于其中间偏差比规定数值大 0.05mm，导致上极限偏差超出界限。现将 $L_3 = 43^{+0.20}_{+0.10}\,\text{mm}$ 改为 $L_3 = 43^{+0.15}_{+0.05}\,\text{mm}$，这时封闭环极限偏差 $ES_0 = 0.33\,\text{mm}$、$EI_0 = 0.12\,\text{mm}$，则完全符合要求了。

（5）计算结果的对比

1）当给定各组成环公差计算封闭环公差时，极值公差 $T_{0L} = 0.35\,\text{mm}$ 最大，平方公差 $T_{0Q} = 0.17\,\text{mm}$ 最小，统计公差 $T_{0S} = 0.19\,\text{mm}$ 居中，当量公差 $T_{0E} = 0.21\,\text{mm}$ 趋近统计公差。

2）平方公差是最理想工艺条件下的统计公差；当量公差由于已经考虑到一般工艺条件，是计算较简便和较切合实际条件的统计公差。

第**5**章

圆锥、楔体公差与配合规范及图解

工业生产中的圆锥、楔体零件具有锥度和角度的基本特征。本章主要介绍圆锥公差项目，给出了圆锥配合的基本参数、基本要求和形成方法，并给出了楔体角度和角度公差的基本内容。本章的内容体系与涉及的标准如图 5-1 所示。

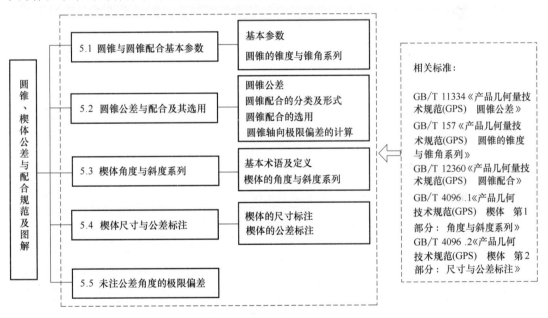

图 5-1 本章的内容体系与涉及的标准

5.1 圆锥与圆锥配合基本参数

圆锥配合属于常用的典型结构，在机器、仪器及工具等结构中应用广泛。按使用功能，圆锥的分类见表 5-1。

与圆柱配合相比较，圆锥配合具有如下主要特点。

1）对中性好。圆锥配合不仅能保证配合件相互自动对准中心，而且即使经过多次装拆，其同轴度也不受影响。

表 5-1 圆锥的分类

序号	名称	举 例
1	静止锥	如借以传递扭矩的刀具锥柄、提高重载零件定心精度的定心锥套、用以紧固连接的锥形胀套及定位锥销等
2	活动锥	如机床顶尖、可调整间隙的滑动轴承、圆锥滚子轴承内、外圈滚道及滚子等
3	摩擦锥	如各种摩擦制定器、联轴器及传动装置中的圆锥
4	检验锥	如检验圆锥零件所用的锥度塞规与环规
5	调整锥	如用于各种摩擦机构中改变轴间传动比、旋转方向或转速的圆锥
6	计算锥	如用于各种对数或乘法计算机构中的圆锥
7	自由锥	如用于非配合的圆锥

2）配合的间隙或过盈大小可以调整。通过调整内、外圆锥的轴向相对位置，可以改变圆锥配合间隙或过盈的大小，得到不同的配合性质，且可补偿配合表面的磨损，延长零件的使用寿命，但它不适用于对孔、轴轴向相对位置要求高的场合。

3）配合紧密且易装拆。内外圆锥的表面经过配对研磨后，配合起来具有良好的密封性，常可用于防水、防油、防漏气等设计中。当过盈量足够时，圆锥配合还具有自锁性，能够传递一定的转矩，甚至可代替花键配合作为传动装置，且仅需在轴向松开的方向产生相对位移即可拆卸。

圆锥配合虽然有以上优点，但由于它是由直径、长度、锥度（或锥角）多尺寸要素构成的，其与圆柱配合相比，结构复杂，影响互换性的参数比较多，加工和检测比较困难，故其应用不如圆柱配合广泛。

5.1.1 基本参数

圆锥和圆锥配合的基本参数、相关术语及定义见表 5-2。

表 5-2 圆锥和圆锥配合的基本参数、相关术语及定义

序号	基本参数、相关术语	定 义
1	圆锥	由外部表面与一定尺寸（圆锥角、圆锥直径、圆锥长度、锥度等）所限定的几何体
2	外圆锥	外部表面为圆锥表面的几何体
3	内圆锥	内部表面为圆锥表面的几何体
4	圆锥表面	与轴线成一定角度，且一端相交于轴线的一条直线段（母线），围绕该轴线旋转形成的表面
5	圆锥角	在通过圆锥轴线的截面内，两条素线间的夹角，用 α 表示 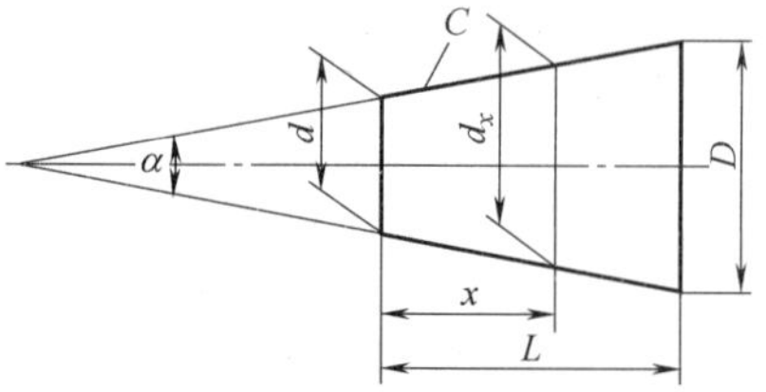
6	圆锥素线角	圆锥素线与其轴线的夹角，等于圆锥角的一半，用 $\alpha/2$ 表示
7	圆锥长度	最大圆锥直径截面与最小圆锥直径截面之间的轴向距离，用 L 表示

（续）

序号	基本参数、相关术语	定　义
8	圆锥直径	与圆锥轴线垂直的截面内的直径，内、外圆锥的最大直径用 D_i、D_e 表示，内、外圆锥的最小直径用 d_i、d_e 表示，任意给定截面圆锥直径用 d_x（距离端面的距离为 x）表示，一般以内圆锥最大直径 D_i 或外圆锥最小直径 d_e 为基本直径 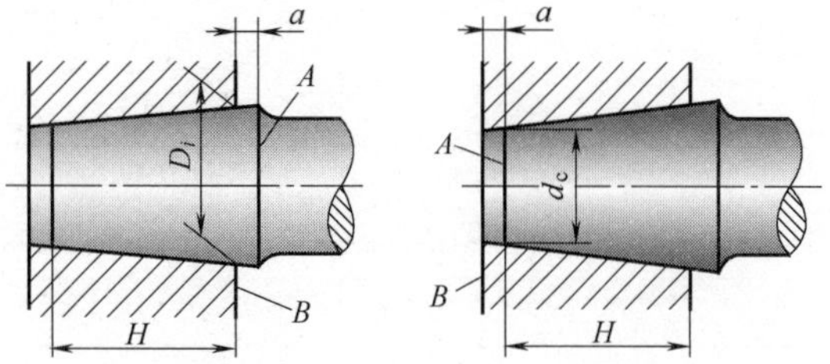
9	锥度	两个垂直圆锥轴线截面的圆锥直径 D 和 d 之差与该两截面之间的轴向距离 L 之比，用 C 表示，$C = \dfrac{D-d}{L}$。锥度 C 是无量纲的量，通常用比例或分式来表示，如 $C = 1:25$、$C = 1/25$。锥度 C 与圆锥角 α 的关系为 $C = 2\tan\dfrac{\alpha}{2} = 1:\dfrac{1}{2}\cot\dfrac{\alpha}{2}$，在图样中，只需要标注锥度或圆锥角
10	圆锥配合长度	内、外圆锥配合面间的轴向距离，用 H 表示，如上图所示
11	基面距	相互结合的内圆锥基准平面（通常是端面）与外圆锥基面（通常是台肩端面）之间的距离，用 a 表示。基面距用来确定内、外圆锥的轴向相对位置。基面距的位置取决于所指定的基本直径。若以内圆锥最大直径 D_i 为基本直径。则基面距在大端；若以外圆锥最小直径 d_e 为基本直径，则基面距在小端

5.1.2　圆锥的锥度与锥角系列

为了减少加工圆锥工件所用的专用刀具、量具种类和规格，满足生产需要，GB/T 157—2001《产品几何量技术规范（GPS）　圆锥的锥度与锥角系列》规定了一般用途圆锥的锥度与锥角的 21 个基本值系列，适用于光滑圆锥表面，不适用于锥螺纹、棱锥等。

一般用途圆锥的锥度与锥角系列见表 5-3。为便于圆锥件的设计、生产和控制，表中给出了圆锥角或锥度的推算值，圆锥角从 120° 到小于 1°，或锥度从（1:0.289）~（1:500），其有效位数可按需确定。选用时，应优先选用系列 1，当不能满足需要时，选用系列 2。锥度与锥角的应用见表 5-4。

表 5-3　一般用途圆锥的锥度与锥角系列

基本值		推算值			
		圆锥角 α			锥度 C
系列 1	系列 2	(°)(′)(″)	(°)	rad	
120°		—	—	2.09439510	1:0.2886751
90°		—	—	1.57079633	1:0.5000000
	75°	—	—	1.30899694	1:0.6516127
60°		—	—	1.04719755	1:0.8660254

（续）

基本值		推算值			
		圆锥角 α			锥度 C
系列1	系列2	(°)(′)(″)	(°)	rad	
45°		—	—	0.78539816	1：1.2071068
30°		—	—	0.52359878	1：1.8660254
1：3		18°55′28.7199″	18.92464442°	0.33029735	—
	1：4	14°15′0.1177″	14.25003270°	0.24870999	—
1：5		11°25′16.2706″	11.42118627°	0.19933730	—
	1：6	9°31′38.2202″	9.52728338°	0.16628246	—
	1：7	8°10′16.4408″	8.17123356°	0.14261493	—
	1：8	7°9′9.6075″	7.15266875°	0.12483762	—
1：10		5°43′29.3176″	5.72481045°	0.09991679	—
	1：12	4°46′18.7970″	4.77188806°	0.08328516	—
	1：15	3°49′5.8975″	3.81830487°	0.06664199	—
1：20		2°51′51.0925″	2.86419237°	0.04998959	—
1：30		1°54′34.8570″	1.90968251°	0.03333025	—
1：50		1°8′45.1586″	1.14587740°	0.01999933	—
1：100		34′22.6309″	0.57295302°	0.00999992	—
1：200		17′11.3219″	0.28647830°	0.00499999	—
1：500		6′52.5295″	0.11459152°	0.00200000	—

注：系列1中120°～1：3的数值近似按 R10/2 优先数系列，（1：5）～（1：500）按 R10/3 优先数系列（见 GB/T 321—2005）。

表 5-4　锥度与锥角的应用

锥度 C	圆锥角 α	标记	应用举例
1：0.2886751	120°	120°	节气阀，汽车、拖拉机阀门
1：0.5000000	90°	90°	重型顶尖、重型中心孔、阀的阀销锥体
1：0.6516127	75°	75°	10～13mm 埋头螺钉、沉头及半沉头铆钉头
1：0.8660254	60°	60°	顶尖、中心孔、弹簧夹头
1：1.2071068	45°	45°	埋头及半埋头铆钉
1：1.8660254	30°	30°	摩擦离合器、弹簧夹头
1：3	18°55′28.7199″	1：3	受轴向力易拆开的接合面、摩擦离合器
1：5	11°25′16.2706″	1：5	受轴向力的接合面，锥形摩擦离合器、磨床主轴
1：7	8°10′16.4408″	1：7	重型机床顶尖、旋塞
1：8	7°9′9.6075″	1：8	联轴器和轴的接合面
1：10	5°43′29.3176″	1：10	受轴向力、横向力和转矩的接合面，主轴承调节套筒
1：12	4°46′18.7970″	1：12	滚动轴承的衬套
1：15	3°49′5.8975″	1：15	受轴向力零件的接合面、主轴齿轮的接合面

（续）

锥度 C	圆锥角 α	标记	应用举例
1 : 20	2°51′51.0925″	1 : 20	机床主轴、道具刀杆的尾部、芯轴
1 : 30	1°54′34.8570″	1 : 30	锥形铰刀、主轴颈
1 : 50	1°8′45.1586″	1 : 50	圆锥销、锥形铰刀、量规尾部
1 : 100	34′22.6309″	1 : 100	受静变载荷的不需拆开的连接件，如芯轴等
1 : 200	17′11.3219″	1 : 200	受冲击变载荷的不需拆开的连接件，如圆锥螺栓等

　　针对特定用途圆锥的锥度与锥角，国家标准规定了 24 个基本值系列，见表 5-5，通常只适用于光滑圆锥，其中最后一列为所适用的特殊行业或用途。在机床、工具制造中，广泛使用莫氏锥度，莫氏圆锥共有七种，从 0~6 号，其中 0 号尺寸最小，6 号尺寸最大。每个莫氏号的圆锥尺寸不同，而且虽然锥度都接近 1 : 20，但其具体值都不相同，所以只有相同号的内、外莫氏圆锥才能配合。

表 5-5　特定用途圆锥的锥度与锥角系列

基本值	推算值				标准号 GB/T (ISO)	用途
	圆锥角 α			锥度 C		
	(°)(′)(″)	(°)	rad			
11°54′	—	—	0.20769418	1 : 4.7974511	(5237) (8489-5)	纺织机械和附件
8°40′	—	—	0.15126187	1 : 6.5984415	(8489-3) (8489-4) (324.575)	
7°	—	—	0.12217305	1 : 8.1749277	(8489-2)	
1 : 38	1°30′27.7080″	1.50769667°	0.02631427	—	(368)	
1 : 64	0°53′42.8220″	0.89522834°	0.01562468	—	(368)	
7 : 24	16°35′39.4443″	16.59429008°	0.28962500	1 : 3.4285714	3837—2001 (297)	机床主轴 工具配合
1 : 12.262	4°40′12.1514″	4.67004205°	0.08150761	—	(239)	贾各锥度 No.2
1 : 12.972	4°24′52.9039″	4.41469552°	0.07705097	—	(239)	贾各锥度 No.1
1 : 15.748	3°38′13.4429″	3.63706747°	0.06347880	—	(239)	贾各锥度 No.33
6 : 100	3°26′12.1776″	3.43671600°	0.05998201	1 : 16.6666667	1962—2015 1962.2—2001 (594-1) (595-1) (595-2)	医疗设备
1 : 18.779	3°3′1.2070″	3.05033527°	0.05323839	—	(239)	贾各锥度 No.3
1 : 19.002	3°0′52.3956″	3.01455434°	0.05261390	—	1443—2016 (296)	莫氏锥度 No.5
1 : 19.180	2°59′11.7258″	2.98659050°	0.05212584	—	1443—2016 (296)	莫氏锥度 No.6

（续）

基本值	推算值				标准号 GB/T (ISO)	用途
	圆锥角 α			锥度 C		
	(°)(′)(″)	(°)	rad			
1：19.212	2°58′53.8255″	2.98161820°	0.05203905	—	1443—2016 (296)	莫氏锥度 No.0
1：19.254	2°58′30.4217″	2.97511713°	0.05192559	—	1443—2016 (296)	莫氏锥度 No.4
1：19.264	2°58′24.8644″	2.97357343°	0.05189865	—	(239)	贾各锥度 No.6
1：19.922	2°52′31.4463″	2.87540176°	0.05018523	—	1443—2016 (296)	莫氏锥度 No.3
1：20.020	2°51′40.7960″	2.86133223°	0.04993967	—	1443—2016 (296)	莫氏锥度 No.2
1：20.047	2°51′26.9283″	2.85748008°	0.04987244	—	1443—2016 (296)	莫氏锥度 No.1
1：20.288	2°49′24.7802″	2.82355006°	0.04928025	—	(239)	贾各锥度 No.0
1：23.904	2°23′47.6244″	2.39656232°	0.04182790	—	1443—2016 (296)	布朗夏普 锥度 No.1~No.3
1：28	2°2′45.8174″	2.04606038°	0.03571049	—	(8382)	复苏器（医用）
1：36	1°35′29.2096″	1.59144711°	0.02777599	—	(5356-1)	麻醉器具
1：40	1°25′56.3516″	1.43231989°	0.02499870	—		

5.2　圆锥公差与配合及其选用

5.2.1　圆锥公差

GB/T 11334—2005《产品几何量技术规范（GPS）　圆锥公差》规定了圆锥公差的术语和定义（表5-6）、圆锥公差的给定方法及公差数值，适用于圆锥锥度 C 为 1：3~1：500、圆锥长度 L 为 6~630mm 的光滑圆锥。该标准中的圆锥角公差也适用于楔体的角度与斜度。

表5-6　圆锥公差的术语和定义

序号	术语	图例	定义
1	公称圆锥		由设计给定的理想形状的圆锥（两种形式）①一个公称圆锥直径（最大圆锥直径 D、最小圆锥直径 d、给定截面圆锥直径 d_x）、公称圆锥长度 L、公称圆锥角 α 或公称锥度 C；②两个公称圆锥直径和公称圆锥长度 L
2	实际圆锥直径 d_a		实际圆锥上的任一直径

（续）

序号	术语	图例	定义
3	实际圆锥角	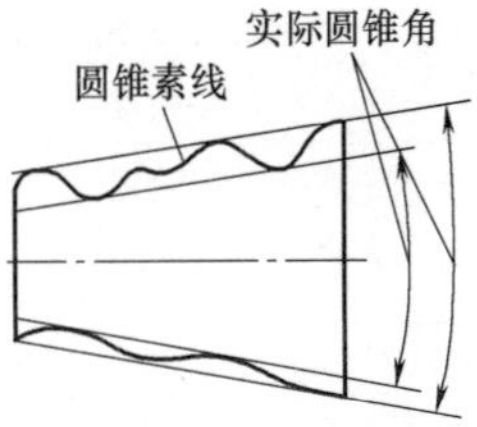	实际圆锥的任一轴向截面内,包含其素线且距离为最小的两对平行直线之间的夹角
4	极限圆锥	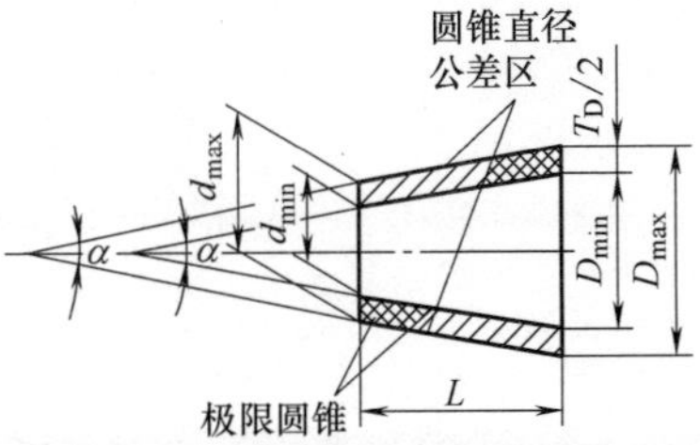	与公称圆锥共轴且圆锥角相等,直径分别为上极限直径和下极限直径的两个圆锥
5	极限圆锥直径		极限圆锥上的任一直径,如极限圆锥中的 D_{max}、D_{min}、d_{max}、d_{min}
6	圆锥直径公差 T_D		圆锥直径的允许变动量,即允许的最大圆锥直径 D_{max}（或 d_{max}）与最小圆锥直径 D_{min}（或 d_{min}）之差
7	圆锥直径公差区		两个极限圆锥所限定的区域
8	极限圆锥角	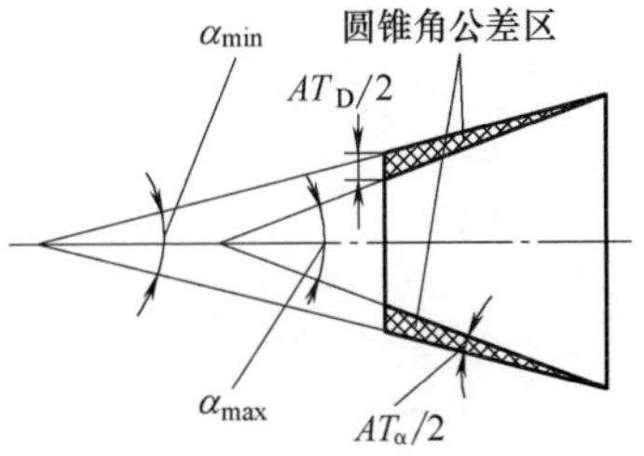	允许的上极限或下极限圆锥角
9	圆锥角公差 AT（AT_α 或 AT_D）		圆锥角的允许变动量。圆锥角公差是一个没有符号的绝对值
10	圆锥角公差区		两个极限圆锥角所限定的区域
11	给定截面圆锥直径公差 T_{DS}	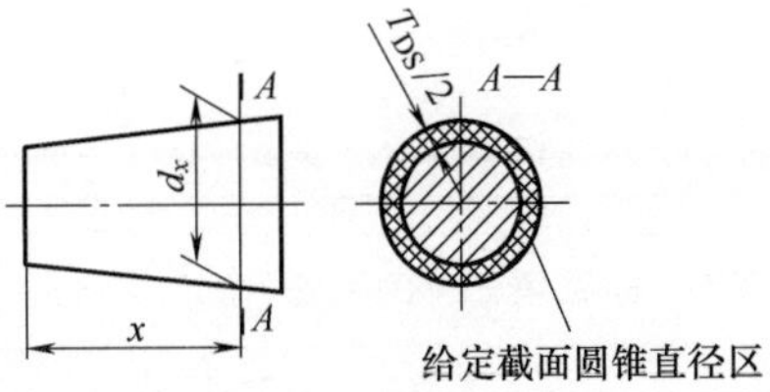	在垂直圆锥轴线的给定截面内,圆锥直径允许的变动量。给定截面圆锥直径公差是一个没有符号的绝对值
12	给定截面圆锥直径公差区		在给定的圆锥截面内,由两个同心圆所限定的区域

　　GB/T 11334—2005 关于圆锥公差的项目和给定方法见表 5-7,圆锥公差和圆锥角公差的数值见表 5-8 和表 5-9。

表 5-7　圆锥公差的项目和给定方法

序号	公差项目		给定方法
1	圆锥直径公差 T_D		1）给出圆锥的公称圆锥角 α（或锥度 C）和圆锥直径公差 T_D。由 T_D 确定两个极限圆锥。此时圆锥角误差和圆锥的形状误差均应在极限圆锥所限定的区域内。当对圆锥角公差、圆锥的形状公差有更高的要求时,可再给出圆锥角公差 AT、圆锥的形状公差 T_F。此时,AT 和 T_F 仅占 T_D 的一部分
2	圆锥角公差 AT	AT_α——角度值	
		AT_D——线性值	2）给出给定截面圆锥直径公差 T_{DS} 和圆锥角公差 AT。此时,给定截面圆锥直径和圆锥角应分别满足这两项公差的要求。该方法是在假定圆锥素线为理想直线的情况下给出的。当对圆锥形状公差有更高的要求时,可再给出圆锥的形状公差 T_F
3	圆锥的形状公差 T_F		
4	给定截面圆锥直径公差 T_{DS}		

表 5-8　圆锥公差的数值

序号	项目	数值及解释
1	圆锥直径公差 T_D	圆锥直径公差 T_D 以公称圆锥直径(一般取最大圆锥直径 D)为公称尺寸,按 GB/T 1800.1—2020 规定的标准公差选取
2	给定截面圆锥直径公差 T_{DS}	给定截面圆锥直径公差 T_{DS} 以给定截面圆锥直径 d_x 为公称尺寸,按 GB/T 1800.1—2020 规定的标准公差选取
3	圆锥角公差 AT	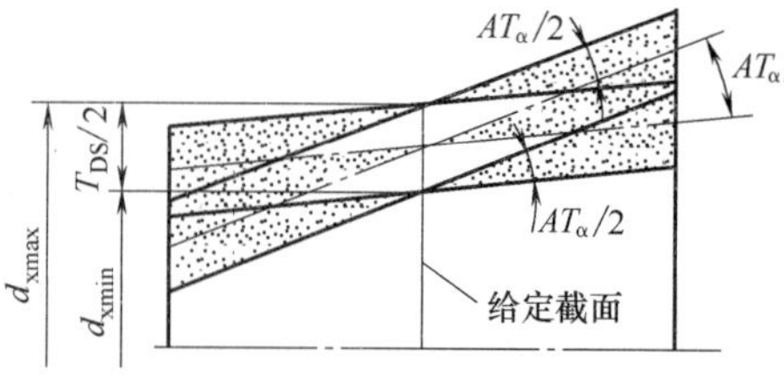 圆锥角公差 AT 共分为 12 个公差等级,用 $AT1$、$AT2$、…、$AT12$ 表示。圆锥角公差数值见表 5-9。表中数值用于楔体的角度时,以该角短边长度作为 L 选取公差值。如需要更高或更低等级的圆锥角公差时,按公比 1.6 向两端延伸得到 圆锥角公差可以用两种形式表示 AT_α——以角度单位 μrad 或以度、分、秒表示 AT_D——以长度单位 μm 表示 AT_α 和 AT_D 的关系如下 $AT_D = AT_\alpha \times L \times 10^{-3}$ 　T_{DS} 与 AT 的关系
4	圆锥角的极限偏差	圆锥角的极限偏差可按单向或双向(对称或不对称)取值,如下图所示。 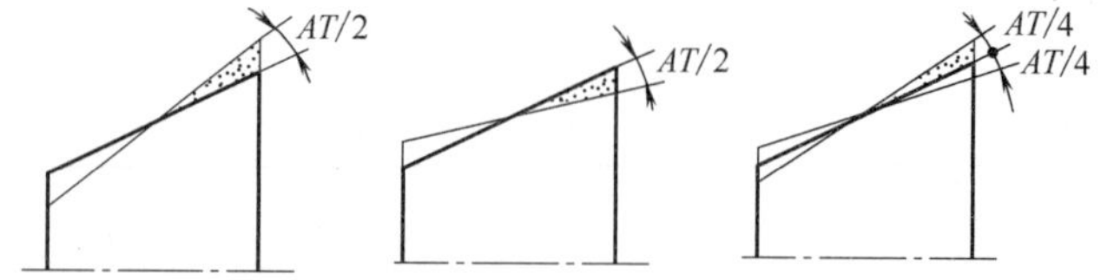 a) $\alpha+AT$　　　b) $\alpha-AT$　　　c) $\alpha\pm AT/2$
5	圆锥的形状公差	圆锥形状公差推荐按 GB/T 1184—1996 中附录 B"图样上注出公差值的规定"选取

表 5-9　圆锥角公差的数值

公称圆锥长度 L /mm		圆锥角公差等级							
		AT1			AT2			AT3	
		AT_α		AT_D	AT_α		AT_D	AT_α		AT_D
大于	至	μrad	(″)	μm	μrad	(″)	μm	μrad	(″)	μm
6	10	50	10	>0.3~0.5	80	16	>0.5~0.8	125	26	>0.8~1.3
10	16	40	8	>0.4~0.6	63	13	>0.6~1.0	100	21	>1.0~1.6
16	25	31.5	6	>0.5~0.8	50	10	>0.8~1.3	80	16	>1.3~2.0
25	40	25	5	>0.6~1.0	40	8	>1.0~1.6	63	13	>1.6~2.5
40	63	20	4	>0.8~1.3	31.5	6	>1.3~2.0	50	10	>2.0~3.2
63	100	16	3	>1.0~1.6	25	5	>1.6~2.5	40	8	>2.5~4.0
100	160	12.5	2.5	>1.3~2.0	20	4	>2.0~3.2	31.5	6	>3.2~5.0
160	250	10	2	>1.6~2.5	16	3	>2.5~4.0	25	5	>4.0~6.3
250	400	8	1.5	>2.0~3.2	12.5	2.5	>3.2~5.0	20	4	>5.0~8.0
400	630	6.3	1	>2.5~4.0	10	2	>4.0~6.3	16	3	>6.3~10.0

（续）

公称圆锥长度 L /mm		圆锥角公差等级								
		AT4			AT5			AT6		
		AT_α		AT_D	AT_α		AT_D	AT_α		AT_D
大于	至	μrad	(″)	μm	μrad	(′)(″)	μm	μrad	(′)(″)	μm
6	10	200	41	>1.3~2.0	315	1′05″	>2.0~3.2	500	1′43″	>3.2~5.0
10	16	160	33	>1.6~2.5	250	52″	>2.5~4.0	400	1′22″	>4.0~6.3
16	25	125	26	>2.0~3.2	200	41″	>3.2~5.0	315	1′05″	>5.0~8.0
25	40	100	21	>2.5~4.0	160	33″	>4.0~6.3	250	52″	>6.3~10.0
40	63	80	16	>3.2~5.0	125	26″	>5.0~8.0	200	41″	>8.0~12.5
63	100	63	13	>4.0~6.3	100	21″	>6.3~10.0	160	33″	>10.0~16.0
100	160	50	10	>5.0~8.0	80	16″	>8.0~12.5	125	26″	>12.5~20.0
160	250	40	8	>6.3~10.0	63	13″	>10.0~16.0	100	21″	>16.0~25.0
250	400	31.5	6	>8.0~12.5	50	10″	>12.5~20.0	80	16″	>20.0~32.0
400	630	25	5	>10.0~16.0	40	8″	>16.0~25.0	63	13″	>25.0~40.0

公称圆锥长度 L /mm		圆锥角公差等级								
		AT7			AT8			AT9		
		AT_α		AT_D	AT_α		AT_D	AT_α		AT_D
大于	至	μrad	(′)(″)	μm	μrad	(′)(″)	μm	μrad	(′)(″)	μm
6	10	800	2′45″	>5.0~8.0	1250	4′18″	>8.0~12.5	2000	6′52″	>12.5~20
10	16	630	2′10″	>6.3~10.0	1000	3′26″	>10.0~16.0	1600	5′30″	>16~25
16	25	500	1′43″	>8.0~12.5	800	2′45″	>12.5~20.0	1250	4′18″	>20~32
25	40	400	1′22″	>10.0~16.0	630	2′10″	>16.0~20.5	1000	3′26″	>25~40
40	63	315	1′05″	>12.5~20.0	500	1′43″	>20.0~32.0	800	2′45″	>32~50
63	100	250	52″	>16.0~25.0	400	1′22″	>25.0~40.0	630	2′10″	>40~63
100	160	200	41″	>20.0~32.0	315	1′05″	>32.0~50.0	500	1′43″	>50~80
160	250	160	33″	>25.0~40.0	250	52″	>40.0~63.0	400	1′22″	>63~100
250	400	125	26″	>32.0~50.0	200	41″	>50.0~80.0	315	1′05″	>80~125
400	630	100	21″	>40.0~63.0	160	33″	>63.0~100.0	250	52″	>100~160

公称圆锥长度 L /mm		圆锥角公差等级								
		AT10			AT11			AT12		
		AT_α		AT_D	AT_α		AT_D	AT_α		AT_D
大于	至	μrad	(′)(″)	μm	μrad	(′)(″)	μm	μrad	(′)(″)	μm
6	10	3150	10′49″	>20~32	5000	17′10″	>32~50	8000	27′28″	>50~80
10	16	2500	8′35″	>25~40	4000	13′44″	>40~63	6300	21′38″	>63~100
16	25	2000	6′52″	>32~50	3150	10′49″	>50~80	5000	17′10″	>80~125
25	40	1600	5′30″	>40~63	2500	8′35″	>63~100	4000	13′44″	>100~160
40	63	1250	4′18″	>50~80	2000	6′52″	>80~125	3150	10′49″	>125~200
63	100	1000	3′26″	>63~100	1600	5′30″	>100~160	2500	8′35″	>160~250
100	160	800	2′45″	>80~125	1250	4′18″	>125~200	2000	6′52″	>200~320
160	250	630	2′10″	>100~160	1000	3′26″	>160~250	1600	5′30″	>250~400
250	400	500	1′43″	>125~200	800	2′45″	>200~320	1250	4′18″	>320~500
400	630	400	1′22″	>160~250	630	2′10″	>250~400	1000	3′26″	>400~630

注：1μrad 等于半径为 1m、弧长为 1μm 所对应的圆心角。5μrad ≈ 1″（秒）；300μrad ≈ 1′（分）。

在实际应用中，圆锥公差第一种方法要求圆锥角误差和圆锥的形状误差均控制在极限圆锥所限定的区域内，能够使相配合的内外圆锥保持预期的配合要求，是圆锥配合中普遍应用的一种公差给定方法；第二种方法要求圆锥直径和圆锥角分别满足各自独立的公差即可，该给定的方法仅能用在给定截面圆锥直径给定的截面上保持配合要求，主要适用于特定功能的场合，并且公差空间是由实际给定截面圆锥直径和圆锥角公差构成的两个楔形环区域，见表

5-8 中图。例如，阀类零件，为保证相互结合的圆锥表面接触紧密，且满足良好的密封性要求，通常采用第二种给定的方法。

表 5-10 给出了圆锥直径公差所能限定的最大圆锥角误差。当采用第一种给定方法时，可以参考表中给出的圆锥角误差值，决定是否需要对圆锥角提出进一步的公差要求。

表 5-10　圆锥直径公差所能限定的最大圆锥角误差

圆锥直径公差等级	圆锥直径/mm						
	≤3	>3~6	>6~10	>10~18	>18~30	>30~50	>50~80
	$\Delta\alpha_{max}/\mu rad$						
IT01	3	4	4	5	6	6	8
IT0	5	6	6	8	10	10	12
IT1	8	10	10	12	15	15	20
IT2	12	15	15	20	25	25	30
IT3	20	25	25	30	40	40	50
IT4	30	40	40	50	60	70	80
IT5	40	50	60	80	90	110	130
IT6	60	80	90	110	130	160	190
IT7	100	120	150	180	210	250	300
IT8	140	180	220	270	330	390	460
IT9	250	300	360	430	520	620	740
IT10	400	480	580	700	840	1000	1200
IT11	600	750	900	1000	1300	1600	1900
IT12	1000	1200	1500	1800	2100	2500	3000
IT13	1400	1800	2200	2700	3300	3900	4600
IT14	2500	3000	3600	4300	5200	6200	7400
IT15	4000	4800	5800	7000	8400	10000	12000
IT16	6000	7500	9000	11000	13000	16000	19000
IT17	10000	12000	15000	18000	21000	25000	30000
IT18	14000	18000	22000	27000	33000	39000	46000

圆锥直径公差等级	圆锥直径/mm					
	>80~120	>120~180	>180~250	>250~315	>315~400	>400~500
	$\Delta\alpha_{max}/\mu rad$					
IT01	10	12	20	25	30	40
IT0	15	20	30	40	50	60
IT1	25	35	45	60	70	80
IT2	40	50	70	80	90	100
IT3	60	80	100	120	130	150
IT4	100	120	140	160	180	200
IT5	150	180	200	230	250	270
IT6	220	250	290	320	360	400
IT7	350	400	460	520	570	630
IT8	540	630	720	810	890	970
IT9	870	1000	1150	1300	1400	1550
IT10	1400	1600	1850	2100	2300	2500
IT11	2200	2500	2900	3200	3600	4000
IT12	3500	4000	4600	5200	5700	6300
IT13	5400	6300	7200	8100	8900	9700
IT14	8700	10000	11500	13000	14000	15500
IT15	14000	16000	18500	21000	23000	25000
IT16	22000	25000	29000	32000	36000	40000
IT17	35000	40000	46000	52000	57000	63000
IT18	54000	63000	72000	81000	89000	97000

注：圆锥长度不等于100mm时，需将表中的数值乘以 $100/L$，L 的单位为 mm。

5.2.2　圆锥配合的分类及形式

圆锥配合是指基本圆锥相同的内、外圆锥直径之间由于结合不同所形成的相互关系。对配合起作用的是垂直于圆锥表面方向上的间隙（或过盈），但前者与后者在数值上差异极小，实际应用中可忽略不计。因此，圆锥配合的配合特征可认为是由于垂直于圆锥轴线的间隙或过盈来确定的。

根据内外圆锥直径之间结合松紧的不同，圆锥配合的分类见表5-11。

表 5-11　圆锥配合的分类

序号	术语	定　义
1	间隙配合	该配合形式具有间隙,零件易拆装,而且在装配和使用过程中其间隙非常便于调整。间隙配合主要用于具有相对转动的机构中,如车床主轴圆锥轴颈与圆锥轴承衬套的配合。间隙配合的锥度一般为 1:20~1:8
2	过盈配合	该配合具有过盈,且过盈量的大小可通过内、外圆锥的轴向相对位移来调整,自锁性好,可用于传递力矩,如钻头或铰刀的锥柄与主轴连接衬套锥孔的配合、圆锥形摩擦离合器等
3	过渡配合	一种可能具有间隙或过盈的配合,要求内、外圆锥连接紧密,沿圆锥直径方向的间隙为0或稍有过盈的配合,也称为紧密配合。紧密配合具有良好的密封性,可以防止漏水或者漏气,如内燃机中气阀座的配合、锥形旋塞等。为了使配合圆锥面接触紧密,通常要将内、外圆锥面成对进行研磨,因此这种配合的零件一般没有互换性。过渡配合的锥度较大,如阀门座一般采用 90°锥角

关于公差的给定方法按"给出圆锥的理论正确圆锥角 α（或锥度 C）和圆锥直径公差 T_D。由 T_D 确定两个极限圆锥。此时，圆锥角误差和圆锥的形状误差均应在极限圆锥所限定的区域内"。

圆锥配合的配合特征是通过相互结合的内、外圆锥规定的轴向位置来形成间隙或过盈。间隙或过盈是在垂直于圆锥表面方向起作用，但按垂直于圆锥轴线方向给定并测量；对锥度小于或等于 1:3 的圆锥，垂直于圆锥表面与垂直于圆锥轴线给定的数值之间的差异可忽略不计。

按照内、外圆锥最终轴向相对位置采用的形式，圆锥配合可分为结构型圆锥配合和位移型圆锥配合两种。圆锥配合的术语和定义见表5-12。

表 5-12　圆锥配合的术语和定义

序号	术语	定　义
1	圆锥直径配合量	圆锥配合在配合的直径上允许的间隙或过盈的变动量。圆锥直径配合量 T_{Df} 是一个没有符号的绝对值 1)对于结构型圆锥配合,圆锥直径间隙配合量是最大间隙(X_{max})与最小间隙(X_{min})之差;圆锥直径过盈配合量是最小过盈(Y_{min})与最大过盈(Y_{max})之差;圆锥直径过渡配合量是最大间隙(X_{max})与最大过盈(Y_{max})之差。结构型圆锥配合的直径误差主要影响实际配合间隙或过盈,选用时可根据圆锥直径配合量 T_{Df} 来确定内、外圆锥直径公差 T_{Di} 和 T_{De},即圆锥直径配合量也等于内圆锥直径公差(T_{Di})与外圆锥直径公差(T_{De})之和,即 圆锥直径间隙配合量: $T_{Df}=X_{max}-X_{min}$ 圆锥直径过盈配合量: $T_{Df}=Y_{min}-Y_{max}$ 圆锥直径过渡配合量: $T_{Df}=X_{max}-Y_{max}$

（续）

序号	术语	定 义
1	圆锥直径配合量	圆锥直径配合量：$T_{Df} = T_{Di} + T_{De}$ 2）对于位移型圆锥配合，圆锥直径间隙配合量是最大间隙（X_{max}）与最小间隙（X_{min}）之差；圆锥直径过盈配合量是最小过盈（Y_{min}）与最大过盈（Y_{max}）之差；也等于轴向位移公差（T_E）与锥度（C）之积，即 圆锥直径间隙配合量：$T_{Df} = X_{max} - X_{min} = T_E C$ 圆锥直径过盈配合量：$T_{Df} = Y_{min} - Y_{max} = T_E C$
2	结构型圆锥配合	结构型圆锥配合是由圆锥结构或基面距确定装配位置，并可由此确定内、外圆锥公差带之间的相互关系 结构型圆锥配合可以通过选择内外圆锥直径的公差带获得间隙配合、过渡配合或过盈配合。图 a 所示为由外圆锥的轴肩和内圆锥端面接触得到间隙配合的结构型圆锥配合示例。图 b 所示为由基面距 a 得到过盈配合的结构型圆锥配合示例 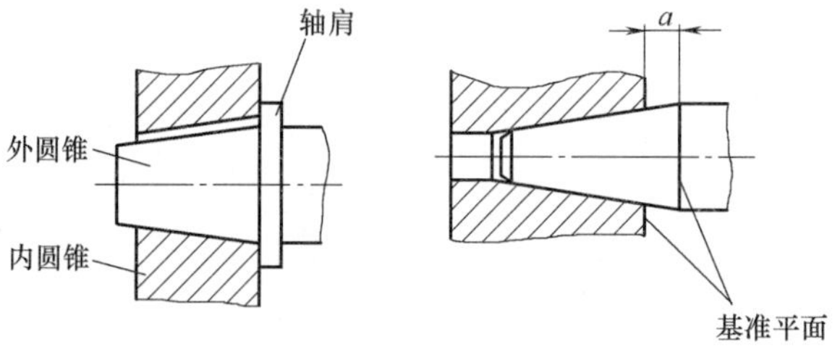 a) b)
3	位移型圆锥配合	位移型圆锥配合是内、外圆锥在装配时，给定从实际初始位置做一定相对轴向位移（E_a）或产生位移的轴向力 F_s 大小，以确定两圆锥轴向位置，从而确定的相互关系 位移型圆锥配合可以是间隙配合或过盈配合。图 c 所示为由实际初始位置 P_a 开始，使内圆锥做一定轴向位移 E_a 到达终止位置 P_f 得到间隙配合的位移型圆锥配合示例。图 d 所示为由实际初始位置 P_a 开始，对内圆锥施加一定装配力 F_s 使其到达终止位置 P_f 得到过盈配合的位移型圆锥配合示例 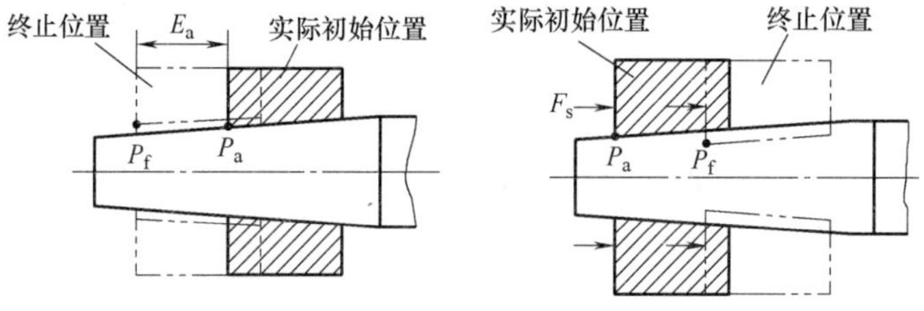 c) d)
	极限初始位置 P_1、P_2	初始位置允许的界限 极限初始位置 P_1 为内圆锥以下极限圆锥、外圆锥以上极限圆锥接触时的位置，如下图所示 极限初始位置 P_2 为内圆锥以上极限圆锥、外圆锥以下极限圆锥接触时的位置，如下图所示 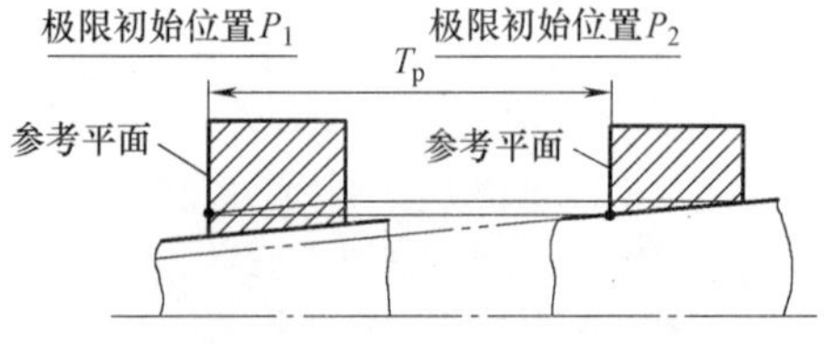

（续）

序号	术语		定　义
3	位移型圆锥配合	初始位置公差 T_P	初始位置允许的变动量，它等于极限初始位置 P_1 和 P_2 之间的距离 $$T_P = \frac{1}{C}(T_{Di} + T_{De})$$ 式中　C——锥度 　　　T_{Di}——内圆锥直径公差 　　　T_{De}——外圆锥直径公差
		实际初始位置 P_a	相互结合的内、外实际圆锥的初始位置（图 c、图 d）。它位于极限初始位置 P_1 和 P_2 之间，此状态时内、外圆锥无轴向力接触
		终止位置 P_f	相互结合的内、外圆锥，为使其终止状态得到要求的间隙或过盈所规定的相互轴向位置（图 c、图 d）
		装配力 F_s	相互结合的内、外圆锥，为在终止位置 P_f 得到要求的过盈所施加的轴向力（图 d）
		轴向位移 E_a	相互结合的内、外圆锥从实际初始位置 P_a 到终止位置 P_f 移动的轴向距离（图 c），用 E_a 来表示。实际初始位置 P_a 是相互结合的内、外圆锥在不受力的条件下相互接触时的轴向位置，终止位置 P_f 是相互结合的内、外圆锥为了得到所要求的间隙或过盈而规定的相互轴向位置
		最大轴向位移 E_{amax}	在终止位置上得到最大间隙或最大过盈的轴向位移称为最大轴向位移 E_{amax}
		最小轴向位移 E_{amin}	在终止位置上得到最小间隙或最小过盈的轴向位移称为最小轴向位移 E_{amin}
		轴向位移公差 T_E	轴向位移允许的变动量。它等于最大轴向位移与最小轴向位移之差，即 $T_E = E_{amax} - E_{amin}$，如下图所示 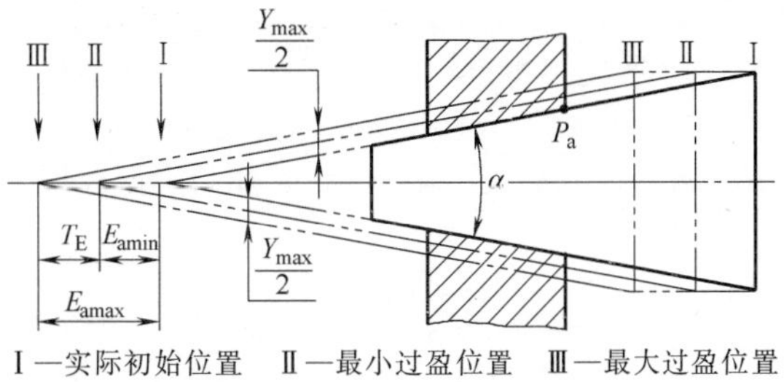 Ⅰ—实际初始位置　Ⅱ—最小过盈位置　Ⅲ—最大过盈位置

结构型圆锥配合和位移型圆锥配合各有其特点，见表 5-13。

表 5-13　结构型圆锥配合和位移型圆锥配合的特点

特征	结构型圆锥配合	位移型圆锥配合
装配终止位置	固定	不定
配合性质的确定	圆锥直径公差带	轴间位移的方向及大小
配合精度	圆锥直径公差（T_{Di}、T_{De}）	轴间位移公差（T_E）
圆锥直径公差带	影响配合性质、接触质量	影响初始位置、接触质量
圆锥直径配合公差	$T_{Di} + T_{De}$	$T_E C$

5.2.3 圆锥配合的选用

1）结构型圆锥配合推荐优先采用基孔制，以减少刀具、量具的数量。内、外圆锥直径公差带及配合按 GB/T 1801—2009 选取。如 GB/T 1801—2009 给出的常用配合仍不能满足需要，可按 GB/T 1800.1—2020 规定的基本偏差和标准公差组成所需配合，其公差数值的大小对配合精度有着直接影响，内、外圆锥直径公差的推荐值是 IT9 及以上。若对接触精度有更高的要求，可按 GB/T 11334—2005 规定的圆锥角公差数值来选取。

2）位移型圆锥配合性质与直径公差带无关，直径公差仅影响接触的实际初始位置、终止位置及接触精度，因此可根据终止位置基面距有无要求来选取直径公差。若对基面距有要求，公差等级一般在 IT8~IT12 之间选取，必要时应通过计算来选取和校核内、外圆锥角的公差带；若对基面距无严格要求，可选较低的公差等级，使加工更加经济；若对接触精度要求较高，可用给定圆锥角公差的方法来满足。为了计算和加工方便，GB/T 12360—2005 推荐位移型圆锥配合的内、外圆锥直径公差带代号的基本偏差选用 H、h；JS、js。其轴向位移的极限值（E_{amax}、E_{amin}）按 GB/T 1800.1—2020 规定的极限间隙或极限过盈来计算。

3）位移型圆锥配合的参数计算公式见表 5-14。

表 5-14 位移型圆锥配合的参数计算公式

术语	间隙配合	过盈配合
轴向位移极小值	$E_{amin} = \dfrac{1}{C} \times \lvert X_{min} \rvert$	$E_{amin} = \dfrac{1}{C} \times \lvert Y_{min} \rvert$
轴向位移极大值	$E_{amax} = \dfrac{1}{C} \times \lvert X_{max} \rvert$	$E_{amax} = \dfrac{1}{C} \times \lvert Y_{max} \rvert$
轴向位移公差	$T_E = E_{amax} - E_{amin} = \dfrac{1}{C} \lvert X_{max} - X_{min} \rvert$	$T_E = E_{amax} - E_{amin} = \dfrac{1}{C} \lvert Y_{max} - Y_{min} \rvert$

注：C—锥度；X_{max}—配合的最大间隙；X_{min}—配合的最小间隙；Y_{max}—配合的最大过盈；Y_{min}—配合的最小过盈。

例：有一位移型圆锥配合，锥度 $C = 1:20$，内、外圆锥的公称直径为 60mm，求装配后得到 H7/u6 的配合性质，试计算由初始位置开始的最小与最大轴向位移。

解：按 $\phi60$H7/u6，由 GB/T 1800.1—2020 查得 $Y_{min} = -0.057$mm，$Y_{max} = -0.106$mm，由表 5-14 中的公式，计算得最小轴向位移为 $E_{amin} = \dfrac{\lvert Y_{min} \rvert}{C} = 0.057\text{mm} \times 20 = 1.14\text{mm}$，最大轴向位移为 $E_{amax} = \dfrac{\lvert Y_{max} \rvert}{C} = 0.106\text{mm} \times 20 = 2.12\text{mm}$。

5.2.4 圆锥轴向极限偏差的计算

圆锥配合的内圆锥或外圆锥直径极限偏差转换为轴向极限偏差的计算方法，可用以确定圆锥配合的极限初始位置和圆锥配合后基准平面之间的极限轴向距离；当用圆锥量规检验圆锥直径时，可用以确定与圆锥直径极限偏差相应的圆锥量规的轴向距离。

1. 圆锥轴向极限偏差

圆锥轴向极限偏差是圆锥的某一极限圆锥与其基本圆锥轴向位置的偏离。圆锥轴向极限偏差术语和定义见表 5-15。

表 5-15　圆锥轴向极限偏差术语和定义

序号	术语	图例	定义
1	轴向上极限偏差 $(es_z \, 、ES_z)$	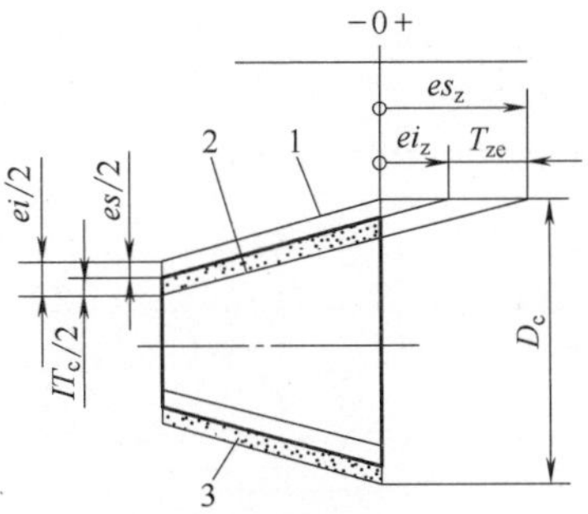 a) 外圆锥轴向极限偏差示意图	下极限圆锥与公称圆锥的偏离
2	轴向下极限偏差 $(ei_z \, 、EI_z)$		上极限圆锥与公称圆锥的偏离
3	轴向公差 (T_z)	b) 内圆锥轴向极限偏差示意图	轴向上极限偏差与轴向下极限偏差之代数差之绝对值

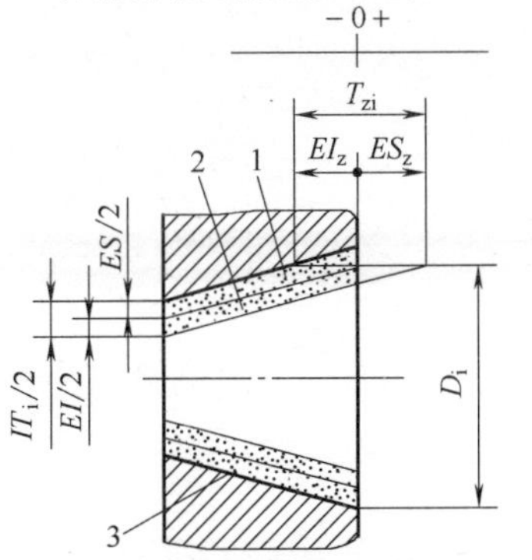

注：1—公称圆锥；2—下极限圆锥；3—上极限圆锥。

2. 圆锥轴向极限偏差的计算

圆锥轴向极限偏差的换算公式见表 5-16。

表 5-16　圆锥轴向极限偏差的换算公式

轴向极限偏差	内圆锥	外圆锥
轴向上极限偏差	$ES_z = -\dfrac{1}{C}EI$	$es_z = -\dfrac{1}{C}ei$
轴向下极限偏差	$EI_z = -\dfrac{1}{C}ES$	$ei_z = -\dfrac{1}{C}es$
轴向公差	$T_{zi} = \dfrac{1}{C}IT_i$	$T_{ze} = \dfrac{1}{C}IT_e$
轴向基本偏差	$E_z = -\dfrac{1}{C} \times$ 直径基本偏差	$e_z = -\dfrac{1}{C} \times$ 直径基本偏差

3. 圆锥轴向极限偏差计算用表

1）锥度 $C = 1：10$ 时，基本偏差计算所得的外圆锥的轴向基本偏差 (e_z) 见表 5-17。

2）锥度 $C = 1：10$ 时，标准公差计算所得的轴向公差 T_z 数值见表 5-18。

3）当锥度 C 不等于 $1：10$ 时，圆锥的轴向基本偏差和轴向公差按表 5-17、表 5-18 给出的数值，乘以表 5-19、表 5-20 的换算系数进行计算。

4）基孔制的轴向极限偏差按表 5-17~表 5-20 中的数值由表 5-21 所列公式计算。

表5-17 锥度 $C=1:10$ 时外圆锥的轴向基本偏差 e_z 的数值

（单位：mm）

基本偏差		a	b	c	cd	d	e	ef	f	fg	g	h	js	j (5,6)	j (7)	j (8)	k (≤3, >7)
公称尺寸		所有等级												公差等级			
大于	至																
—	3	+2.7	+1.4	+0.6	+0.34	+0.20	+0.14	+0.1	+0.06	+0.04	+0.02	0		+0.02	+0.04	+0.06	0
3	6	+2.7	+1.4	+0.7	+0.46	+0.30	+0.2	+0.14	+0.1	+0.06	+0.04	0		+0.02	+0.04	—	0
6	10	+2.8	+1.5	+0.8	+0.56	+0.40	+0.25	+0.18	+0.13	+0.08	+0.05	0		+0.02	+0.05	—	0
10	14	+2.9	+1.5	+0.95	—	+0.50	+0.32	—	+0.16	—	+0.06	0		+0.03	+0.06	—	0
14	18	+2.9	+1.5	+0.95	—	+0.50	+0.32	—	+0.16	—	+0.06	0		+0.03	+0.06	—	0
18	24	+3	+1.6	+1.1	—	+0.65	+0.4	—	+0.20	—	+0.07	0		+0.04	+0.08	—	0
24	30	+3	+1.6	+1.1	—	+0.65	+0.4	—	+0.20	—	+0.07	0		+0.04	+0.08	—	0
30	40	+3.1	+1.7	+1.2	—	+0.80	+0.5	—	+0.25	—	+0.09	0		+0.05	+0.1	—	0
40	50	+3.2	+1.8	+1.3	—	+0.80	+0.5	—	+0.25	—	+0.09	0		+0.05	+0.1	—	0
50	65	+3.4	+1.9	+1.4	—	+1	+0.60	—	+0.3	—	+0.1	0		+0.07	+0.12	—	0
65	80	+3.6	+2	+1.5	—	+1	+0.60	—	+0.3	—	+0.1	0		+0.07	+0.12	—	0
80	100	+3.8	+2.2	+1.7	—	+1.2	+0.72	—	+0.36	—	+0.12	0		+0.09	+0.15	—	0
100	120	+4.1	+2.4	+1.8	—	+1.2	+0.72	—	+0.36	—	+0.12	0		+0.09	+0.15	—	0
120	140	+4.6	+2.6	+2	—	+1.45	+0.85	—	+0.43	—	+0.14	0		+0.11	+0.18	—	0
140	160	+5.2	+2.8	+2.1	—	+1.45	+0.85	—	+0.43	—	+0.14	0		+0.11	+0.18	—	0
160	180	+5.8	+3.1	+2.3	—	+1.45	+0.85	—	+0.43	—	+0.14	0		+0.11	+0.18	—	0
180	200	+6.6	+3.4	+2.4	—	+1.7	+1	—	+0.50	—	+0.15	0		+0.13	+0.21	—	0
200	225	+7.4	+3.8	+2.6	—	+1.7	+1	—	+0.50	—	+0.15	0		+0.13	+0.21	—	0
225	250	+8.2	+4.2	+2.8	—	+1.7	+1	—	+0.50	—	+0.15	0		+0.13	+0.21	—	0
250	280	+9.2	+4.8	+3	—	+1.9	+1.1	—	+0.56	—	+0.17	0		+0.16	+0.26	—	0
280	315	+10.5	+5.4	+3.3	—	+1.9	+1.1	—	+0.56	—	+0.17	0		+0.16	+0.26	—	0
315	355	+12	+6	+3.6	—	+2.1	+1.25	—	+0.62	—	+0.18	0		+0.18	+0.28	—	0
355	400	+13.5	+6.8	+4	—	+2.1	+1.25	—	+0.62	—	+0.18	0		+0.18	+0.28	—	0
400	450	+15	+7.6	+4.4	—	+2.3	+1.35	—	+0.68	—	+0.2	0		+0.20	+0.32	—	0
450	500	+16.5	+8.4	+4.8	—	+2.3	+1.35	—	+0.68	—	+0.2	0		+0.20	+0.32	—	0

js 栏：$e_z = \pm \dfrac{T_{ze}}{2}$

（续）

基本偏差（公差等级：k 为 4~7，其余 m~zc 为所有等级）

公称尺寸/mm 大于	至	k (4~7)	m	n	p	r	s	t	u	v	x	y	z	za	zb	zc
—	3	0	-0.02	-0.04	-0.06	-0.1	-0.14	—	-0.18	—	-0.20	—	-0.26	-0.32	-0.4	-0.6
3	6	-0.01	-0.04	-0.08	-0.12	-0.15	-0.19	—	-0.23	—	-0.28	—	-0.35	-0.42	-0.5	-0.8
6	10	-0.01	-0.06	-0.1	-0.15	-0.19	-0.23	—	-0.28	—	-0.34	—	-0.42	-0.52	-0.67	-0.97
10	14	-0.01	-0.07	-0.12	-0.18	-0.23	-0.28	—	-0.33	—	-0.4	—	-0.5	-0.64	-0.9	-1.3
14	18	-0.01	-0.07	-0.12	-0.18	-0.23	-0.28	—	-0.33	-0.39	-0.45	—	-0.6	-0.77	-1.08	-1.5
18	24	-0.02	-0.08	-0.15	-0.22	-0.28	-0.35	—	-0.41	-0.47	-0.54	-0.63	-0.73	-0.98	-1.36	-1.88
24	30	-0.02	-0.08	-0.15	-0.22	-0.28	-0.35	-0.41	-0.48	-0.55	-0.64	-0.75	-0.88	-1.18	-1.6	-2.18
30	40	-0.02	-0.09	-0.17	-0.26	-0.34	-0.43	-0.48	-0.6	-0.68	-0.8	-0.94	-1.12	-1.48	-2	-2.74
40	50	-0.02	-0.09	-0.17	-0.26	-0.34	-0.43	-0.54	-0.7	-0.81	-0.97	-1.14	-1.36	-1.80	-2.42	-3.25
50	65	-0.02	-0.11	-0.2	-0.32	-0.41	-0.53	-0.66	-0.87	-1.02	-1.22	-1.44	-1.72	-2.25	-3	-4.05
65	80	-0.02	-0.11	-0.2	-0.32	-0.43	-0.59	-0.75	-1.02	-1.2	-1.46	-1.74	-2.1	-2.74	-3.6	-4.8
80	100	-0.03	-0.13	-0.23	-0.37	-0.51	-0.71	-0.91	-1.24	-1.46	-1.78	-2.14	-2.58	-3.35	-4.45	-5.85
100	120	-0.03	-0.13	-0.23	-0.37	-0.54	-0.79	-1.04	-1.44	-1.72	-2.10	-2.54	-3.1	-4	-5.25	-6.9
120	140	-0.03	-0.15	-0.27	-0.43	-0.63	-0.92	-1.22	-1.7	-2.02	-2.48	-3	-3.65	-4.7	-6.2	-8
140	160	-0.03	-0.15	-0.27	-0.43	-0.65	-1	-1.34	-1.9	-2.28	-2.8	-3.4	-4.15	-5.35	-7	-9
160	180	-0.03	-0.15	-0.27	-0.43	-0.68	-1.08	-1.46	-2.1	-2.52	-3.1	-3.8	-4.65	-6	-7.8	-10
180	200	-0.04	-0.17	-0.31	-0.5	-0.77	-1.22	-1.66	-2.36	-2.84	-3.5	-4.25	-5.2	-6.7	-8.8	-11.5
200	225	-0.04	-0.17	-0.31	-0.5	-0.80	-1.3	-1.8	-2.58	-3.1	-3.85	-4.7	-5.75	-7.4	-9.6	-12.5
225	250	-0.04	-0.17	-0.31	-0.5	-0.84	-1.4	-1.96	-2.84	-3.4	-4.25	-5.2	-6.4	-8.2	-10.5	-13.5
250	280	-0.04	-0.2	-0.34	-0.56	-0.94	-1.58	-2.18	-3.15	-3.85	-4.75	-5.8	-7.1	-9.2	-12	-15.5
280	315	-0.04	-0.2	-0.34	-0.56	-0.98	-1.7	-2.4	-3.5	-4.25	-5.25	-6.5	-7.9	-10	-13	-17
315	355	-0.04	-0.21	-0.37	-0.62	-1.08	-1.9	-2.68	-3.9	-4.75	-5.9	-7.3	-9	-11.5	-15	-19
355	400	-0.04	-0.21	-0.37	-0.62	-1.14	-2.08	-2.94	-4.35	-5.3	-6.6	-8.2	-10	-13	-16.5	-21
400	450	-0.05	-0.23	-0.4	-0.68	-1.26	-2.32	-3.3	-4.9	-5.95	-7.4	-9.2	-11	-14.5	-18.5	-24
450	500	-0.05	-0.23	-0.4	-0.68	-1.32	-2.52	-3.6	-5.4	-6.6	-8.2	-10	-12.5	-16	-21	-26

表 5-18　锥度 $C=1:10$ 时的轴向公差 T_z 数值　　　　（单位：mm）

公称尺寸		公差等级									
大于	至	IT3	IT4	IT5	IT6	IT7	IT8	IT9	IT10	IT11	IT12
—	3	0.02	0.03	0.04	0.06	0.10	0.14	0.25	0.40	0.60	1
3	6	0.025	0.04	0.05	0.08	0.12	0.18	0.30	0.48	0.75	1.2
6	10	0.025	0.04	0.06	0.09	0.15	0.22	0.36	0.58	0.90	1.5
10	18	0.03	0.04	0.08	0.11	0.18	0.27	0.43	0.70	1.1	1.8
18	30	0.04	0.05	0.09	0.13	0.21	0.33	0.52	0.84	1.3	2.1
30	50	0.04	0.07	0.11	0.16	0.25	0.39	0.62	1	1.6	2.5
50	80	0.05	0.08	0.13	0.19	0.30	0.46	0.74	1.2	1.9	3
80	120	0.06	0.10	0.15	0.22	0.35	0.54	0.87	1.4	2.2	3.5
120	180	0.08	0.12	0.18	0.25	0.40	0.63	1	1.6	2.5	4
180	250	0.10	0.14	0.20	0.29	0.46	0.72	1.15	1.85	2.9	4.6
250	315	0.12	0.16	0.23	0.32	0.52	0.81	1.3	2.1	3.2	5.2
315	400	0.13	0.18	0.25	0.36	0.57	0.89	1.4	2.3	3.6	5.7
400	500	0.15	0.20	0.27	0.40	0.63	0.97	1.55	2.5	4	6.3

表 5-19　一般用途圆锥的换算系数

基本值		换算系数	基本值		换算系数
系列 1	系列 2		系列 1	系列 2	
1:3		0.3		1:15	1.5
	1:4	0.4	1:20		2
1:5		0.5	1:30		3
	1:6	0.6		1:40	4
	1:7	0.7	1:50		5
	1:8	0.8	1:100		10
1:10		1	1:200		20
	1:12	1.2	1:500		50

表 5-20　特殊用途圆锥的换算系数

基本值	换算系数	基本值	换算系数
18°30′	0.3	1:18.779	1.8
11°54′	0.48	1:19.002	1.9
8°40′	0.66	1:19.180	1.92
7°40′	0.75	1:19.212	1.92
7:24	0.34	1:19.254	1.92
1:9	0.9	1:19.264	1.92
1:12.262	1.2	1:19.922	1.99
1:12.972	1.3	1:20.020	2
1:15.748	1.57	1:20.047	2
1:16.666	1.67	1:20.228	2

表 5-21 基孔制的轴向极限偏差的计算公式

基 本 偏 差	轴向极限偏差计算公式
基本偏差为 H 时(内圆锥)	$ES_z = 0, EI_z = -T_{zi}$
基本偏差为 a 到 g 时(外圆锥)	$es_z = e_z + T_{ze}, ei_z = e_z$
基本偏差为 h 时(外圆锥)	$es_z = +T_{ze}, ei_z = 0$
基本偏差为 js 时(外圆锥)	$es_z = +\dfrac{T_{ze}}{2}, ei_z = -\dfrac{T_{ze}}{2}$
基本偏差为 j 到 zc 时(外圆锥)	$es_z = e_z, ei_z = e_z - T_{ze}$

4. 基准平面间极限初始位置和极限终止位置的计算

由内、外圆锥基准平面之间的距离确定极限初始位置 Z_{pmin} 和 Z_{pmax} 的计算公式见表 5-22。注意,对于结构型圆锥配合,极限初始位置仅对过盈配合有意义,且在必要时才需计算。对于位移型圆锥配合,可按轴向公差进行简化计算,其计算公式见表 5-23。

对于位移型圆锥配合,基准平面之间极限终止位置 Z_{pfmin}、Z_{pfmax} 的计算公式见表 5-24。对于结构型圆锥配合,基准平面之间的极限终止位置由设计给定,不需要进行计算。

表 5-22 Z_{pmin} 和 Z_{pmax} 的计算公式

已知参数	基准平面的位置	计算公式	
		Z_{pmin}	Z_{pmax}
圆锥直径极限偏差	在锥体大直径端(图 5-2)	$Z_p + \dfrac{1}{C}(ei - ES)$	$Z_p + \dfrac{1}{C}(es - EI)$
	在锥体小直径端(图 5-3)	$Z_p + \dfrac{1}{C}(EI - es)$	$Z_p + \dfrac{1}{C}(ES - ei)$
圆锥轴向极限偏差	在锥体大直径端(图 5-2)	$Z_p + EI_z - es_z$	$Z_p + ES_z - ei_z$
	在锥体小直径端(图 5-3)	$Z_p + ei_z - ES_z$	$Z_p + es_z - EI_z$

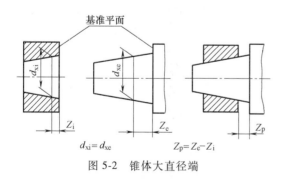

$d_{xi} = d_{xe}$ $Z_p = Z_e - Z_i$

图 5-2 锥体大直径端

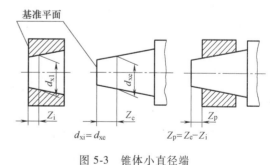

$d_{xi} = d_{xe}$ $Z_p = Z_e - Z_i$

图 5-3 锥体小直径端

表 5-23 Z_{pmin} 和 Z_{pmax} 的简化计算公式

配合圆锥直径公差带位置的组合	基准平面的位置	计算公式	
		Z_{pmin}	Z_{pmax}
$\dfrac{H}{h}$	在锥体大直径端(图 5-2)	$Z_p - (T_{ze} + T_{zi})$	Z_p
	在锥体小直径端(图 5-3)	Z_p	$Z_p + (T_{ze} + T_{zi})$

（续）

配合圆锥直径公差带位置的组合	基准平面的位置	计算公式	
		Z_{pmin}	Z_{pmax}
$\dfrac{JS}{js}$	在锥体大直径端(图5-2)	$Z_p - \dfrac{1}{2}(T_{ze}+T_{zi})$	$Z_p + \dfrac{1}{2}(T_{ze}+T_{zi})$
	在锥体小直径端(图5-3)	$Z_p - \dfrac{1}{2}(T_{ze}+T_{zi})$	$Z_p + \dfrac{1}{2}(T_{ze}+T_{zi})$

表 5-24 Z_{pfmin}、Z_{pfmax} 的计算公式

已知参数	基准平面的位置	计算公式	
		Z_{pfmin}	Z_{pfmax}
间隙配合轴向位移 E_a	在锥体大直径端(图5-2)	$Z_{pmin}+E_{amin}$	$Z_{pmax}+E_{amax}$
	在锥体小直径端(图5-3)	$Z_{pmin}-E_{amax}$	$Z_{pmax}-E_{amin}$
过盈配合轴向位移 E_a	在锥体大直径端(图5-2)	$Z_{pmin}-E_{amax}$	$Z_{pmax}-E_{amin}$
	在锥体小直径端(图5-3)	$Z_{pmin}+E_{amin}$	$Z_{pmax}+E_{amax}$

5.3 楔体角度与斜度系列

GB/T 4096.1—2022《产品几何技术规范（GPS） 楔体 第1部分：角度与斜度系列》规定了楔体的术语和定义，三个角度系列从 120°~0°30′，一个斜度系列从（1:10）~（1:500）。GB/T 4096.2—2022《产品几何技术规范（GPS） 楔体 第2部分：尺寸与公差标注》规定了楔体尺寸与公差标注的方法。

5.3.1 基本术语及定义

常用在机械结构中的楔体有燕尾体、楔块、V形体等。楔体是由一对相交平面与一定尺寸所限定的几何体，如图5-4所示。楔体是角度尺寸定义的尺寸要素，由楔体平面相交而构建的直线称为楔体棱边，相关参数见表5-25。燕尾体及V形体属于特定的大角度楔体，如图5-5和图5-6所示。

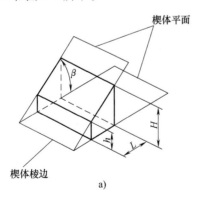

图 5-4 楔体
a）小于90° b）大于90°

图 5-5　燕尾体

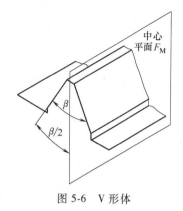

图 5-6　V形体

表 5-25　楔体的基本参数

序号	术语	定　义
1	楔体角度	两相交棱面形成的二面角,是在垂直于楔体棱边的平面内定义的楔体角度尺寸,用 β 表示
2	楔体厚度	在平行于棱边并垂直于楔体中心平面 E_M 的某指定截面上测量的厚度。常用的有楔体大端厚度 T 和楔体小端厚度 t
3	楔体高度	在平行于棱边并垂直于一个棱面的某指定截面上测量的高度。常用的有楔体大端高度 H 与楔体小端高度 h
4	楔体斜度	两指定楔体截面相对于任一楔体平面的高度 H 和 h 之差与其之间的投影距离 L 之比,即 $S = \dfrac{H-h}{L}$,斜度与楔体角的关系为 $S = \tan\beta$。当楔体角度 $\beta < 90°$ 时,L 为正值;当楔体角度 $\beta > 90°$ 时,L 为负值
5	楔体比率	楔体角的半角正切值的 2 倍,即 $C = 2\tan\dfrac{\beta}{2}$

5.3.2　楔体的角度与斜度系列

GB/T 4096.1—2022 中规定了一般用途楔体角度、斜度的公称值及其所对应的楔体比率、斜度的推算值,见表 5-26。

一般用途楔体的角度与斜度,优先选用第 1 系列,当不能满足需要时,选用第 2 系列。特殊用途楔体的角度通常只适用于表 5-26 中特殊楔体一栏所指的适用范围。

表 5-26　楔体角度、楔体斜度、楔体比率的公称值和推算值

公称值							推算值		
楔体角度						楔体斜度	楔体比率	楔体斜度	楔体角度
系列 1		系列 2		特殊楔体					
β	$\beta/2$	β	$\beta/2$	β	$\beta/2$	S	C③	S④	β
120°	60°						1 : 0.288675	1 : −0.577350	—
		108°①	54°				1 : 0.363271	1 : −0.324920	
90°	45°						1 : 0.500000	—	
		75°	37°30′				1 : 0.651613	1 : 0.267949	
				72°①	36°		1 : 0.688190	1 : 0.324920	

（续）

公称值							推算值		
楔体角度						楔体斜度	楔体比率	楔体斜度	楔体角度
系列1		系列2		特殊楔体					
β	β/2	β	β/2	β	β/2	S	C③	S④	β
60°	30°						1：0.866025	1：0.577350	—
				50°②			1：1.072253	1：0.839100	—
45°	22°30′						1：1.207107	1：1.000000	—
		40°	20°				1：1.373739	1：1.191754	—
30°	15°						1：1.866025	1：1.732051	—
20°	10°						1：2.835641	1：2.747477	—
15°	7°30′						1：3.797877	1：3.732051	—
		10°	5°				1：5.715026	1：5.671282	—
		8°	4°				1：7.150333	1：7.115370	—
		7°	3°30′				1：8.174928	1：8.144346	—
		6°	3°				1：9.540568	1：9.514364	—
						1：10	—	—	5°42′38.1″
5°	2°30′						1：11.451883	1：11.430052	—
		4°	2°				1：14.318127	1：14.300666	—
		3°	1°30′				1：19.094230	1：19.081137	—
						1：20	—	—	2°51′44.7″
		2°	1°				1：28.644981	1：28.636253	—
						1：50	—	—	1°8′44.7″
		1°	0°30′				1：57.294325	1：57.289962	—
						1：100	—	—	34′22.6″
		0°30′	0°15′				1：114.590832	1：114.588650	—
						1：200	—	—	17′11.3″
						1：500	—	—	6′52.5″

① 适用于 V 形体。
② 适用于燕尾体。
③ C 表示为 1：1/C。
④ S 表示为 1：1/S。

5.4　楔体尺寸与公差标注

5.4.1　楔体的尺寸标注

依据楔体定义，可选用表 5-27 中的特征与尺寸相互组合进行标注，以适合楔体的功能需求。

表 5-27　楔体的特征与尺寸

特征与尺寸		符号	标注示例	
			优先方法	可选方法
特征	楔体比率	C	1∶2.835641	—
	楔体角	β	20°	—
	楔体斜度	S	1∶2.747477	36.4%
尺寸	楔体大端高度	H	—	—
	楔体小端高度	h	—	—
	指定的横截面高度	H_x	—	—
	楔体大端厚度	T	—	—
	楔体小端厚度	t	—	—
	指定的横截面厚度	T_x	—	—
	楔体长度	L	—	—
	指定 H_x 或 T_x 横截面位置的长度	L_x	—	—

　　楔体特征与尺寸的典型组合如图 5-7 所示。楔体的尺寸标注数量不应超出规定的必要尺寸数量，超出的附加尺寸可作为辅助尺寸标注在圆括号内。楔体角度应优先从 GB/T 4096.1 中所规定的楔体角度标准化系列中选取。

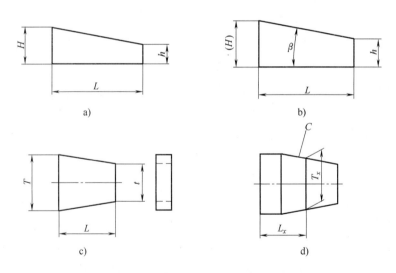

图 5-7　楔体特征与尺寸的典型组合

a）给定楔体高度　b）给定楔体高度和楔体角度　c）给定楔体厚度　d）给定楔体厚度和楔体比率

5.4.2　楔体的公差标注

　　可根据表 5-28 中给定的方法对楔体尺寸与倾斜要素进行公差标注。字母符号 t 定义为公差带宽度。

表 5-28 楔体的公差标注

分类	标注规范与图释	说 明
楔体几何规范基础示例	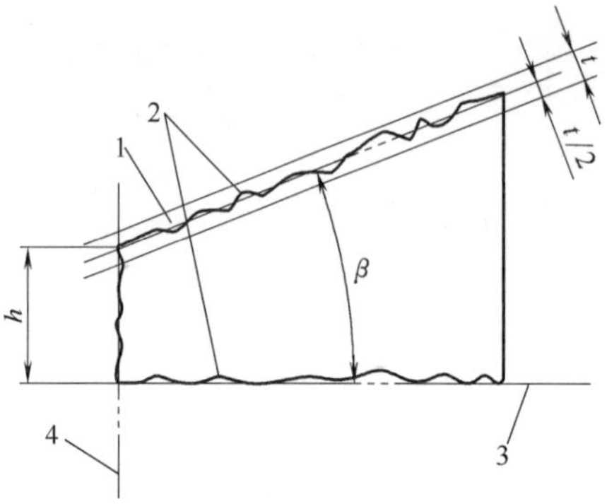 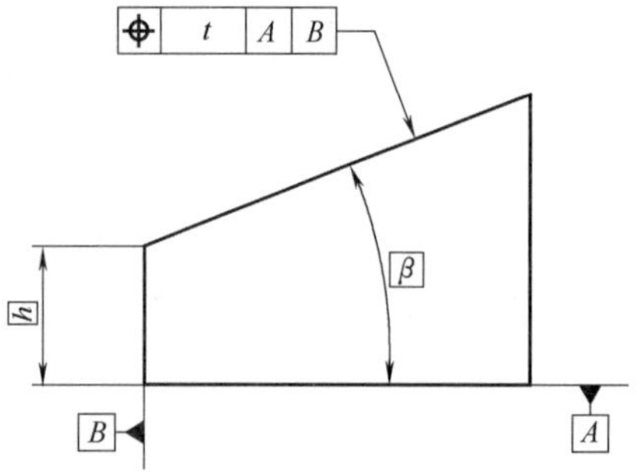	标引序号说明 1—公差带　2—提取表面　3—提取"平面"表面的拟合平面,对应于基准 A　4—提取"平面"表面的拟合平面,对应于基准 B,垂直于基准 A 公差带为相对于基准 A 具有楔体角度 β,且间距为 t 的两平行平面所限定的区域
楔体侧面无基准的位置标注	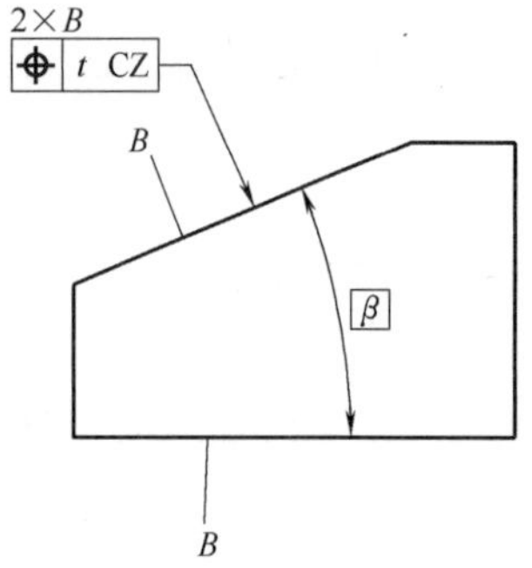 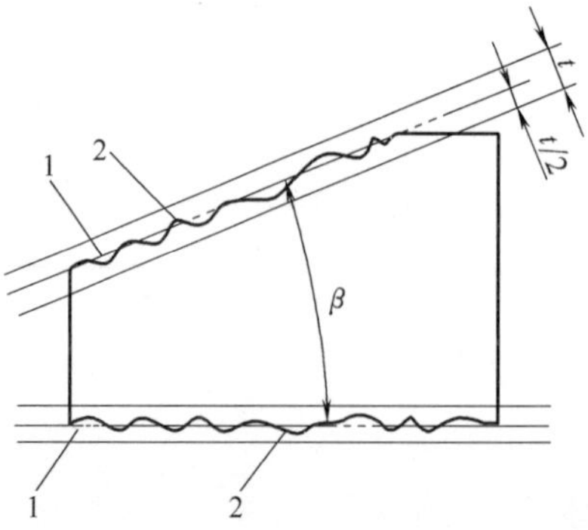	标引序号说明 1—公差带　2—提取表面 两个公差带为分别位于楔体平面两侧,且间距为 t 的两平行平面所限定的区域。这一对楔体平面的夹角为楔体角度 β。楔体的提取表面要求在该公差带内

（续）

分类	标注规范与图释	说　明
楔体相对于基准的位置/方向标注		标引序号说明 1—公差带　2—提取表面　3—提取"平面"表面的拟合平面,对应于基准A　4—距离拟合平面(基准A)L_x处的构建平面 　这一对楔体平面的夹角为楔体角度β。下平面垂直于基准A,且这对平面的相交线平行于基准A。H_x是距基准A为L_x处的楔体高度值。楔体的提取表面要求在该公差带内
楔体相对于基准的方向标注		标引序号说明 1—公差带　2—提取表面　3—提取"平面"表面的拟合平面,对应于基准A 　这一对楔体平面的夹角为楔体角度β。下平面垂直于基准A,且这对平面的相交线平行于基准A。楔体的提取表面要求在该公差带内。"CZ"修饰符将两个公差带锁定在一起。没有"CZ"修饰符,两个公差带可以各自独立旋转

（续）

分类	标注规范与图释	说　明
楔体两侧面相对于单一基准的位置标注	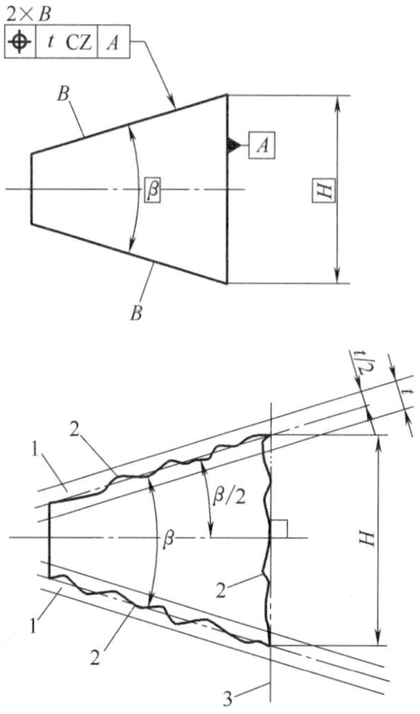	标引序号说明 1—公差带　2—提取表面　3—提取"平面"表面的拟合平面,对应于基准 A 　这一对楔体平面的夹角为楔体角度 β,且与基准 A 之间的夹角为 $90°-\beta/2$。这对平面的相交线平行于基准 A。H 为基准 A 处的楔体高度值。楔体的提取表面要求在该公差带内
楔体两侧面相对于公共基准的位置标注	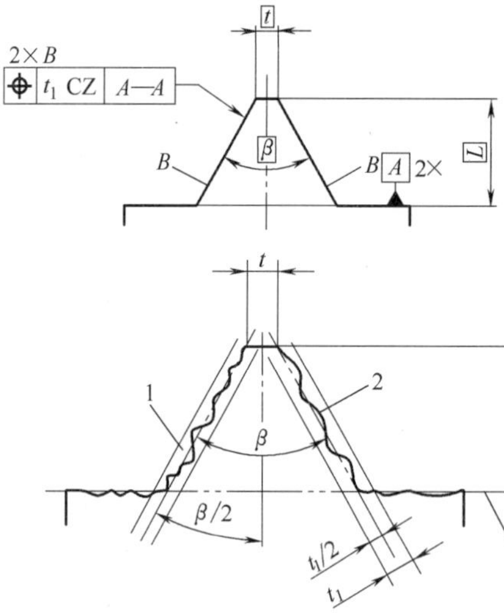	标引序号说明 1—公差带　2—提取表面　3—提取"平面"表面的拟合平面,对应于基准 A 　这一对楔体平面的夹角为楔体角度 β,且与基准 A 的夹角为 $90°-\beta/2$。这对平面的相交线平行于基准 A。t 是距基准 A 为 L 处的楔体厚度值。楔体的提取表面要求在该公差带内

5.5　未注公差角度的极限偏差

　　GB/T 1804—2000 对金属切削加工的圆锥角和楔体角，包括在图样上注出的角度和通常不需要标注的角度（如 $90°$ 等）规定了未注公差角度的极限偏差（表5-29）。该极限偏差应为一般工艺方法可以保证达到的精度。应用中可根据不同产品的需要，从 GB/T 1804—2000

中所规定的四个未注公差角度的公差等级（精密级 f、中等级 m、粗糙级 c 和最粗级 v）中选取合适的等级。以角度的短边长度查取，而用于圆锥时，以圆锥素线长度查取。

表 5-29　未注公差角度的极限偏差

公差等级	长度分段/mm				
	≤10	>10~50	>50~120	>120~400	>400
精密 f	±1°	±30′	±20′	±10′	±5′
中等 m					
粗糙 c	±1°30′	±1°	±30′	±15′	±10′
最粗 v	±3°	±2°	±1°	±30′	±20′

未注公差角度的公差等级在图样或技术文件上用标准编号和公差等级表示。例如，选用中等级时，则表示为 GB/T 1804-m。

第 **6** 章

尺寸公差与几何公差的关系原则及应用图解

尺寸公差、几何公差分别用于控制零件的尺寸误差和几何误差，从而保证零件的尺寸精度和几何精度要求。从公差体系上来讲，尺寸公差和几何公差已成为各自独立的公差体系。但对同一个零件而言，往往是两方面的精度要求均有，即两种公差并存于同一零件形体上。这自然就产生了尺寸公差与几何公差的关系问题。

根据零件功能的要求，尺寸公差与几何公差的关系可以是相对独立无关的；也可以是互相影响、单向补偿或互相补偿的，即尺寸公差与几何公差相关。为了保证设计要求，正确判断不同要求时零件的合格性，必须明确尺寸公差与几何公差的内在联系。公差原则即是规范和确定尺寸（线性尺寸和角度尺寸）公差和几何公差之间相互关系的原则。目前，公差原则的国家标准包括 GB/T 4249—2018《产品几何技术规范（GPS）基础概念、原则和规则》和 GB/T 16671—2018《产品几何技术规范（GPS）几何公差 最大实体要求（MMR）、最小实体要求（LMR）和可逆要求（RPR）》。GB/T 4249—2009 规定了确定尺寸（线性尺寸和角度尺寸）公差和几何公差之间相互关系的原则。GB/T 4249—2018 代替了 GB/T 4249—2009，增加了基本原则，删除了相关要求及公差原则的图样标注内容，并将独立原则内容移至基本原则。GB/T 16671—2018 规定了最大实体要求、最小实体要求和可逆要求的术语和定义、基本规定、图样表示方法及应用示例，适用于工件尺寸与几何公差需彼此相关以满足其特殊功能要求的情况，如满足零件可装配性（最大实体要求）、保证最小壁厚（最小实体要求），但最大实体要求和最小实体要求也适用于其他功能要求。

本章的内容体系与涉及的标准如图 6-1 所示。

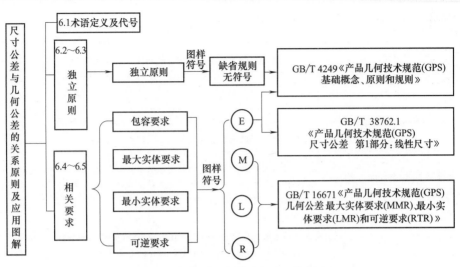

图 6-1　本章的内容体系与涉及的标准

6.1　术语定义及代号

公差原则的术语和定义见表 6-1。

表 6-1　公差原则的术语和定义

术　　语	定　　义
尺寸要素(Feature of Size)	由一定大小的线性尺寸或角度尺寸确定的几何形状
提取组成要素的局部尺寸(Local Size of An Extracted Integral Feature)	提取圆柱面的局部尺寸和两平行提取表面的局部尺寸的统称 为方便起见,可将提取组成要素的局部尺寸简称为提取要素的局部尺寸
最大实体状态(Maximum Material Condition,MMC)	假定提取组成要素的局部尺寸处处位于极限尺寸且使其具有实体最大时的状态
最大实体尺寸(Maximum Material Size,MMS)	确定要素最大实体状态的尺寸,即外尺寸要素的上极限尺寸,内尺寸要素的下极限尺寸
最小实体状态(Least Material Condition,LMC)	假定提取组成要素的局部尺寸处位于极限尺寸且使其具有实体最小时的状态
最小实体尺寸(Least Material Size,LMS)	确定要素最小实体状态的尺寸,即外尺寸要素的下极限尺寸,内尺寸要素的上极限尺寸
最大实体边界(Maximum Material Boundary,MMB)	最大实体状态的理想形状的极限包容面
最小实体边界(Least Material Boundary,LMB)	最小实体状态的理想形状的极限包容面
包容要求(Envelope Requirement)	尺寸要素的非理想要素不得违反其最大实体边界(MMB)的一种尺寸要素要求
最大实体要求(Maximum Material Requirement,MMR)	尺寸要素的非理想要素不得违反其最大实体实效状态(MMVC)的一种尺寸要素要求,即尺寸要素的非理想要素不得超越其最大实体实效边界(MMVB)的一种尺寸要素要求

（续）

术　语	定　义
最小实体要求（Least Material Re-quirement，LMR）	尺寸要素的非理想要素不得违反其最小实体实效状态（LMVC）的一种尺寸要素要求，即尺寸要素的非理想要素不得超越其最小实体实效边界（LMVB）的一种尺寸要素要求
可逆要求（Reciprocity Requirement，RPR）	最大实体要求（MMR）或最小实体要求（LMR）的附加要求，表示尺寸公差可以在实际几何误差小于几何公差之间的差值范围内增大
最大实体实效尺寸（Maximum Materi-al Virtual Size，MMVS）	尺寸要素的最大实体尺寸与其导出要素的几何公差（形状、方向或位置）共同作用产生的尺寸。对于外尺寸要素，MMVS＝MMS＋几何公差；对于内尺寸要素，MMVS＝MMS-几何公差
最大实体实效状态（Maximum Materi-al Virtual Condition，MMVC）	拟合要素的尺寸为其最大实体实效尺寸（MMVS）时的状态 最大实体实效状态对应的极限包容面称为最大实体实效边界（Maximum Ma-terial Virtual Boundary，MMVB）。 当几何公差是方向公差时，最大实体实效状态（MMVC）和最大实体实效边界（MMVB）受其方向约束；当几何公差是位置公差时，最大实体实效状态（MMVC）和最大实体实效边界（MMVB）受其位置约束
最小实体实效尺寸（Least Material Virtual Size，LMVS）	尺寸要素的最小实体尺寸与其导出要素的几何公差（形状、方向或位置）共同作用产生的尺寸。对于外尺寸要素，LMVS＝LMS-几何公差；对于内尺寸要素，LMVS＝LMS＋几何公差
最小实体实效状态（Least Material Virtual Condition，LMVC）	拟合要素的尺寸为其最小实体实效尺寸（LMVS）时的状态 最小实体实效状态对应的极限包容面称为最小实体实效边界（Least Material Virtual Boundary，LMVB）

6.2　独立原则

图样上给定的每一个尺寸和几何（形状、方向或位置）要求均是独立的，应分别满足要求。如果对尺寸和几何（形状、方向或位置）要求之间的相互关系有特定要求，应在图样上规定。

独立原则是尺寸公差和几何公差相互关系遵循的基本原则，其主要应用范围如下：

1）对于尺寸公差与几何公差需分别满足要求，两者不发生联系的要素，不论两者公差等级要求的高低，均采用独立原则，如用于保证配合功能要求、运动精度、磨损寿命、旋转平衡等部位。

2）对于退刀槽、倒角、没有配合要求的结构尺寸等，采用独立原则。

3）对于未注尺寸公差的要素，尺寸公差与几何公差遵守独立原则。

6.3　独立原则应用示例

独立原则应用示例见表6-2。

表6-2 独立原则应用示例

示 例	说 明
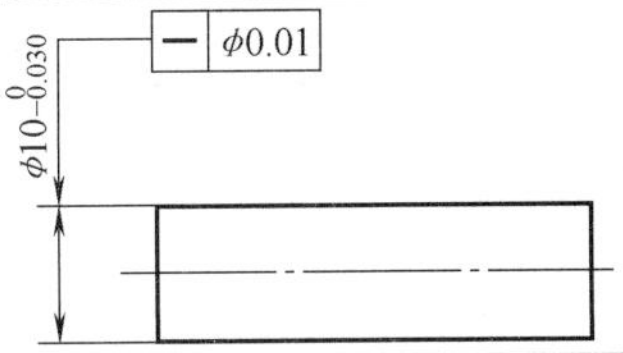	尺寸公差与几何公差遵守独立原则 轴的实际尺寸应在上极限尺寸 $\phi10$mm 与下极限尺寸 $\phi9.97$mm 之间。 任何实际尺寸的轴线直线度误差均不允许超过 $\phi0.01$mm
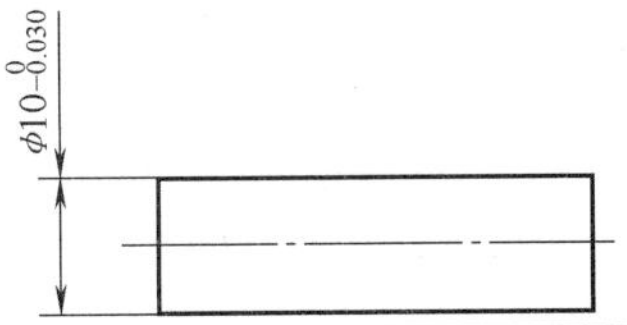	尺寸公差与几何公差遵守独立原则 轴的实际尺寸应在上极限尺寸 $\phi10$mm 和下极限尺寸 $\phi9.97$mm 之间。 采用了未注几何公差

6.4 相关要求

图样上给定的尺寸公差和几何公差相互有关的公差要求，含包容要求、最大实体要求（MMR）最小实体要求（LMR）和可逆要求（RPR）。对于可逆要求包括附加于最大实体要求的可逆要求和附加于最小实体要求的可逆要求。

6.4.1 包容要求

包容要求适用于单一要素如圆柱表面或两平行表面。

包容要求表示实际要素应遵守其最大实体边界，其局部实际尺寸不得超出最小实体尺寸。

采用包容要求的单一要素应在其尺寸极限偏差或公差带代号之后加注符号"Ⓔ"。包容要求常常用于有配合性质要求的场合。若配合的轴、孔采用包容要求，则不会因为轴、孔的形状误差影响配合性质。

6.4.2 最大实体要求

最大实体要求是控制被测要素的实际轮廓处于其最大实体实效边界之内的一种公差要求。当其实际尺寸偏离最大实体尺寸时，允许其几何误差值超出其给出的公差数值。此时应在图样标注符号"Ⓜ"。

最大实体要求适用于导出要素，可用于注有公差的要素或基准要素，主要用于保证零件的装配互换性。最大实体要求的应用规则见表6-3。

表6-3 最大实体要求的应用规则

应用场合	图样标注规范	应用规则
最大实体要求用于被测要素	当最大实体要求（MMR）用于被测要素时，应在图样上的几何公差框格里，使用符号Ⓜ标注在尺寸要素（被测要素）的导出要素的几何公差数值之后	规则A，被测要素的提取局部尺寸要求 1）对于外尺寸要素，等于或小于最大实体尺寸（MMS） 2）对于内尺寸要素，等于或大于最大实体尺寸（MMS） 注1：当标有可逆要求（RPR），即在符号Ⓜ之后加注符号Ⓡ时，此规则可以改变 规则B，被测要素的提取局部尺寸要求 1）对于外尺寸要素，等于或大于最小实体尺寸（LMS） 2）对于内尺寸要素，等于或小于最小实体尺寸（LMS） 规则C，被测要素的提取组成要素不得违反其最大实体实效状态（MMVC），即遵守最大实体边界（MMVB）

（续）

应用场合	图样标注规范	应用规则
最大实体要求用于被测要素	当最大实体要求（MMR）用于被测要素时，应在图样上的几何公差框格里，使用符号Ⓜ标注在尺寸要素（被测要素）的导出要素的几何公差数值之后	注2：使用包容要求Ⓔ（泰勒原则）通常会导致对要素功能（装配性）的过多约束。使用这种约束和尺寸定义会降低最大实体要求（MMR）在技术上和经济上的好处 注3：当几何公差为形状公差时，标注0Ⓜ与Ⓔ意义相同 规则D，当几何规范是相对于（第一）基准或基准体系的方向或位置要求时，被测要素的最大实体实效状态（MMVC）应相对于基准或基准体系处于理论正确方向或位置。当几个被测要素由同一个公差标注时，除了相对于基准的约束，相互之间的最大实体实效状态（MMVC）应处于理论正确方向与位置 注4：当几个被测要素由同一个公差标注时，除了Ⓜ不带有其他任何修饰符的最大实体要求（MMR）与同时带有Ⓜ和"CZ"修饰符的同一要求意义相同。如果各要素是单独的要求，应在Ⓜ修饰符后面标注"SZ"修饰符
最大实体要求用于基准要素	当最大实体要求（MMR）用于基准要素时，应在图样上的几何公差框格里，使用符号Ⓜ标注在基准字母之后	规则E，（用以导出基准的）基准要素的提取组成要素不得违反其基准要素的最大实体实效状态（MMVC） 规则F，当关联基准要素没有标注几何规范，或者标注有几何规范，但其后没有符号Ⓜ时，或者没有标注符合规则G的几何规范时，关联基准要素的最大实体实效状态（MMVC）的尺寸应等于最大实体尺寸（MMS）即 MMVS＝MMS 规则G，当基准要素由具有下列情况的几何规范所控制时，关联基准要素的最大实体实效状态（MMVC）的尺寸应等于最大实体尺寸（MMS）加上（对于外尺寸要素）或减去（对于内尺寸要素）几何公差数值，即 MMVS＝MMS±几何公差数值 1）基准要素本身具有形状规范，且在形状公差数值后面标有符号Ⓜ，同时该基准要素是另一被测要素几何公差框格中的第一基准，且在基准字母后面标有符号Ⓜ 2）基准要素本身有方向/位置规范，且在几何公差数值后面标有符号Ⓜ，其基准或基准体系所包含的基准及其顺序与被测要素几何公差框格中的前一个关联基准完全一致，且在被测要素的相应基准字母后面标有符号Ⓜ 注5：只有当基准为尺寸要素时，才可在基准字母之后使用Ⓜ 注6：当最大实体要求应用于公共基准的所有要素时，表示公共基准的字母应写在括号中，并在括号后面标注符号Ⓜ。当最大实体要求应用于公共基准的某一个要素时，此时表示公共基准的字母不写在括号中，只将符号Ⓜ放在所应用的那个基准要素字母后面

6.4.3 最小实体要求

最小实体要求是控制尺寸要素的非理想要素处于其最小实体实效边界之内的一种公差要求。当尺寸要素的尺寸偏离最小实体尺寸时，允许其几何误差值超出其给出的公差数值。此时应在图样上标注符号"Ⓛ"。

最小实体要求适用于中心要素，可用于被测要素与基准要素，主要用于保证零件的强度和壁厚。

最小实体要求的应用规则见表6-4。

6.4.4 可逆要求

可逆要求（RPR）是最大实体要求（MMR）或最小实体要求（LMR）的附加要求，在图样上用符号Ⓡ标注在Ⓜ或Ⓛ之后。可逆要求仅用于注有公差的要素。在最大实体要求（MMR）

表 6-4　最小实体要求的应用规则

应用场合	图样标注规范	应用规则
最小实体要求用于被测要素	当最小实体要求（LMR）用于被测要素时，应在图样上的几何公差框格里，使用符号Ⓛ标注在尺寸要素（被测要素）的导出要素的几何公差数值之后	规则 H，被测要素的提取局部尺寸要求 1）对于外尺寸要素，等于或大于最小实体尺寸（LMS） 2）对于内尺寸要素，等于或小于最小实体尺寸（LMS） 注 1：当标有可逆要求（RPR），即在符号Ⓛ之后加注符号Ⓡ时，此规则可以改变 规则 I，被测要素的提取局部尺寸要求 1）对于外尺寸要素，等于或小于最大实体尺寸（MMS） 2）对于内尺寸要素，等于或大于最大实体尺寸（MMS） 规则 J，被测要素的提取组成要素不得违反其最小实体实效状态（LMVC），即遵守最小实体边界（LMVB） 注 2：使用包容要求Ⓔ（泰勒原则）通常会导致对要素功能（最小壁厚）的过多约束。使用这种约束和尺寸定义会降低最小实体要求（LMR）在技术上和经济上的好处 规则 K，当几何规范是相对于（第一）基准或基准体系的方向或位置要求时，被测要素的最小实体实效状态（LMVC）应相对于基准或基准体系处于理论正确方向或位置 另外，当几个被测要素由同一个公差标注时，除了相对于基准的约束，相互之间的最小实体实效状态（LMVC）应处于理论正确方向与位置 注 3：当几个被测要素由同一个公差标注时，除了Ⓛ不带有其他任何修饰符的最小实体要求（LMR）与同时带有Ⓛ和"CZ"修饰符的同一要求意义相同。如果各要素是单独的要求，应在Ⓛ修饰符后面标注"SZ"修饰符
最小实体要求用于基准要素	当最小实体要求（LMR）用于基准要素时，应在图样上的几何公差框格里，使用符号Ⓛ标注在基准字母之后	规则 L，（用以导出基准的）基准要素的提取组成要素不得违反关联基准要素的最小实体实效状态（LMVC） 规则 M，当关联基准要素没有标注几何规范，或者标注有几何规范，但其后没有符号Ⓛ，或者没有标注符合规则 N 的几何规范时，基准要素的最小实体实效状态（LMVC）的尺寸应等于最小实体尺寸（LMS），即 LMVS＝LMS 规则 N，当基准要素由具有下列情况的几何规范所控制时，关联基准要素的最小实体实效状态（LMVC）的尺寸应等于最小实体尺寸（LMS）减去（对于外尺寸要素）或加上（对于内尺寸要素）几何公差数值 1）基准要素本身有形状规范，且在形状公差数值后面标有符号Ⓛ，同时该基准要素是被测要素几何公差框格中的第一基准，且在基准字母后面标有符号Ⓛ 2）基准要素本身有方向/位置规范，且在几何公差数值后面标有符号Ⓛ，其基准或基准体系所包含的基准及其顺序与被测要素几何公差框格中的前一个关联基准完全一致，且在被测要素的相应基准字母后面标有符号Ⓛ 注 4：只有当基准为尺寸要素时，才可在基准字母之后使用Ⓛ 注 5：当最小实体要求应用于公共基准的所有要素时，表示公共基准的字母应写在括号中，并在括号后面标注符号Ⓛ。当最小实体要求应用于公共基准的某一个要素时，此时表示公共基准的字母不写在括号中，只将符号Ⓛ放在所应用的那个基准要素字母后面

或最小实体要求（LMR）附加可逆要求（RPR）后，改变了尺寸要素的尺寸公差，用可逆要求（RPR）可以充分利用最大实体实效状态（MMVC）和最小实体实效状态（LMVC）的尺寸，在制造可能性的基础上，可逆要求（RPR）允许尺寸和几何公差之间相互补偿。

6.5　相关要求应用示例

包容要求应用示例见表 6-5。

表6-5　包容要求应用示例

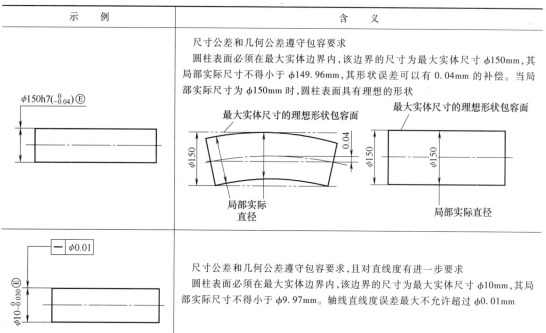

尺寸公差和几何公差遵守包容要求

圆柱表面必须在最大实体边界内，该边界的尺寸为最大实体尺寸 φ150mm，其局部实际尺寸不得小于 φ149.96mm，其形状误差可以有0.04mm的补偿。当局部实际尺寸为 φ150mm 时，圆柱表面具有理想的形状

尺寸公差和几何公差遵守包容要求，且对直线度有进一步要求

圆柱表面必须在最大实体边界内，该边界的尺寸为最大实体尺寸 φ10mm，其局部实际尺寸不得小于 φ9.97mm。轴线直线度误差最大不允许超过 φ0.01mm

最大实体要求应用示例见表6-6。

表6-6　最大实体要求应用示例

序号	示例	图样标注及解释	含义
1	MMR 应用于被测要素，被测要素为有形状公差要求的外尺寸要素	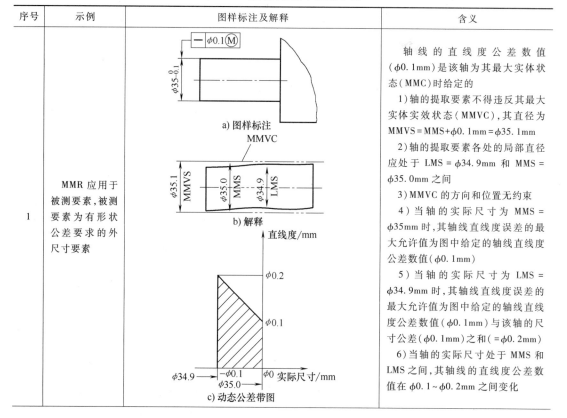 a) 图样标注 b) 解释 c) 动态公差带图	轴线的直线度公差数值（φ0.1mm）是该轴为其最大实体状态（MMC）时给定的 1）轴的提取要素不得违反其最大实体实效状态（MMVC），其直径为 MMVS＝MMS＋φ0.1mm＝φ35.1mm 2）轴的提取要素各处的局部直径应处于 LMS＝φ34.9mm 和 MMS＝φ35.0mm 之间 3）MMVC 的方向和位置无约束 4）当轴的实际尺寸为 MMS＝φ35mm 时，其轴线直线度误差的最大允许值为图中给定的轴线直线度公差数值（φ0.1mm） 5）当轴的实际尺寸为 LMS＝φ34.9mm 时，其轴线直线度误差的最大允许值为图中给定的轴线直线度公差数值（φ0.1mm）与该轴的尺寸公差（φ0.1mm）之和（＝φ0.2mm） 6）当轴的实际尺寸处于 MMS 和 LMS 之间，其轴线的直线度公差数值在 φ0.1～φ0.2mm 之间变化

（续）

序号	示例	图样标注及解释	含义
2	MMR 应用于被测要素,被测要素为有形状公差要求的外尺寸要素	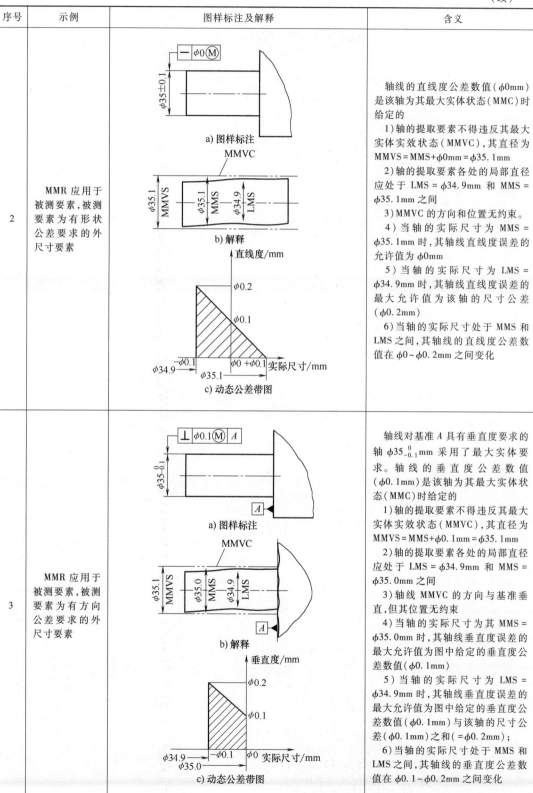	轴线的直线度公差数值(ϕ0mm)是该轴为其最大实体状态(MMC)时给定的 　1)轴的提取要素不得违反其最大实体实效状态(MMVC),其直径为 MMVS＝MMS+ϕ0mm＝ϕ35.1mm 　2)轴的提取要素各处的局部直径应处于 LMS＝ϕ34.9mm 和 MMS＝ϕ35.1mm 之间 　3)MMVC 的方向和位置无约束。 　4)当轴的实际尺寸为 MMS＝ϕ35.1mm 时,其轴线直线度误差的允许值为 ϕ0mm 　5)当轴的实际尺寸为 LMS＝ϕ34.9mm 时,其轴线直线度误差的最大允许值为该轴的尺寸公差(ϕ0.2mm) 　6)当轴的实际尺寸处于 MMS 和 LMS 之间,其轴线的直线度公差数值在 ϕ0~ϕ0.2mm 之间变化
3	MMR 应用于被测要素,被测要素为有方向公差要求的外尺寸要素		轴线对基准 A 具有垂直度要求的轴 ϕ35$_{-0.1}^{0}$mm 采用了最大实体要求。轴线的垂直度公差数值(ϕ0.1mm)是该轴为其最大实体状态(MMC)时给定的 　1)轴的提取要素不得违反其最大实体实效状态(MMVC),其直径为 MMVS＝MMS+ϕ0.1mm＝ϕ35.1mm 　2)轴的提取要素各处的局部直径应处于 LMS＝ϕ34.9mm 和 MMS＝ϕ35.0mm 之间 　3)轴线 MMVC 的方向与基准垂直,但其位置无约束 　4)当轴的实际尺寸为其 MMS＝ϕ35.0mm 时,其轴线垂直度误差的最大允许值为图中给定的垂直度公差数值(ϕ0.1mm) 　5)当轴的实际尺寸为 LMS＝ϕ34.9mm 时,其轴线垂直度误差的最大允许值为图中给定的垂直度公差数值(ϕ0.1mm)与该轴的尺寸公差(ϕ0.1mm)之和(＝ϕ0.2mm); 　6)当轴的实际尺寸处于 MMS 和 LMS 之间,其轴线的垂直度公差数值在 ϕ0.1~ϕ0.2mm 之间变化

序号	示例	图样标注及解释	含义
4	MMR 应用于被测要素，被测要素为有位置公差要求的外尺寸要素	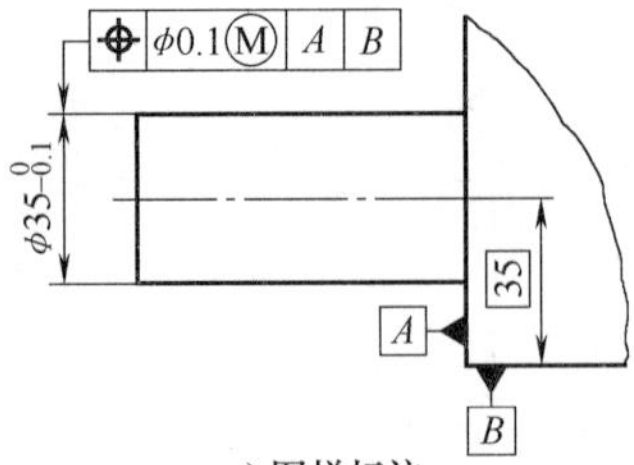 a) 图样标注 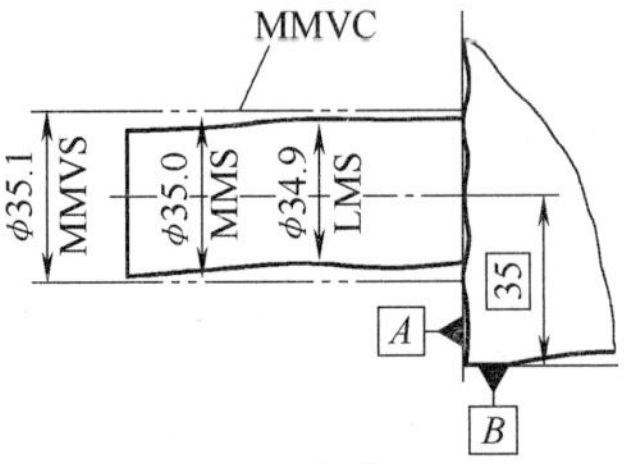 b) 解释 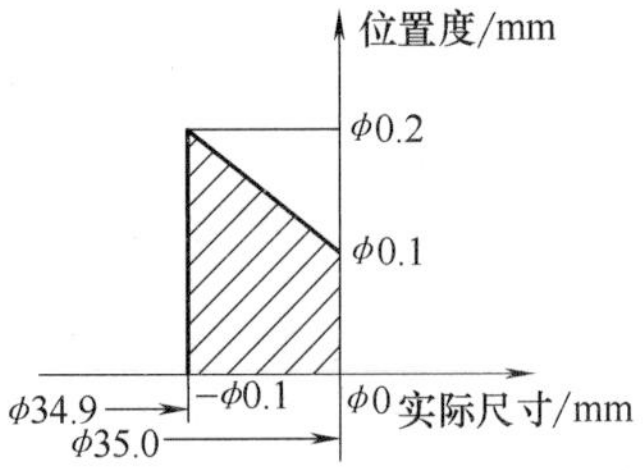 c) 动态公差带图	轴线对基准体系 A 和 B 具有位置度要求的轴 $\phi 35_{-0.1}^{0}$mm 采用了最大实体要求。被测轴线的位置度公差数值（$\phi 0.1$mm）是该轴为其最大实体状态（MMC）时给定的 1）轴的提取要素不得违反其最大实体实效状态（MMVC），其直径为 MMVS = MMS+$\phi 0.1$mm=$\phi 35.1$mm 2）轴的提取要素各处的局部直径应处于 LMS $\phi 34.9$mm 和 MMS $\phi 35.0$mm 之间 3）MMVC 的方向与基准 A 相垂直，其位置在与基准 B 相距 35mm 的理论正确位置上 4）当轴的实际尺寸为其 MMS = $\phi 35.0$mm 时，其轴线位置度误差的最大允许值为图中给定的位置度公差数值（$\phi 0.1$mm） 5）当轴的实际尺寸为 LMS = $\phi 34.9$mm 时，其轴线位置度误差的最大允许值为图中给定的位置度公差值（$\phi 0.1$mm）与该轴的尺寸公差（$\phi 0.1$mm）之和（= $\phi 0.2$mm）； 6）当轴的实际尺寸处于 MMS 和 LMS 之间，其轴线的位置度公差数值在 $\phi 0.1$~$\phi 0.2$mm 之间变化
5	MMR 应用于被测和基准要素，基准要素本身无几何公差要求，且被测和基准要素均为外尺寸要素	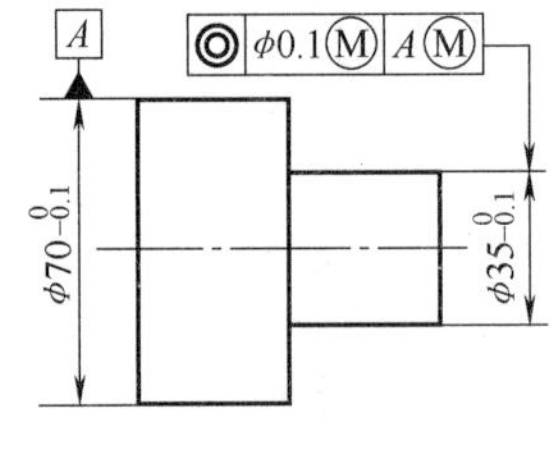 a) 图样标注 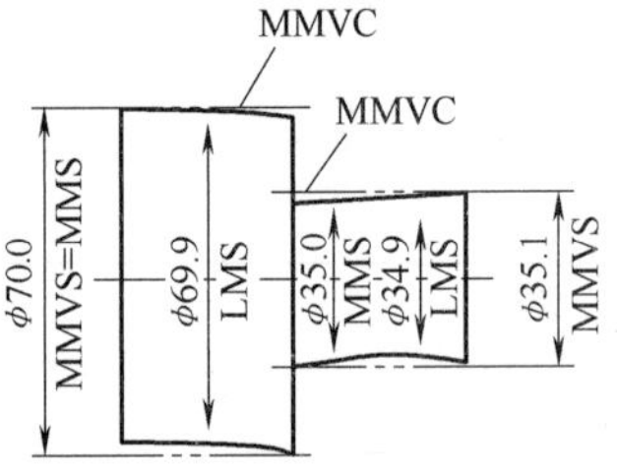 b) 解释	轴线对基准 A 具有同轴度要求的轴 $\phi 35_{-0.1}^{0}$mm 采用了最大实体要求，其含义如下 1）轴 $\phi 35_{-0.1}^{0}$mm 的提取要素不得违反其最大实体实效状态（MMVC），其直径为 MMVS = MMS+$\phi 0.1$mm=$\phi 35.1$mm 2）轴的提取要素各处的局部直径应处于 LMS = $\phi 34.9$mm 和 MMS = $\phi 35.0$mm 之间 3）MMVC 的位置与基准 A 同轴 4）当轴的实际尺寸为 MMS = $\phi 35.0$mm 时，其轴线同轴度误差的最大允许值为图中给定的同轴度公差数值（$\phi 0.1$mm） 5）当轴的实际尺寸为 LMS = $\phi 34.9$mm 时，其轴线同轴度误差的最大允许值为图中给定的同轴度公差数值（$\phi 0.1$mm）与该轴的尺寸公差（$\phi 0.1$mm）之和（= $\phi 0.2$mm） 6）当轴的实际尺寸处于 MMS 和 LMS 之间，其轴线的同轴度公差数值在 $\phi 0.1$~$\phi 0.2$mm 之间变化

（续）

序号	示例	图样标注及解释	含义
5	MMR 应用于被测和基准要素,基准要素本身无几何公差要求,且被测和基准要素均为外尺寸要素	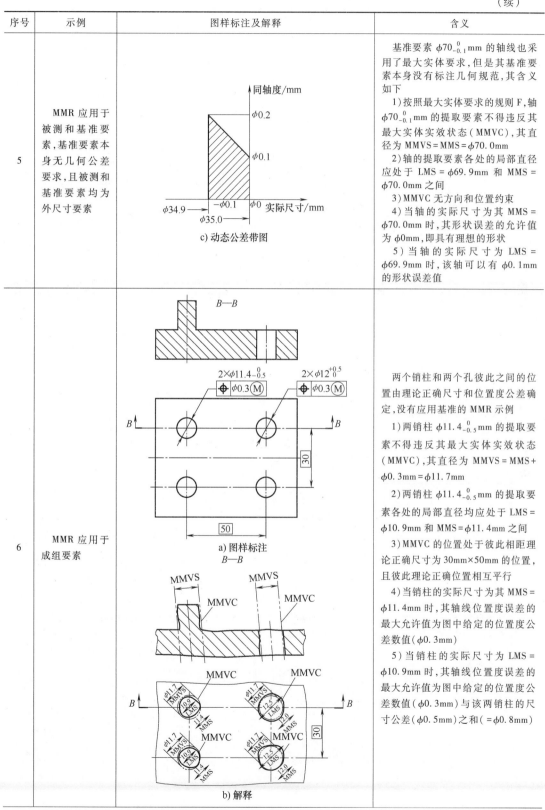c) 动态公差带图	基准要素 $\phi70^{0}_{-0.1}$mm 的轴线也采用了最大实体要求,但是其基准要素本身没有标注几何规范,其含义如下 1)按照最大实体要求的规则 F,轴 $\phi70^{0}_{-0.1}$mm 的提取要素不得违反其最大实体实效状态(MMVC),其直径为 MMVS=MMS=ϕ70.0mm 2)轴的提取要素各处的局部直径应处于 LMS = ϕ69.9mm 和 MMS = ϕ70.0mm 之间 3)MMVC 无方向和位置约束 4)当轴的实际尺寸为其 MMS = ϕ70.0mm 时,其形状误差的允许值为 ϕ0mm,即具有理想的形状 5)当轴的实际尺寸为 LMS = ϕ69.9mm 时,该轴可以有 ϕ0.1mm 的形状误差值
6	MMR 应用于成组要素	a) 图样标注 b) 解释	两个销柱和两个孔彼此之间的位置由理论正确尺寸和位置度公差确定,没有应用基准的 MMR 示例 1)两销柱 $\phi11.4^{0}_{-0.5}$mm 的提取要素不得违反其最大实体实效状态(MMVC),其直径为 MMVS = MMS + ϕ0.3mm=ϕ11.7mm 2)两销柱 $\phi11.4^{0}_{-0.5}$mm 的提取要素各处的局部直径均应处于 LMS = ϕ10.9mm 和 MMS=ϕ11.4mm 之间 3)MMVC 的位置处于彼此相距理论正确尺寸为 30mm×50mm 的位置,且彼此理论正确位置相互平行 4)当销柱的实际尺寸为其 MMS = ϕ11.4mm 时,其轴线位置度误差的最大允许值为图中给定的位置度公差数值(ϕ0.3mm) 5)当销柱的实际尺寸为 LMS = ϕ10.9mm 时,其轴线位置度误差的最大允许值为图中给定的位置度公差数值(ϕ0.3mm)与该两销柱的尺寸公差(ϕ0.5mm)之和(=ϕ0.8mm)

（续）

序号	示例	图样标注及解释	含义
6	MMR 应用于成组要素	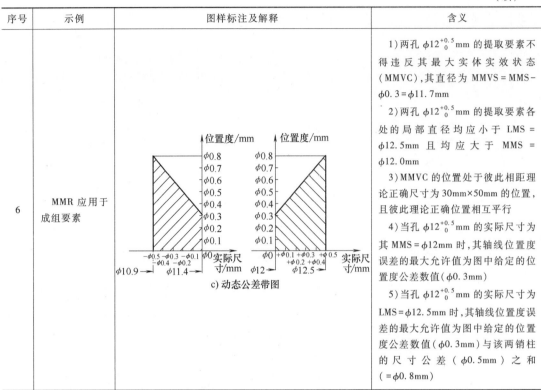 c) 动态公差带图	1) 两孔 $\phi 12^{+0.5}_{0}$mm 的提取要素不得违反其最大实体实效状态（MMVC），其直径为 MMVS = MMS - $\phi 0.3 = \phi 11.7$mm 2) 两孔 $\phi 12^{+0.5}_{0}$mm 的提取要素各处的局部直径均应小于 LMS = $\phi 12.5$mm 且均应大于 MMS = $\phi 12.0$mm 3) MMVC 的位置处于彼此相距理论正确尺寸为 30mm×50mm 的位置，且彼此理论正确位置相互平行 4) 当孔 $\phi 12^{+0.5}_{0}$mm 的实际尺寸为其 MMS = $\phi 12$mm 时，其轴线位置度误差的最大允许值为图中给定的位置度公差数值（$\phi 0.3$mm） 5) 当孔 $\phi 12^{+0.5}_{0}$mm 的实际尺寸为 LMS = $\phi 12.5$mm 时，其轴线位置度误差的最大允许值为图中给定的位置度公差数值（$\phi 0.3$mm）与该两销柱的尺寸公差（$\phi 0.5$mm）之和（$= \phi 0.8$mm）

最小实体要求的应用示例见表 6-7。

表 6-7 最小实体要求的应用示例

序号	示例	图样标注及解释	含义
1	LMR 应用于被测要素，被测要素为有位置公差要求的外尺寸要素	a) 图样标注 b) 解释	轴 $\phi 70^{0}_{-0.1}$mm 轴线的位置度公差值（$\phi 0.1$mm）是该轴为其最小实体状态（LMC）时给定的 1) 轴的提取要素不得违反其最小实体实效状态（LMVC），其直径为 LMVS = LMS - $\phi 0.1$mm = $\phi 69.8$mm 2) 轴的提取要素各处的局部直径应处于 LMS = $\phi 69.9$mm 和 MMS = $\phi 70.0$mm 之间 3) LMVC 受基准 A 的位置约束 4) 当轴的实际尺寸为 LMS = $\phi 69.9$mm 时，其轴线位置度误差的最大允许值为图中给定的轴线位置度公差数值（$\phi 0.1$mm）

（续）

序号	示例	图样标注及解释	含义
1	LMR 应用于被测要素,被测要素为有位置公差要求的外尺寸要素	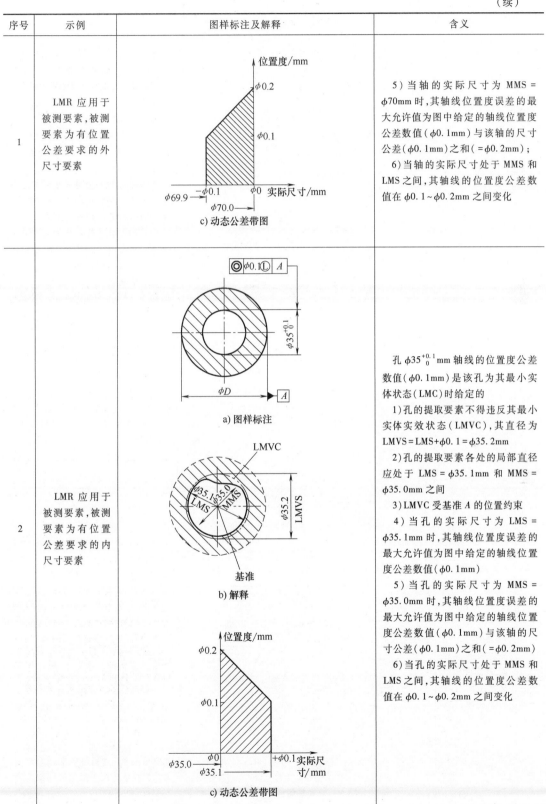	5)当轴的实际尺寸为 MMS = $\phi70$mm 时,其轴线位置度误差的最大允许值为图中给定的轴线位置度公差数值($\phi0.1$mm)与该轴的尺寸公差($\phi0.1$mm)之和(= $\phi0.2$mm); 6)当轴的实际尺寸处于 MMS 和 LMS 之间,其轴线的位置度公差数值在 $\phi0.1\sim\phi0.2$mm 之间变化
2	LMR 应用于被测要素,被测要素为有位置公差要求的内尺寸要素		孔 $\phi35^{+0.1}_{0}$mm 轴线的位置度公差数值($\phi0.1$mm)是该孔为其最小实体状态(LMC)时给定的 1)孔的提取要素不得违反其最小实体实效状态(LMVC),其直径为 LMVS=LMS+$\phi0.1$=$\phi35.2$mm 2)孔的提取要素各处的局部直径应处于 LMS = $\phi35.1$mm 和 MMS = $\phi35.0$mm 之间 3)LMVC 受基准 A 的位置约束 4)当孔的实际尺寸为 LMS = $\phi35.1$mm 时,其轴线位置度误差的最大允许值为图中给定的轴线位置度公差数值($\phi0.1$mm) 5)当孔的实际尺寸为 MMS = $\phi35.0$mm 时,其轴线位置度误差的最大允许值为图中给定的轴线位置度公差数值($\phi0.1$mm)与该轴的尺寸公差($\phi0.1$mm)之和(= $\phi0.2$mm) 6)当孔的实际尺寸处于 MMS 和 LMS 之间,其轴线的位置度公差数值在 $\phi0.1\sim\phi0.2$mm 之间变化

（续）

序号	示例	图样标注及解释	含义
3	LMR 应用于被测要素,被测要素为外尺寸要素	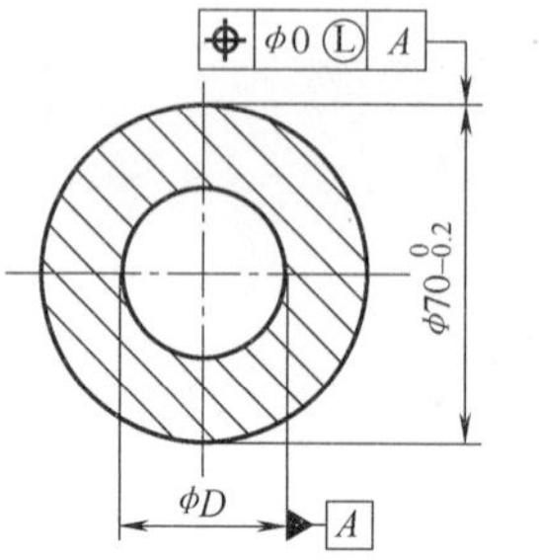 a) 图样标注 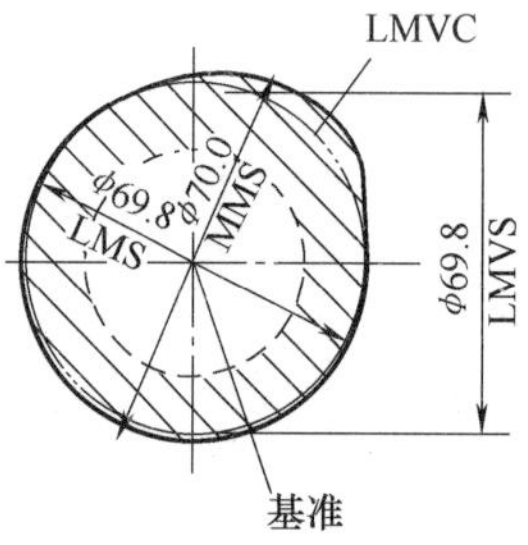 b) 解释 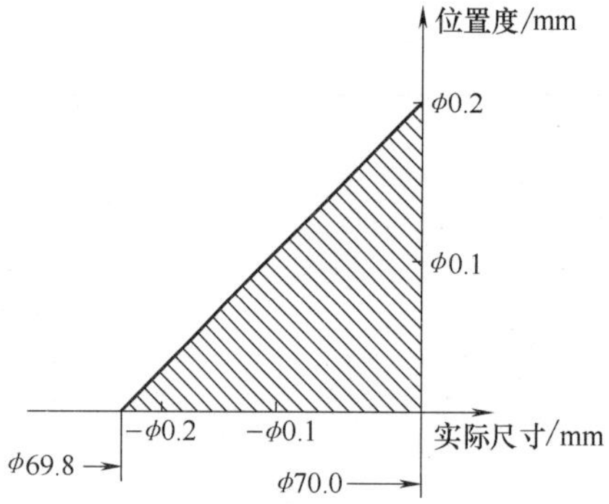 c) 动态公差带图	对基准 A 具有位置要求(位置公差数值为 $\phi0$mm)的轴 $\phi70_{-0.2}^{\ 0}$mm 采用了最小实体要求 1)轴的提取要素不得违反其最小实体实效状态(LMVC),其直径为 LMVS=LMS=$\phi69.8$mm 2)轴的提取要素各处的局部直径应处于 LMS=$\phi69.8$mm 和 MMS=$\phi70.0$mm 之间 3)LMVC 受基准 A 的位置约束 4)当轴的实际尺寸为 LMS=$\phi69.8$mm 时,其轴线位置度误差的允许值为 $\phi0$mm 5)当轴的实际尺寸为 MMS=$\phi70.0$mm 时,其轴线位置度误差的最大允许值为该轴的尺寸公差 $\phi0.2$mm
4	LMR 应用于被测和基准要素,基准要素本身无几何公差要求且被测要素为外尺寸要素,基准要素为内尺寸要素	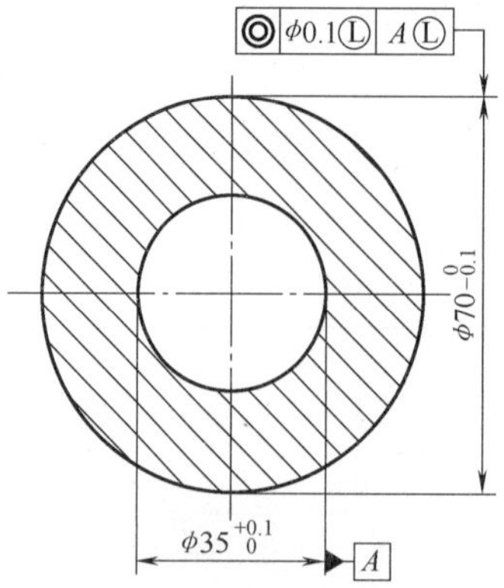 a) 图样标注	对基准 A 具有同轴度要求的轴 $\phi70_{-0.1}^{\ 0}$mm 采用了最小实体要求,其含义如下 1)轴的提取要素不得违反其最小实体实效状态(LMVC),其直径为 LMVS=LMS-$\phi0.1$mm=$\phi69.8$mm 2)轴的提取要素各处的局部直径应大于 LMS=$\phi69.9$mm 且小于 MMS=$\phi70.0$mm 3)LMVC 受基准 A 的位置约束 4)当轴的实际尺寸为 LMS=$\phi69.9$mm 时,其轴线同轴度误差的最大允许值为图中给定的同轴度公差数值($\phi0.1$mm)

（续）

序号	示例	图样标注及解释	含义
4	LMR 应用于被测和基准要素，基准要素本身无几何公差要求且被测要素为外尺寸要素，基准要素为内尺寸要素	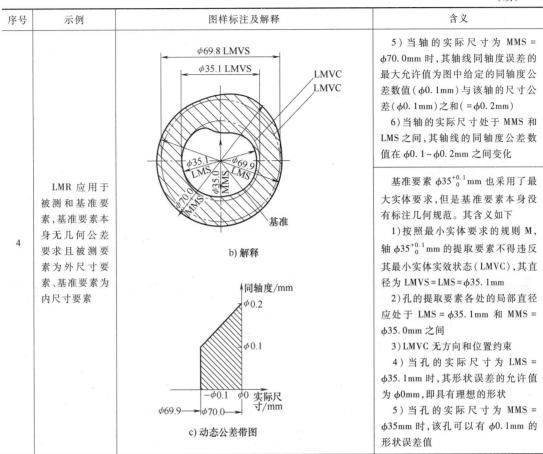	5）当轴的实际尺寸为 MMS = $\phi70.0$mm 时，其轴线同轴度误差的最大允许值为图中给定的同轴度公差数值（$\phi0.1$mm）与该轴的尺寸公差（$\phi0.1$mm）之和（$=\phi0.2$mm） 6）当轴的实际尺寸处于 MMS 和 LMS 之间，其轴线的同轴度公差数值在 $\phi0.1\sim0.2$mm 之间变化 基准要素 $\phi35^{+0.1}_{0}$mm 也采用了最大实体要求，但是基准要素本身没有标注几何规范。其含义如下 1）按照最小实体要求的规则 Ⓜ，轴 $\phi35^{+0.1}_{0}$mm 的提取要素不得违反其最小实体实效状态（LMVC），其直径为 LMVS=LMS=$\phi35.1$mm 2）孔的提取要素各处的局部直径应处于 LMS = $\phi35.1$mm 和 MMS = $\phi35.0$mm 之间 3）LMVC 无方向和位置约束 4）当孔的实际尺寸为 LMS = $\phi35.1$mm 时，其形状误差的允许值为 $\phi0$mm，即具有理想的形状 5）当孔的实际尺寸为 MMS = $\phi35$mm 时，该孔可以有 $\phi0.1$mm 的形状误差值

可逆要求的应用示例见表 6-8。

表 6-8　可逆要求的应用示例

序号	示例	图样标注及解释	含义
1	RPR 应用于 MMR，被测要素为外尺寸要素	$2\times\phi10^{0}_{-0.2}$ ⊕ $\phi0.3$ⓂⓇ A A 25 a) 图样标注	对基准 A 具有位置度要求的 $2\times\phi10^{0}_{-0.2}$mm 两销柱采用了最大实体要求（MMR）和可逆要求（RPR） 1）$2\times\phi10^{0}_{-0.2}$mm 的轴线位置度公差（$\phi0.3$mm）是该轴为其最大实体状态（MMC）时给定的，即两销柱的提取要素不得违反其最大实体实效状态（MMVC），其直径为 MMVS = MMS+$\phi0.3$mm=$\phi10.3$mm 2）轴的提取要素各处的局部直径应大于等于 LMS=$\phi9.8$mm，可逆要求允许局部直径超越 MMS=$\phi10$mm

（续）

序号	示例	图样标注及解释	含义
1	RPR 应用于 MMR，被测要素为外尺寸要素	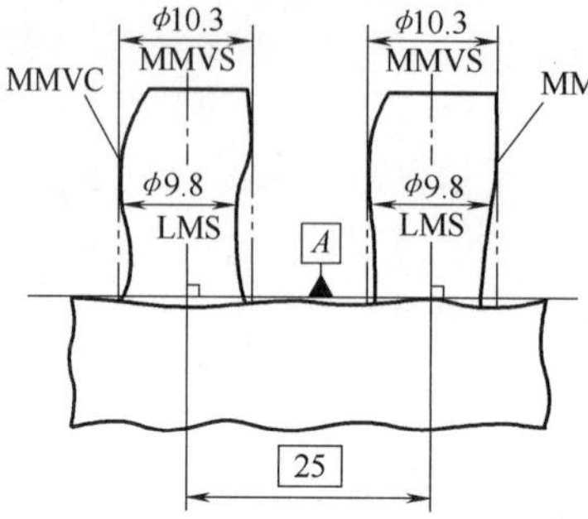 b) 解释	3）MMVC 的位置由基准 A 约束 4）当轴的实际尺寸为 MMS=ϕ10mm 时，其轴线位置度误差的最大允许值为图中给定的位置度公差数值（ϕ0.3mm） 5）当轴的实际尺寸为 LMS=ϕ9.8mm 时，其轴线位置度误差的最大允许值为图中给定的位置度公差数值（ϕ0.3mm）与该轴的尺寸公差（ϕ0.2mm）之和（=ϕ0.5mm） 6）当轴的位置度误差小于图中给定的位置度公差数值 ϕ0.3mm 时，可逆要求允许轴的局部实际尺寸得到补偿；当轴的位置度误差为 ϕ0mm 时，轴的局部实际尺寸得到最大的补偿值 ϕ0.3mm，此时轴的局部实际尺寸等于 MMS+ϕ0.3mm（补偿值）=MMVS=ϕ10.3mm
2	RPR 应用于 LMR，被测要素为内尺寸要素	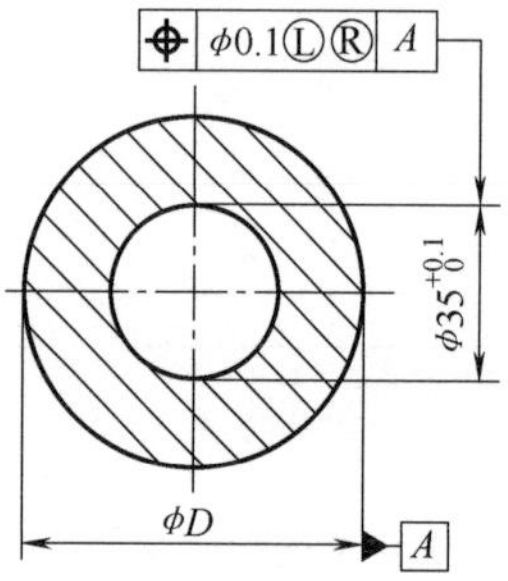 a) 图样标注 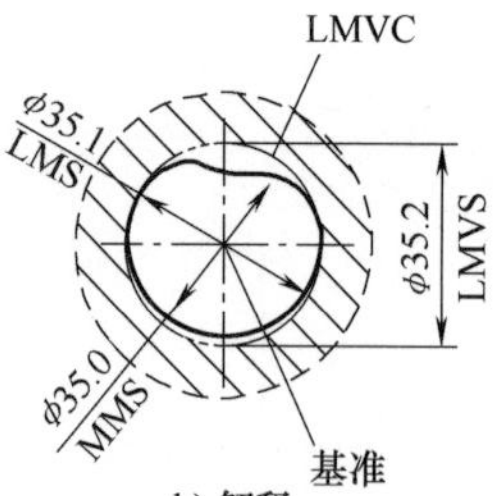 b) 解释	对基准 A 具有位置度要求的孔 ϕ35$^{+0.1}_{0}$mm 采用了最小实体要求（LMR）和可逆要求（RPR） 1）孔 ϕ35$^{+0.1}_{0}$mm 轴线的位置度公差（ϕ0.1mm）是该孔为其最小实体状态（LMC）时给定的。孔的提取要素不得违反其最小实体实效状态（LMVC），其直径为 LMVS=LMS+ϕ0.1mm=ϕ35.2mm 2）孔的提取要素各处的局部直径应大于等于 MMS=ϕ35mm，可逆要求允许局部直径超越 LMS=ϕ35.1mm 3）LMVC 受基准 A 的位置约束 4）当孔的实际尺寸为 LMS=ϕ35.1mm 时，其轴线位置度误差的最大允许值为图中给定的轴线位置度公差数值（ϕ0.1mm） 5）当孔的实际尺寸为 MMS=ϕ35mm 时，其轴线位置度误差的最大允许值为图中给定的轴线位置度公差（ϕ0.1mm）与该轴的尺寸公差（ϕ0.1mm）之和（=ϕ0.2mm） 6）当孔的位置度误差小于图中给定的位置度公差 ϕ0.1mm 时，可逆要求允许孔的局部实际尺寸得到补偿；当孔的位置度误差为 ϕ0mm 时，孔的局部实际尺寸得到最大的补偿值 ϕ0.1mm，此时孔的局部实际尺寸为 LMS+ϕ0.1mm（补偿值）=LMVS=ϕ35.2mm

第7章

尺寸精度与配合的设计及应用图解

为实现机械产品零部件的互换性，需要合理设计其尺寸精度，并将配合公差和尺寸公差正确地标注在装配图和零件图上，按图加工的零件需测量实际尺寸，计算出尺寸误差，并保证在规定的尺寸公差范围内，保证零件尺寸精度的合格性，实现零件加工和装配的互换性。

本章主要介绍如何进行尺寸精度与配合的设计，内容及结构如图 7-1 所示。

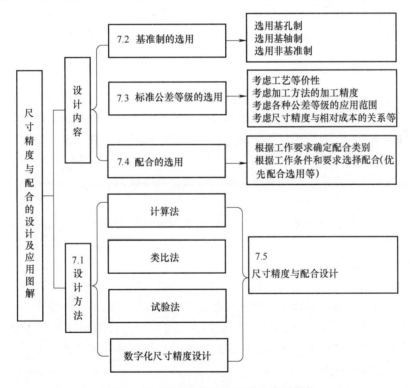

图 7-1　尺寸精度与配合的设计内容及结构

7.1　尺寸精度与配合的设计方法

机械零件尺寸精度与配合设计主要研究线性尺寸，特别是指有配合要求的孔与轴的公差与配合的选择。孔与轴公差与配合的选择是机械设计制造中非常重要的一环。公差与配合选择的重要性主要表现在，公差与配合的选择是否合适，将直接影响机械产品的使用性能和制造成本，如影响机床的加工精度、仪器仪表的工作精度、机器和仪器的使用寿命等。公差与配合选择的困难性主要表现在，即便了解了标准的特征，了解了被选用对象的使用要求、工作条件，仍要结合结构工艺方面的知识，不断积累经验，不断实践，才能逐步加强尺寸精度设计的实际工作能力。为此，国家标准仅对公差与配合的选择提出一些基本的原则。公差与配合选择的基本原则是保证机械产品性能优良，在制造上经济可行，或者说公差与配合的选择要使机械产品的使用价值与制造成本的综合经济效果最好，既要保证机器工作时有孔、轴装配关系的零件之间的协调，实现预定的任务，又要使孔、轴加工方便、制造可行。

尺寸精度与配合设计的原则应使产品的使用性能与制造成本的综合经济效果最佳，以保证产品性能优良，制造经济可行。常用设计方法有计算法、类比法和试验法。

1）计算法是按一定的理论和公式，计算出所需要的间隙或者过盈。例如，对滑动轴承，要选择轴颈和轴承孔的配合。可以按流体润滑理论，建立形成油的最小间隙与压力、直径、转速、油液黏度、配合长度的函数关系。如果选择基孔制配合，轴的上极限偏差就是负的最小间隙，通过查表得到相近的轴基本偏差代号。再选择合适的孔、轴公差等级，就可以得到轴颈和轴承孔配合的配合代号。但由于影响因素较复杂，计算比较困难，因此生产中应用较少。

2）类比法又称为经验法，是依据经过实践验证的同类机械、机构和零部件以及各类手册中推荐的经验设计为样板，将其与所设计产品的使用性能和要求进行对比分析，然后确定合适的设计方案，或沿用样板设计，或进行必要的修正。这种方法经济、可靠，一直是精度与配合设计的主要方法。但应用时要特别注意不能简单地照抄照搬，避免设计的盲目性。

3）试验法是通过专门的试验或统计分析来确定所需要的尺寸精度及配合松紧。试验法突出的优点是可靠、切合实际，但缺点是周期较长，成本较高，故只适用于一些重要的、关键性的应用场合。

尺寸精度设计主要包括基准制、标准公差等级和配合种类三方面的选择。

7.2 基准制的选用

基准制有基孔制和基轴制两种。国家标准规定基准制的目的是：既能获得一系列不同配合性质的配合，以满足广泛需要，又不致使实际选用的零件极限尺寸数目繁杂，以便于制造，获得良好的技术经济效果。因此，应综合考虑和分析机械零部件的结构、工艺性和经济性等方面的因素选择基准制。

基准制的选择一般遵循以下原则。

（1）一般情况下优先选用基孔制

从工艺和宏观经济考虑，正常情况下孔比轴难加工，而且孔在加工制造时需要用到尺寸固定、价格较高的刀具（钻头、拉刀、铰刀）和量具（塞规等）。为了避免工具种类过多，优先将孔设计为基准孔。为得到不同的配合性质，用通用的刀具（如车刀）、量具（千分尺等）即可加工得到不同种类的轴公差带，具有明显的经济性。

（2）需选用基轴制的情况

1）直接使用的有一定公差等级（IT8～IT11）而不再进行机械加工的冷拔钢材制作轴，应选择基轴制。若需要各种不同的配合时，可选择不同的孔公差带来实现。这种情况多应用在农业机械、纺织机械和建筑机械中。

2）加工尺寸小于1mm的精密轴孔配合时宜采用基轴制。由于尺寸小于1mm的轴要比加工同级孔要困难，因此在仪器仪表制造、钟表生产和电子行业中，通常使用经过光轧成形的钢丝直接做轴，选用基轴制可获得更好的经济效益。

3）根据结构上的需要，一根轴在不同部位与多个孔相配合且要求不同的配合性质时，考虑到轴为无阶梯的光轴则加工工艺性好，此时宜采用基轴制配合，如图7-2中所示的连杆、活塞与活塞销的配合。

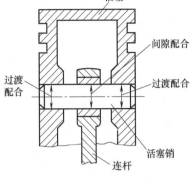

图7-2　连杆、活塞与活塞销的配合

（3）与标准件（零件或部件）配合，应以标准件为基准件确定配合制

例如，滚动轴承外圈与箱体孔的配合应采用基轴制，而轴承内圈与轴颈的配合应该采用基孔制，滚动轴承是标准件，其公差有特殊的国家标准，因此在装配图中不标注滚动轴承的公差带，仅标注箱体孔和轴颈的公差带。

（4）特殊要求可使用非基准制，即采用任一孔、轴公差带组成的配合

非基准制的配合就是相配合的孔、轴均不是标准件。这种特殊要求往往发生在一个孔与多个轴配合或一个轴与多个孔配合，且配合要求又各不相同的情况，图7-3所示的隔套与轴、孔即采用了这种非基准制配合 $\phi60D10/js6$ 和 $\phi95K7/d11$。

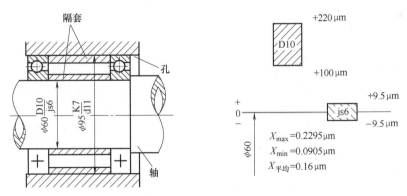

图7-3　隔套与轴、孔的配合

7.3　标准公差等级的选用

公差等级的高低决定着产品的质量和成本，确定公差等级就是确定零件尺寸的加工精度。选用标准公差等级的基本原则是：在充分满足使用要求的前提下，考虑工艺的可能性和加工的难易程度，尽量选用精度较低的公差等级，以利于降低加工成本。

确定标准公差等级时常用类比法，即以从生产实践中总结、积累的经验资料为参考，并依据实际设计要求对其进行必要、适当的调整，形成最后设计结果。具体应考虑以下几方面因素。

（1）考虑工艺等价性

1）常用尺寸段，较高公差等级（8级或以上）时，考虑到孔的加工一般比轴困难，故推荐采用孔比轴低一级的配合（如 $\phi100H7/m6$）。

2）常用尺寸段，较低公差等级时，孔、轴加工与测量难易程度相当，故推荐孔、轴采用同级配合（如 $\phi100H10/d10$）。

3）大尺寸段，孔的加工比轴难一些，而轴的测量相对比孔难一些，综合考虑，推荐采用同级配合（如 $\phi3000H8/f8$）。

4）特小尺寸段（≤3mm），由于加工工艺的多样化，故孔、轴公差可根据不同情况满足 $T_H = T_S$ 或 $T_H > T_S$ 或 $T_H < T_S$，级差 1~3 级，如钟表工业。

（2）考虑各种加工方法的加工精度

表 7-1 列出了目前各种加工方法可以达到的加工精度。

（3）考虑各种公差等级的应用范围

具体的公差等级选择，可参考国家标准推荐的公差等级的应用范围。表 7-2 列出了 20 个标准公差等级的应用范围，表 7-3 列出了各公差等级的应用条件说明及举例。

（4）考虑尺寸精度与相对成本的关系

图 7-4 所示为尺寸精度与相对成本的关系。可见，尺寸精度（公差等级）越高，公差数值越小，加工难度越大，相对成本也就越大。尤其是尺寸精度高于某一临界值后，尺寸精度略微提高，就会带来相对成本的急剧增加，如图 7-4 所示。因此，当选用 IT6 以上的公差等级时，应特别慎重考虑。一般情况，对于一些精度要求不高的配合，孔、轴的公差等级可以相差 2~3 级。

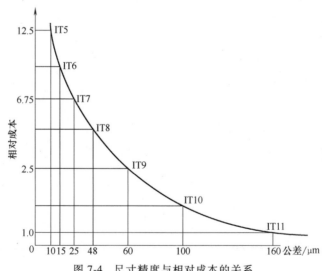

图 7-4　尺寸精度与相对成本的关系

（5）考虑配合公差

若按使用要求可以确定出其配合的松紧程度，即确定了配合公差 T_f，则孔、轴公差（T_H、T_S）应满足

$$T_f \geq T_H + T_S$$

（6）考虑相关件和相配件的精度

例如，轴与齿轮孔的配合，其轴、孔的公差等级应与齿轮的精度等级匹配。一般情况下，如齿轮精度等级为 6 级，其齿轮孔与轴的公差等级应取 IT6 及 IT5 等。又如，与标准件滚动轴承相配合的外壳孔和轴颈的公差等级决定于相配件滚动轴承的公差等级。

（7）考虑配合要求

由于孔、轴的公差等级（或公差数值），直接影响配合的精度（T_f），所以配合要求中必然包含有对孔、轴公差的要求。

1）对于过渡配合或过盈配合，一般要求配合的稳定性较高，即不允许其间隙或过盈的变动量太大，否则满足不了定心或传力的要求，因此，应选较高的公差等级（如过渡配合应在 8 级或以上，过盈配合应在 7 级或以上）。而对间隙配合，允许有间隙变动较大的情况时，一般情况下，间隙小，其公差等级应选高一些（如 H6/g5）；间隙大，其公差等级应低一些（如 H10/a10），若反过来就不合理了。

2）对于非基准制配合，在零件的使用性能要求不高时，其标准公差等级可以降低二、三级。

3）熟悉常用标准公差等级的应用情况，考虑优先配合的特征及应用情况。

（8）考虑公差等级与粗糙度的关系

必须统筹考虑尺寸精度、几何精度以及表面粗糙度之间关系的协调问题。表 7-4 给出了公差等级与表面粗糙度对应关系，可供参考。

表 7-1　各种加工方法可以达到的加工精度

加工方法	公差等级（IT）																	
	01	0	1	2	3	4	5	6	7	8	9	10	11	12	13	14	15	16
研磨	■	■	■	■	■	■	■											
珩磨						■	■	■										
圆磨							■	■	■	■								
平磨							■	■	■	■								
金刚石车							■	■	■									
金刚石镗							■	■	■									
拉削							■	■	■	■								
铰孔								■	■	■	■	■						
车									■	■	■	■	■					
镗									■	■	■	■	■					
铣										■	■	■	■					
刨、插												■	■					
钻孔												■	■	■				
滚压、挤压												■	■					
冲压												■	■	■	■	■		
压铸													■	■	■	■		
粉末冶金成形								■	■	■								
粉末冶金烧结									■	■	■							
砂型铸造、气割																	■	■
锻造																■	■	■

表7-2　20个标准公差等级的应用范围

应用	公差等级（IT）																			
	01	0	1	2	3	4	5	6	7	8	9	10	11	12	13	14	15	16	17	18
量块	━	━	━																	
量规			━	━	━	━	━	━	━											
配合尺寸							━	━	━	━	━	━	━	━						
特别精密零件的配合			━	━	━	━														
非配合尺寸（大制造公差）													━	━	━	━	━	━	━	━
原材料公差										━	━	━	━	━	━	━				

表7-3　各公差等级的应用条件说明及举例

公差等级	应用条件说明	应 用 举 例
IT01	用于特别精密的尺寸传递基准	特别精密的标准量块
IT0	用于特别精密的尺寸传递基准及宇航中特别重要的极个别精密配合尺寸	特别精密的标准量块、个别特别重要的精密机械零件尺寸、校对检验IT6轴用量规的校对量规
IT1	用于精密的尺寸传递基准、高精密测量工具、特别重要的极个别精密配合尺寸	高精密标准量规、校对IT7～IT9轴用量规的校对量规、个别特别重要的精密机械零件尺寸
IT2	用于高精密的测量工具、特别重要的精密配合尺寸	检验IT6～IT7工件用量规的尺寸制造公差、校对IT8～IT11轴用量规的校对塞规、个别特别重要的精密机械零件的尺寸
IT3	用于精密测量工具、小尺寸零件的高精度精密配合及与4级滚动轴承配合的轴颈和外壳孔	检验IT8～IT11工件用量规和校对IT9～IT13轴用量规的校对量规、与特别精密的4级滚动轴承内环孔（直径至100mm）相配的机床主轴，精密机械和高速机械的轴径、与4级向心球轴承外环外径相配合的外壳孔，航空工业及航海工业中导航仪器上特殊精密的个别小尺寸零件的精密配合
IT4	用于精密测量工具、高精度的精密配合和与4级、5级滚动轴承配合的轴颈和外壳孔	检验IT9～IT12工件用量规和校对IT12～IT14轴用量规的校对量规、与4级轴承孔（孔径>100mm时）及与5级轴承孔相配的机床主轴，精密机械和高速机械的轴颈、与4级轴承相配的机床外壳孔、柴油机活塞销及活塞销座孔、高精度（1～4级）齿轮的基准孔或轴、航空及航海工业用仪器中特殊精密的孔
IT5	用于机床、发动机和仪表中特别重要的配合，在配合公差要求很小，形状精度要求很高的条件下，这类公差等级能使配合性质比较稳定，故它对加工要求较高，一般机械制造中较少应用	检验IT11～IT14工件用量规和校对IT14～IT15轴用量规的校对量规、与5级滚动轴承相配的机床箱体孔、与6级滚动轴承相配的机床主轴，精密机械及高速机械的轴颈、机床尾架套筒、高精度分度盘轴颈、分度头主轴、精密丝杠基准轴颈、高精度镗套的外径、发动机中主轴的外径、活塞销外径与活塞的配合、精密仪器中轴与各种传动件轴承的配合、航空和航海工业的仪表重要的精密孔的配合、5级精度齿轮的基准孔及5级、6级精度齿轮的基准轴

（续）

公差等级	应用条件说明	应用举例
IT6	广泛用于机械制造中的重要配合，配合表面有较高均匀性的要求，能保证相当高的配合性质，使用可靠	检验IT12~IT15工件用量规和校对IT15~IT16轴用量规的校对量规，与6级滚动轴承相配的外壳孔及与滚子轴承相配的机床主轴轴颈，机床制造中装配式齿轮、蜗轮、联轴器、带轮、凸轮的孔，机床丝杠支承轴孔，矩形花键的定心直径，摇臂钻床的立柱，机床夹具的导向件的外径尺寸，精密仪器、光学仪器、计量仪器中的精密轴，航空、航海仪器仪表中的精密轴，无线电工业、自动化仪表、电子仪器、邮电机械中的特别重要的轴以及手表中特别重要的轴，导航仪器中主罗经的方位轴、微电动机轴、电子计算机外围设备中的重要尺寸，医疗器械中牙科直车头、中心齿轴及X线齿轮箱的精密轴，缝纫机中重要轴类尺寸，发动机中的气缸套外径、曲轴主轴颈、活塞销、连杆衬套、连杆和轴瓦外径等，6级精度齿轮的基准孔和7级、8级精度齿轮的基准轴以及特别精密（1级、2级精度）齿轮的顶圆直径
IT7	应用条件与IT6相类似，但它要求的精度可比IT6稍低一点，在一般机械制造业中应用相当普遍	检验IT14~IT16工件用量规和校对IT16轴用量规的校对量规，机床制造中装配式青铜蜗轮轮缘孔，联轴器、带轮、凸轮等的孔，机床卡盘座孔、摇臂钻床的摇臂孔、车床丝杠的轴承孔等，机床夹头导向件的内孔（如固定钻套、可换钻套、衬套、镗套等），发动机中的连杆孔、活塞孔、铰制螺栓定位孔等，纺织机械中的重要零件，印染机械中要求较高的零件，精密仪器光学仪器中精密配合的内孔，手表中的离合杆压簧等，导航仪器中主罗经壳底座孔，方位支架孔，医疗器械中牙科直车头中心齿轮轴的轴承孔及X线齿轮箱的转盘孔，电子计算机、电子仪器、仪表中的重要内孔，自动化仪表中的重要内孔，缝纫机中的重要轴内孔零件，邮电机械中的重要零件的内孔，7级、8级精度齿轮的基准孔和9级、10级精密齿轮的基准轴
IT8	在机械制造中属中等精度，在仪器、仪表及钟表制造中，由于属公称尺寸较小，所以属较高精度范畴，在配合确定性要求不太高时，可应用较多的一个等级，尤其是在农业机械、纺织机械、印染机械、自行车、缝纫机、医疗器械中应用最广	检验IT16工件用量规，轴承座衬套沿宽度方向的尺寸配合，手表中跨齿轴，棘爪拨轮等与夹板的配合，无线电仪表工业中的一般配合，电子仪器仪表中较重要的内孔，计算机中变数齿轮孔和轴的配合，医疗器械中牙科车头的钻头套的孔与车针柄部的配合，导航仪器中主罗经刻度盘孔月牙形支架与微电动机汇电环孔等，电动机制造中铁心与机座的配合，发动机活塞油环槽宽，连杆轴瓦内孔，低精度（9~12级精度）齿轮的基准孔和11~12级精度齿轮和基准轴，6~8级精度齿轮的顶圆
IT9	应用条件与IT8相类似，但要求精度低于IT8时用	机床制造中轴套外颈与孔、操纵件与轴、空转带轮与轴、操纵系统的轴与轴承等的配合，纺织机械、印染机械中的一般配合零件，发动机中机油泵体内孔，气门导管内孔，飞轮与飞轮套圈衬套，混合气预热阀轴，气缸盖孔、活塞槽环的配合，光学仪器、自动化仪表中的一般配合，手表中要求较高零件的未注公差尺寸的配合，单键连接中键宽配合尺寸，打字机中的运动件配合
IT10	应用条件与IT9相类似，但要求精度低于IT9时用	电子仪器仪表中支架上的配合，导航仪器中绝缘衬套孔与汇电环衬套轴，打字机中铆合件的配合尺寸，闹钟机构中的中心管与前夹板，轴套与轴，手表中尺寸小于18mm时要求一般的未注公差尺寸及大于18mm要求较高的未注公差尺寸，发动机中油封挡圈孔与曲轴带轮毂
IT11	用于配合精度要求较粗糙，装配后可能有较大的间隙，特别适用于要求间隙较大且有显著变动而不会引起危险的场合	机床上法兰盘止口与孔、滑块与滑移齿轮、凹槽等，农业机械、机车车厢体部件及冲压加工的配合零件，钟表制造中不重要的零件，手表制造用的工具及设备中的未注公差尺寸，纺织机械中较粗糙的活动配合，印染机械中要求较低的配合，医疗器械中手术刀片的配合，磨床制造中的螺纹联接及粗糙的动连接，不做测量基准用的齿轮顶圆直径公差

（续）

公差等级	应用条件说明	应用举例
IT12	配合精度要求很粗糙,装配后有很大的间隙,适用于基本上没有什么配合要求的场合,要求较高的未注公差尺寸的极限偏差	非配合尺寸及工序间尺寸,发动机分离杆,手表制造中工艺装备的未注公差尺寸,计算机行业切削加工中未注公差尺寸的极限偏差,医疗器械中手术刀柄的配合,机床制造中扳手孔与扳手座的连接
IT13	应用条件与IT12相类似	非配合尺寸及工序间尺寸,计算机、打字机中切削加工零件及圆片孔、两孔中心距的未注公差尺寸
IT14	用于非配合尺寸及不包括在尺寸链中的尺寸	在机床、汽车、拖拉机、冶金矿山、石油化工、电动机、电器、仪器、仪表、造船、航空、医疗器械、钟表、自行车、缝纫机、造纸与纺织机械等工业中对切削加工零件未注公差尺寸的极限偏差,广泛应用此等级
IT15	用于非配合尺寸及不包括在尺寸链中的尺寸	冲压件、木模铸造零件、重型机床制造,当尺寸>3150mm时的未注公差尺寸
IT16	用于非配合尺寸及不包括在尺寸链中的尺寸	手术器械中的一般外形尺寸公差,压弯延伸加工用尺寸公差,纺织机械中木件尺寸公差,塑料零件尺寸公差,木模制造和自由锻造时用
IT17	用于非配合尺寸及不包括在尺寸链中的尺寸	塑料成形尺寸公差,手术器械中的一般外形尺寸公差
IT18	用于非配合尺寸及不包括在尺寸链中的尺寸	冷作、焊接尺寸公差

表 7-4 公差等级与表面粗糙度对应关系

公差等级 (IT)	公称尺寸 /mm	表面粗糙度 Ra 值不大于		公差等级 (IT)	公称尺寸 /mm	表面粗糙度 Ra 值不大于		公差等级 (IT)	公称尺寸 /mm	表面粗糙度 Ra 值不大于	
		轴	孔			轴	孔			轴	孔
5	≤6	0.2	0.2	8	≤3	0.8	0.8	11	≤10	3.2	3.2
	>6~30	0.4	0.4		>3~30	1.6	1.6		>10~120	6.3	6.3
	>30~180	0.8	0.8		>30~250	3.2	3.2		>120~500	12.5	12.5
	>180~500	1.6	1.6		>250~500	3.2	6.3				
6	≤10	0.4	0.4	9	≤6	1.6	1.6	12	≤80	6.3	6.3
	>10~80	0.8	0.8		>6~120	3.2	3.2		>80~250	12.5	12.5
	>80~125	1.6	1.6		>120~400	6.3	6.3		>250~500	25	25
	>250~500	3.2	3.2		>400~500	12.5	12.5				
7	≤6	0.8	0.8	10	≤10	3.2	3.2	13	≤30	6.3	6.3
	>6~120	1.6	1.6		>10~120	6.3	6.3		>30~120	12.5	12.5
	>120~500	3.2	3.2		>120~250	12.5	12.5		>120~500	25	25

7.4　配合的选用

　　选择配合主要是为了合理地解决结合零件（孔与轴）在工作时的相互关系,以保证机器的正常运转。因此,正确选择配合对提高机器的工作性能、延长使用寿命和降低成本均起着重要的作用。选择时可分两步进行。

（1）根据工作要求确定配合类别

1）若工作时配合件之间有相对运动，只能选用间隙配合；若工作时不要求配合件之间有相对运动，并靠键、销或螺钉等使之紧固，则也可以选用间隙配合。

2）若工作时配合件无相对运动，且要求定心，甚至有时还要传递运动或受力，则需要选用过盈配合。

3）若工作时配合件无相对运动，基本不受力或主要用于定心和便于装拆，则应选用过渡配合。

（2）根据工作条件和要求选择配合

1）配合类别选定之后，根据具体的使用要求，按一定的理论如润滑理论等计算或按其他方法确定配合的间隙或过盈量，进一步利用下列关系确定非基准件的基本偏差代号。

假定通过前面的设计步骤已选定基孔制，孔、轴公差等级或公差数值（T_H、T_S），则

① 对于间隙配合，考虑到非基准件基本偏差（es）与配合的最小间隙之间的关系

$$|es| = |X_{min}| \tag{7-1}$$

因此，可按要求的最小间隙量来确定具体的轴的基本偏差代号。

② 对于过盈配合，可以按最小过盈量选定具体的轴的基本偏差代号，关系式为

$$ei = T_H + |Y_{min}| \tag{7-2}$$

③ 对于过渡配合，轴的基本偏差与配合的最松情况之间有如下关系，即

$$ei = T_H - |X_{max}| \tag{7-3}$$

据此，可确定过渡配合轴的基本偏差代号。

2）配合类别选定之后，若按同类型机器的配合使用情况，采用类比法确定配合松紧程度时，应考虑所设计机器的具体工作条件对配合间隙或过盈量的影响，进行对比分析及必要的修正（表7-5）。对于间隙配合，应考虑运动特性、运动条件及运动精度以及工作时的温度影响等；对于过盈配合，应考虑载荷的大小、特性、所用材料的许用应力、装配条件、装配变形以及温度影响等；对于过渡配合，应考虑定心精度以及拆卸频繁程度等要求。

3）基于经济因素，如有可能，配合应优先选择框中所示的公差带代号，参见2.4.1节。

4）配合选择过程中，还应注意考虑以下几方面的问题。

① 热变形的影响。对于在高温或低温下工作的机械，应考虑孔、轴热胀冷缩对配合间隙或过盈的影响，故由热变形引起的间隙或过盈变化量可估算为

$$\Delta = D(\alpha_H \Delta t_H - \alpha_S \Delta t_S) \tag{7-4}$$

式中　D——配合件的公称尺寸；

α_H、α_S——孔、轴材料的线膨胀系数；

Δt_H、Δt_S——孔、轴实际工作温度与标准温度（20℃）的差值。

国家标准规定的标准温度是20℃，图样上为20℃时标注的公差与配合，检验结果也应以20℃为准。所以若实际工作温度不是20℃，一般应按工作时的配合要求，换算为20℃时的配合标注在图样上。这对于高温或低温下工作的机械，特别是孔、轴温差较大或线膨胀系数相差较大时，尤为必要。

② 装配变形的影响。在一些机械结构中，如图7-5所示的座孔、套筒与轴的配合，由于套筒外表面与座孔的配合有过盈，必然使压装后的套筒内孔收缩变小，影响套筒内孔与轴的配合。因此，对有装配变形的套筒类零件，应考虑压装后孔收缩率的影响，在设计或工艺

上采取措施，保证装配图上要求的配合性质不变（装配图上标注的配合是装配以后的要求）。具体措施有：设计时，可考虑对公差带进行必要的修正，如上移内孔公差带，扩大孔的极限尺寸；或在工艺上采取压入套筒后再精加工内孔，以保证内孔与轴配合性质不变。

③ 生产方式与尺寸分布特性的影响。尺寸分布特性直接影响配合的松紧程度，而尺寸分布特性又与生产方式密切相关，如图 7-6 所示。

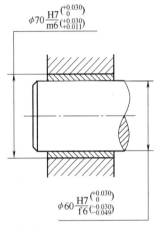

图 7-5　有装配变形的配合

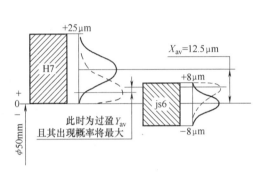

图 7-6　尺寸分布特性对配合的影响

一般成批大量生产时，多用"调整法"加工。尺寸分布接近正态分布，如图 7-6 所示实线分布；而单件小批生产时，多用"试切法"加工，孔、轴尺寸分布中心多偏向其最大实体尺寸，即孔偏小、轴偏大，如图 7-6 所示细虚线分布。因此，即使选择相同的配合，但用不同的生产方式，所得到的实际配合性质也是不同的，"试切法"往往比"调整法"来得紧，如图 7-6 所示"调整法"有平均间隙 X_{av}；"试切法"有平均过盈 Y_{av}，尤其是过渡配合和小间隙的间隙配合，对此反应尤为敏感。因此，在设计时应考虑到这种影响，可能的情况下适当调整配合的松紧或在工艺上采取相应的措施，控制实际尺寸的分布。

表 7-5　间隙或过盈修正表

具 体 情 况	过盈应增或减	间隙应增或减
材料许用应力小	减	—
经常拆卸	减	—
有冲击载荷	增	减
工作时孔的温度高于轴的温度	增	减
工作时孔的温度低于轴的温度	减	增
配合长度较大	减	增
零件形状误差较大	减	增
装配时可能歪斜	减	增
旋转速度较高	增	增
有轴向运动	—	增
润滑油黏度较大	—	增

（续）

具体情况	过盈应增或减	间隙应增或减
表面粗糙度值较高	增	减
装配精度较高	减	减
孔材料的线膨胀系数大于轴材料的线膨胀系数	增	减
孔材料的线膨胀系数小于轴材料的线膨胀系数	减	增
单件小批生产	减	增

表 7-6 给出了三种配合的应用示例。

表 7-6　三种配合的应用示例

配合类型	基本偏差代号	图例	配合特性说明
间隙配合	a、b	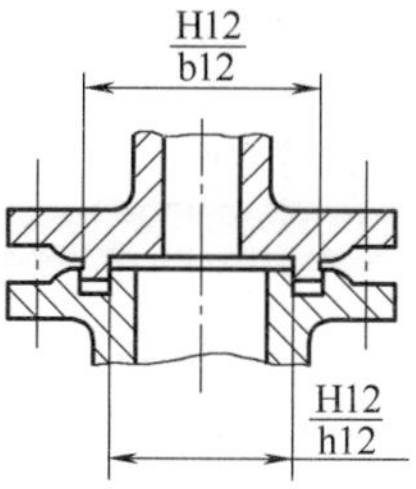 管道法兰连接用的配合	可得到特别大的间隙,应用很少
	c	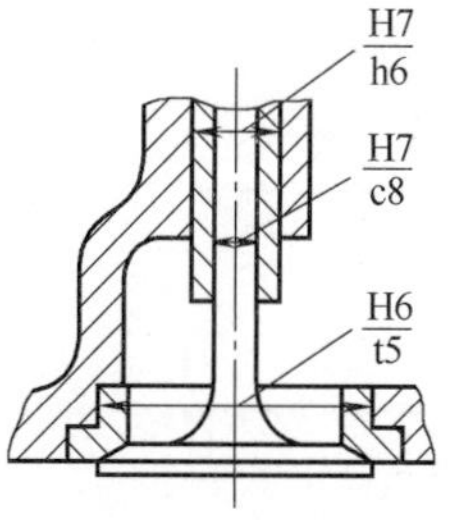 内燃机气门导杆与座的配合	可得到很大的间隙,一般适用于缓慢、松弛的转动配合。用于工作条件较差（如农业机械）、受力变形或为了便于装配而必须保证有较大的间隙时,推荐配合为 H11/c11。较高等级的配合,如 H8/c7 适用于轴在高温工作的紧密转动配合
	d	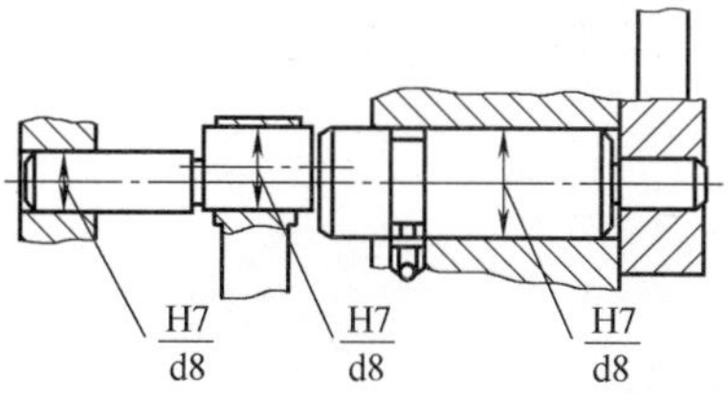 C616车床尾座中偏心轴与尾座体孔的结合	配合一般用于 IT7~IT11,适用于松的转动配合,如密封盖、滑轮、空转带轮等与轴的配合,也适用于大直径滑动轴承配合,如透平机、球磨机、轧辊成形机和重型弯曲机以及其他重型机械中的一些滑动支承
	e	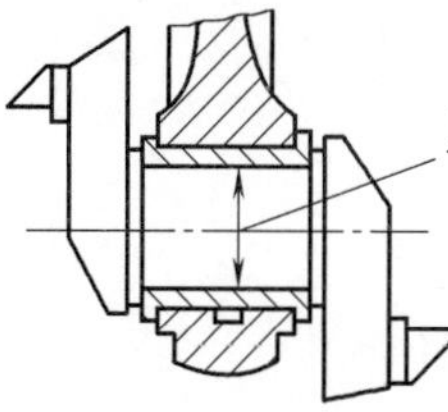 内燃机主轴承	多用于 IT7~IT9,通常适用于要求有明显间隙,易于转动的支承配合,如大跨距支承、多支点支承等配合。高等级的 e 轴适用于大的、高速、重载支承,如蜗轮发电机、大电动机的支承及内燃机主要轴承、凸轮轴支承、摇臂支承等配合

（续）

配合类型	基本偏差代号	图例	配合特性说明
间隙配合	f	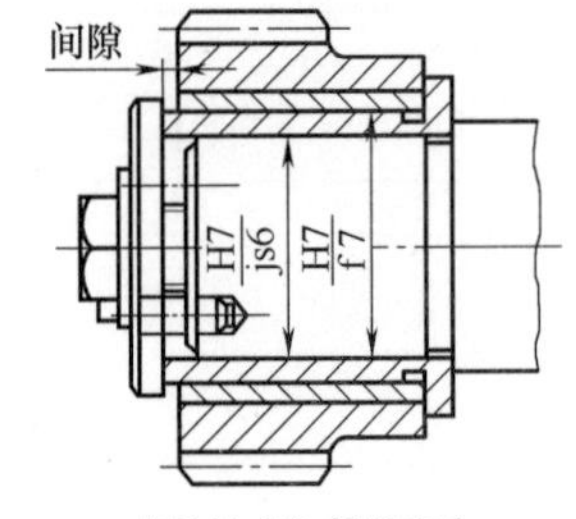 齿轮轴套与轴的配合	多用于 IT6～IT8 的一般转动配合,当温度影响不大时,被广泛用于普通润滑油(或润滑脂)润滑的支承,如齿轮箱、小电动机、泵等的转轴与滑动支承的配合
	g	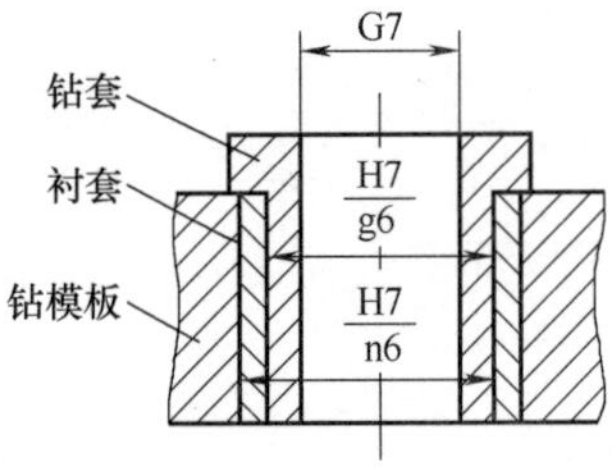 钻套与衬套的结合	配合间隙很小,制造成本高,除很轻载荷的精密装置外,不推荐用于转动配合。多用于 IT5～IT7,最适合不回转的精密滑动配合,也用于插销等定位配合,如精密连杆轴承、活塞及滑阀、连杆销等
	h	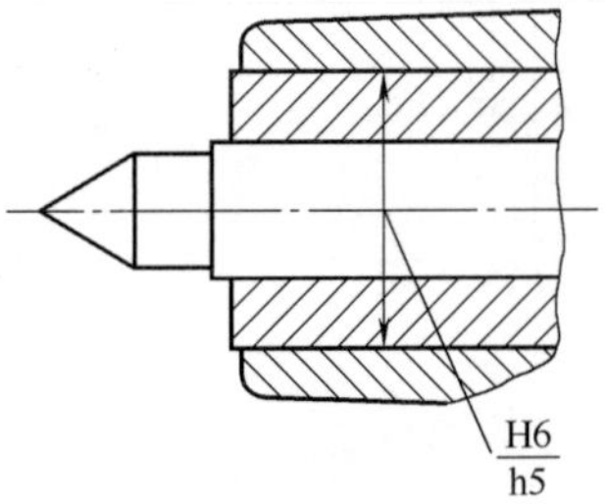 车床尾座体孔与顶尖套筒的结合	多用于 IT4～IT11,广泛用于无相对转动的零件,作为一般的定位配合。若没有温度、变形影响,也用于精密滑动配合
过渡配合	js	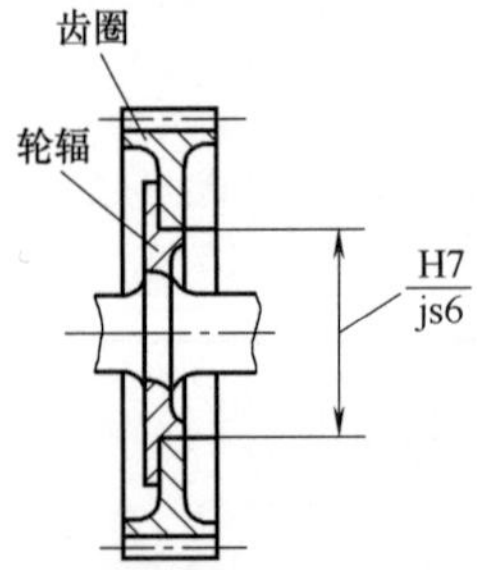 齿圈与轮辐的结合	为完全对称偏差(±IT/2),平均起来为稍有间隙的配合,多用于 IT4～IT7,要求间隙比 h 轴小,并允许略有过盈的定位配合,如联轴器,可用手或木槌装配

（续）

配合类型	基本偏差代号	图例	配合特性说明
过渡配合	k	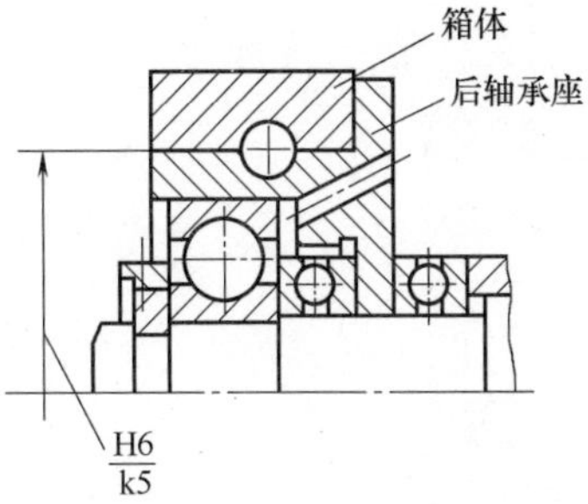 某车床主轴后轴承座与箱体孔的结合	平均起来没有间隙的配合,适用 IT4～IT7,推荐用于稍有过盈的定位配合,如为了消除振动用的定位配合,一般用木槌装配
过渡配合	m	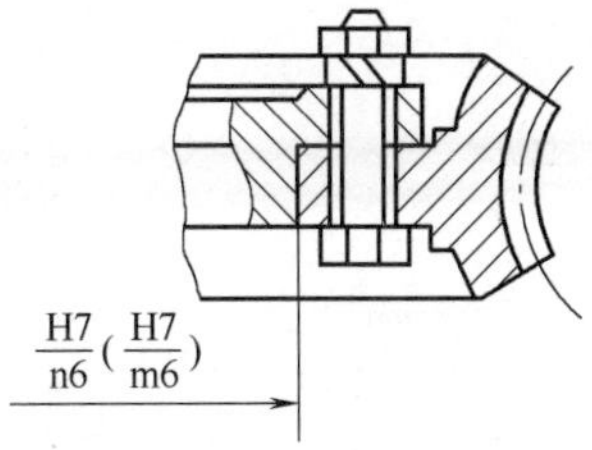 蜗轮青铜轮缘与轮辐的结合	平均起来具有不大过盈的过渡配合,适用 IT4～IT7,一般可用木槌装配,但在最大过盈时,要求相当的压入力
	n	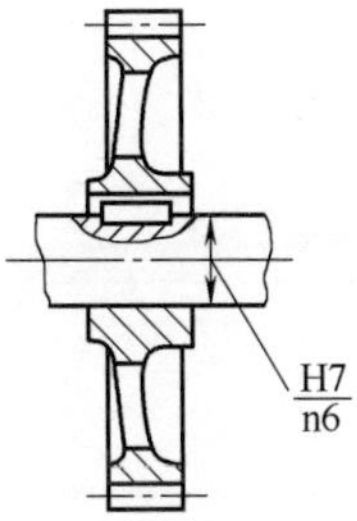 压力机齿轮与轴的结合	平均过盈比 m 轴稍大,很少得到间隙,适用 IT4～IT7,用锤或压力机装配,通常推荐用于紧密的组件配合,H6/n5 配合时为过盈配合
过盈配合	p	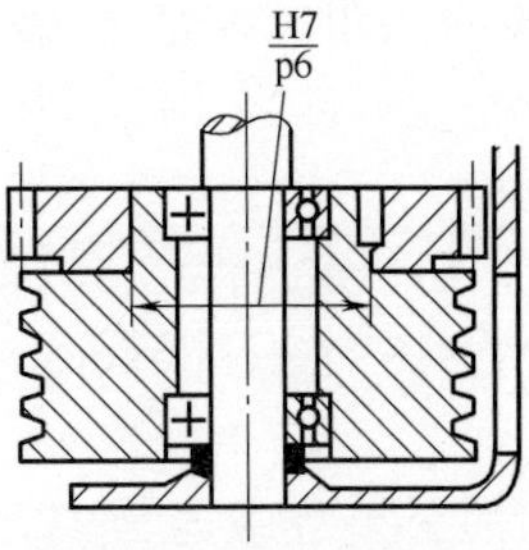 卷扬机的绳轮与齿圈的结合	与 H6 或 H7 配合时是过盈配合,与 H8 孔配合时则为过渡配合。对非铁制零件,为较轻的压入配合,当需要时易于拆卸。对钢、铸铁或铜、钢组件装配,是标准压入配合

151

（续）

配合类型	基本偏差代号	图例	配合特性说明
过盈配合	r	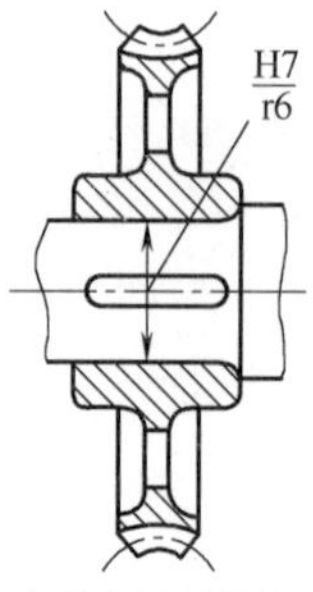 $\dfrac{H7}{r6}$ 蜗轮与轴的结合	对铁制零件为中等打入配合,对非铁制零件为轻打入配合,当需要时可以拆卸。与 H8 孔配合,直径在 100mm 以上时为过盈配合,直径小时为过渡配合
	s	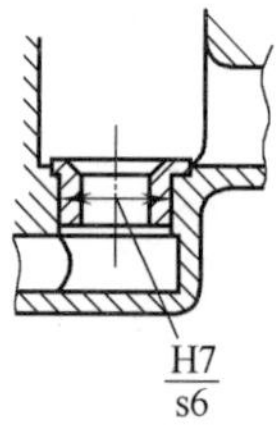 $\dfrac{H7}{s6}$ 水泵阀座与壳体的结合	用于钢和铁制零件的永久性和半永久性装配,可产生相当大的结合力。当用弹性材料,如轻合金时,配合性质与铁制零件的 p 轴相当。例如,套环压装在轴上、阀座等配合。尺寸较大时,为了避免损伤配合表面,需用热胀或冷缩法装配
	t、u、v、x、y、z	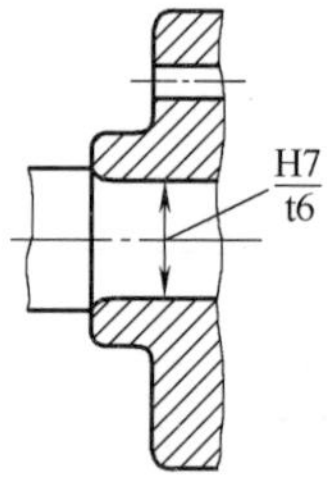 $\dfrac{H7}{t6}$ 联轴器与轴的结合	过盈量依次增大,一般不推荐

7.5 尺寸精度与配合设计

7.5.1 计算查表法尺寸精度设计示例

已知某减速器机构中的一对孔、轴配合采用过渡配合,公称尺寸为 $\phi50\text{mm}$,要求配合的最大间隙允许值 $[X_{\max}]=32\mu\text{m}$,最大过盈允许值 $[Y_{\max}]=-14\mu\text{m}$,因结构原因需采用基孔制,试确定孔、轴的公差带和配合代号。

解:1）确定孔、轴的标准公差等级。由给定条件,可以得到配合公差的允许值为

$$[T_{\text{f}}]=|[X_{\max}]-[Y_{\max}]|=46\mu\text{m}$$

且需满足 $[T_{\text{f}}]\geqslant[T_{\text{D}}]+[T_{\text{d}}]$。

查表（标准公差数值表）可知,孔的公差等级选为 IT7 $=25\mu\text{m}$,轴的公差等级选为 IT6 $=16\mu\text{m}$

因为基孔制基本偏差代号为 H,所以 $EI=0\mu\text{m}$,且 $ES=EI+\text{IT7}=+25\mu\text{m}$,所以孔的代号

为 H7。

2）确定轴的基本偏差代号。由于采用基孔制，该配合为过渡配合，根据过渡配合的尺寸公差带图中孔、轴公差带的位置关系，所以轴的基本偏差为下极限偏差 ei。

轴的基本偏差与以下三式有关，即

$$\begin{cases} X_{\max}=ES-ei\leq\left[X_{\max}\right]=32\mu m \\ Y_{\max}=EI-es\geq\left[Y_{\max}\right]=-14\mu m \\ T_d=es-ei=\text{IT6}=16\mu m \end{cases}$$

解得

$$-7\mu m\leq ei\leq-2\mu m$$

查表（轴的基本偏差数值表），选取轴的下极限偏差 $ei=-5\mu m$，基本偏差代号为 j，则轴的上极限偏差为

$$es=ei+\text{IT6}=11\mu m$$

因此配合代号为 $\phi50H7/j6$。

3）验算。

$$X_{\max}=ES-ei=(+25)\mu m-(-5)\mu m=+30\mu m<\left[X_{\max}\right]=32\mu m$$

$$Y_{\max}=EI-es=0\mu m-(+11)\mu m=-11\mu m>\left[Y_{\max}\right]=-14\mu m$$

符合技术要求，最后结果为 $\phi50H7/j6$。

4）尺寸公差带图如图 7-7 所示。

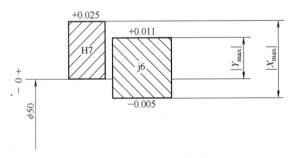

图 7-7　尺寸公差带图

7.5.2　类比法尺寸精度设计示例

图 7-8 所示为某减速器-传动轴的局部装配图。其中，轴通过键带动齿轮传动；轴套和端盖主要起保证轴承轴向定位的作用，要求装卸方便，加工容易。已根据有关标准确定：滚动轴承精度等级为 0 级；齿轮精度等级为 7 级。试分析确定图示各处的配合。

（1）分析确定齿轮孔与轴的配合代号

齿轮孔与轴的配合一般采用基孔制，根据齿轮的精度等级为 7 级，确定齿轮孔的公差带为 $\phi54H7$，根据工艺等价原则，与其配合的轴的公差等级为 IT6，该处配合要求通过键传递运动，还要求有一定的定心精度，故该处应选择小过盈配合，选用优先配合，即轴公差带选为 $\phi54p6$。即①处的配合代号为 $\phi54H7/p6$，其公差带图如图 7-9a 所示。

（2）分析确定与滚动轴承相配合的轴颈及箱体孔的配合代号

1）基准制。因为滚动轴承为标准件，与滚动轴承相配合的轴颈及箱体孔的基准制选择

应以轴承为准，即滚动轴承内圈与轴的配合采用基孔制；外圈与箱体孔的配合采用基轴制。

2）公差带及配合。与滚动轴承相配合的轴颈及箱体孔公差等级的确定，要考虑与滚动轴承的精度（0级）匹配，根据轴承的工作条件及工作要求分别确定轴颈的等级为IT6，箱体孔的精度等级为IT7；基本偏差代号分别为k和J，即图中③轴颈配合处应标注"ϕ50k6"，④箱体孔配合处应标注"ϕ110J7"，其公差带图分别如图7-9c、d所示

（3）分析确定转轴与轴套的配合代号

图7-8中②、③处结构为典型的一轴配两孔，且配合性质又不相同，其中轴承内圈与轴的配合要求较紧，而轴套与轴的配合要求较松，若按基准制选用原则②处的配合应选用基轴制。但是需要注意的是，轴承内圈与轴的配合只能选用基孔制，而且前面已确定轴的公差带代号为ϕ50k6。如果轴套与轴的配合选用基轴制，则势必造成同一轴不同段按不同的公差等级进行加工，既不经济，也不利于装配。如果按基孔制使之形成ϕ50H7/k6的配合，则满足轴套与轴配合应有间隙的要求。故从满足轴套工作要求出发，兼顾考虑加工的便利及经济性，选用轴套孔公差带为ϕ50F8，使之与ϕ50k6轴形成间隙配合。故②处的配合代号为ϕ50F8/k6。

如图7-9b所示，其极限间隙为：+0.007～+0.062mm，满足了设计要求。

（4）分析确定端盖与箱体孔的配合代号

与轴套配合分析类似，由于与滚动轴承相配合，箱体孔的公差带已经确定，端盖与箱体孔之间为间隙配合，且配合精度要求不高，为避免箱体孔制成阶梯形，可选端盖公差带为ϕ110e9，其公差带图如图7-9e所示，即⑤处的配合代号为ϕ110J7/e9。

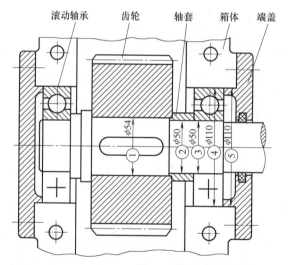

设计结果：

① 处的配合代号为：ϕ54H7/p6

② 处的配合代号为：ϕ50F8/k6

③ 处的配合代号为：ϕ50k6

④ 处的配合代号为：ϕ110J7

⑤ 处的配合代号为：ϕ110J7/e9

图7-8 某减速器-传动轴的局部装配图

7.5.3 尺寸精度与配合数字化设计

随着新一代GPS以及制造业信息化、数字化的发展，实现产品结构形状与精度特征设计的数字化统一，进而实现CAD/CAPP/CAM的集成显得越来越必要。为此需要基于新一代GPS理论体系、二次开发的平台软件以及几何精度数字化设计的关键技术，开发尺寸精度与配合的数字化、智能化设计工具系统，对促进标准的推广、产品精度设计与计量的数字化具有重要的意义。

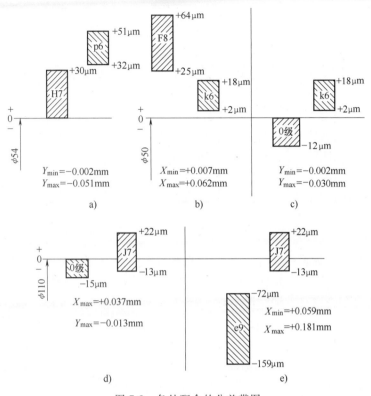

图 7-9　各处配合的公差带图

郑州大学精度设计与测控技术研发团队应用新一代 GPS 标准理论、人工智能技术、优化技术、信息技术等研制了基于新一代 GPS 的智能化精度设计系统，如图 7-10 所示，系统的设计对象包括尺寸精度、形状与位置精度、表面粗糙度、典型零部件精度等。基于新一代 GPS 的智能化精度设计系统基于嵌入式开发环境 WinCE，并采用 SQLite 建立几何精度信息的数据库。

本节重点介绍该系统的尺寸精度设计子系统。尺寸精度设计子系统功能界面及框架结构如图 7-11 和图 7-12 所示，包括极限与配合信息查询模块、尺寸精度设计模块、尺寸链计算模块。

图 7-10　基于新一代 GPS 的智能化精度设计系统

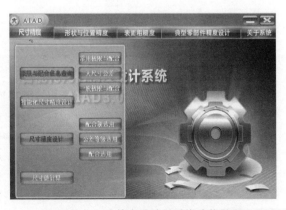

图 7-11　尺寸精度设计子系统功能界面

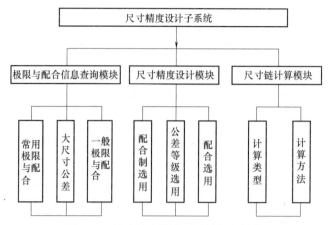

图 7-12 尺寸精度设计子系统框架结构

　　极限与配合信息查询模块主要包括相关的基本术语及定义、常用尺寸段及大尺寸段的孔、轴公差及偏差信息查询；基孔制优先、常用配合信息查询；基轴制优先、常用配合信息查询；任意基准制配合信息查询。图 7-13 和图 7-14 所示为常用尺寸段一般、常用和优先孔（轴）公差带信息查询界面，由设计人员输入公称尺寸，单击选择公差代号可以用自动化查询数据库方式得到相应尺寸的上下偏差[⊖]及公差数值。

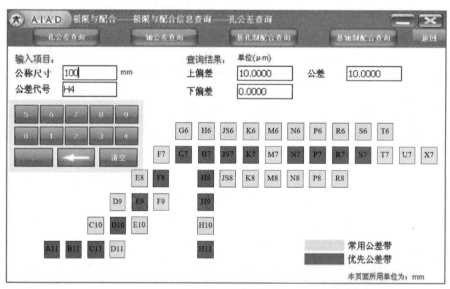

图 7-13 常用尺寸段一般、常用和优先孔公差带信息查询界面

在装配信息查询中，往往需要标注公称尺寸相同的两个零件相互配合关系，此时，信息查询的入口参数是公称尺寸和公差代号，出口参数是配合性质以及最大（小）间隙或过盈。其中公差代号设计人员可手动输入，也可从界面中选择国家标准中推荐的常用或优先配合，选择时系统将提示该配合的适合条件，帮助设计人员合理选用公差代号。图 7-15 和图 7-16 所示为标准化的基孔制配合、基轴制配合信息查询界面，由设计人员输入公称尺寸，可选择不

―――――――――――

　　⊖　为与软件界面保持一致，此处仍用"上下偏差"一词。

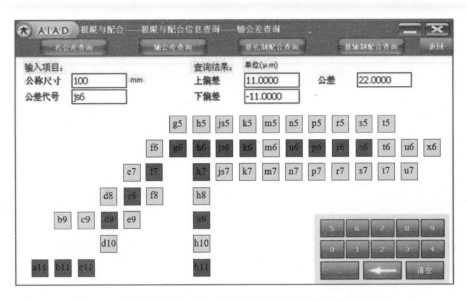

图 7-14　常用尺寸段一般、常用和优先轴公差带信息查询界面

同的配合性质，输出配合参数及配合公差。

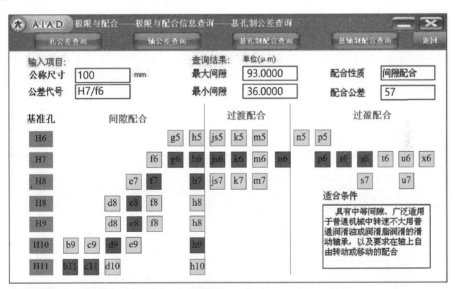

图 7-15　标准化的基孔制配合信息查询界面

尺寸精度设计模块的应用主要涉及确定基准制、设计孔或轴精度等级[○]、设计孔轴配合公差带代号。掌握零件的功能要求、使用场合、零部件在整个设备中的重要程度等相关资料，根据零部件功能要求及使用要求的特殊性决定了该零件的尺寸精度等级与相关零部件之间的配合松紧程度，为尺寸精度等级及配合制的选择提供了依据。在公称尺寸及精度等级确定的情况下，基于新一代 GPS 的几何精度设计过程还要考虑加工方法、加工工艺、检测方法及评定方法等对零件功能要求的影响，即在设计的同时

———————

○　为与软件界面保持一致，此处仍用"精度等级"一词。

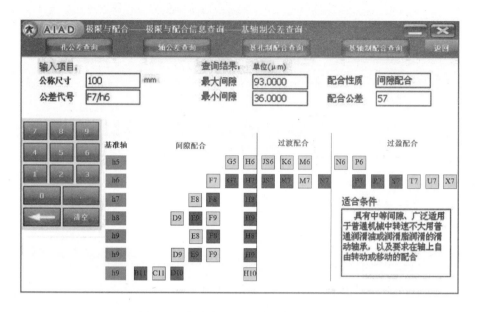

图 7-16 标准化的基轴制配合信息查询

要充分考虑加工、检测及认证等整体方案的制定。如图 7-17 所示，设计过程可以选择使用要求、工作要求、配合类型等。如图 7-18 所示，设计过程可以选择配合制、装配方法等。依据上述设定和选择，单击"显示结果"按钮后，系统设计结果可以直接显示输出。若考虑其他因素需进一步修改设计结果，可单击"结果修改"按钮，进行下一步操作。图 7-19 和图 7-20 所示为考虑热变形及装配变形影响的设计过程。图 7-21 所示为尺寸精度设计结果输出及标注。

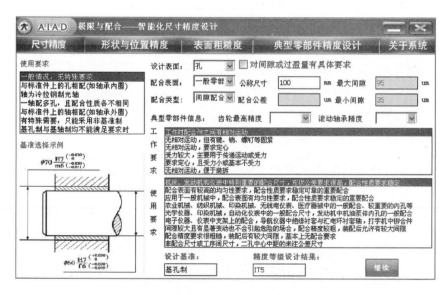

图 7-17 尺寸精度设计——工作要求选择

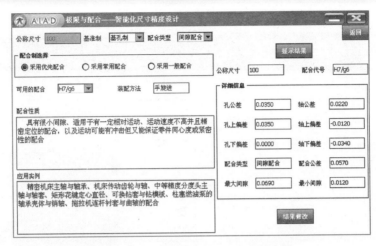

图 7-18 尺寸精度设计——配合制选择

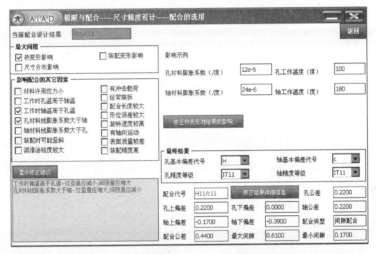

图 7-19 尺寸精度设计——考虑热变形的影响

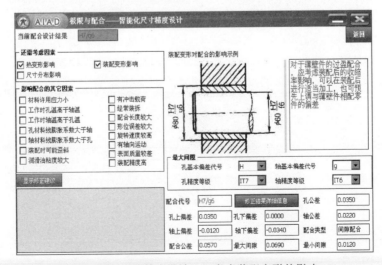

图 7-20 尺寸精度设计——考虑装配变形的影响

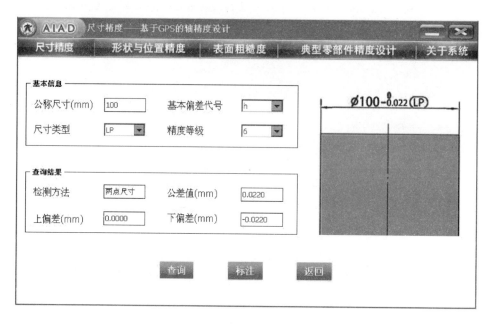

图 7-21 尺寸精度设计结果输出及标注

尺寸链计算模块可以根据已提取尺寸信息，进行封闭环、组成环的确定和筛选，环的增减性判断，最后计算获得模型的尺寸公差数值。尺寸链计算类型和计算方法选择操作界面，如图 7-22 所示。尺寸链计算的设计界面，如图 7-23 所示。尺寸链计算结果显示及数据分析界面，如图 7-24 所示。

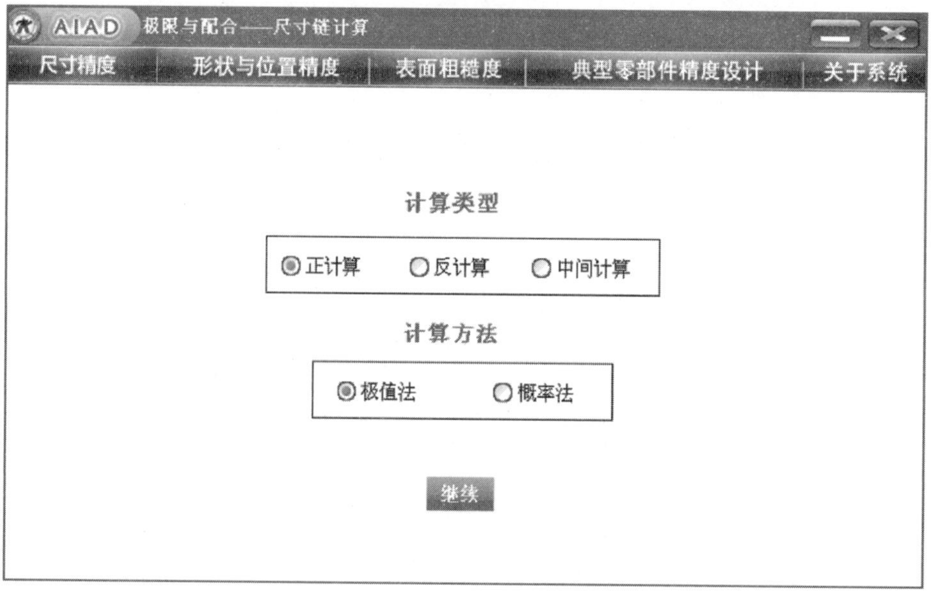

图 7-22 尺寸链计算——计算类型和计算方法选择操作界面

图 7-23　尺寸链计算——设计界面

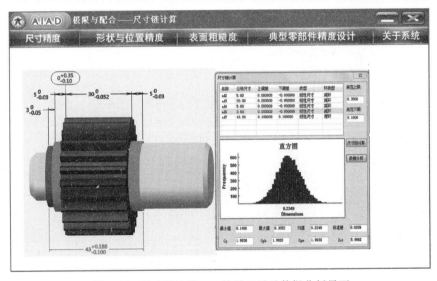

图 7-24　尺寸链计算——结果显示及数据分析界面

第**8**章

尺寸与圆锥的检验规范及应用图解

本章主要介绍尺寸与圆锥的检验规范。首先介绍了量值传递系统，给出了长度量块及角度量块的技术要求。其次，规范了光滑工件尺寸的检验，介绍了尺寸验收极限方式、测量设备及仪器的选择等，并给出具体的应用示例。本章还介绍了专用计量器具（光滑极限量规）、虚拟量规和功能量规的设计及应用，最后给出了锥体的检测方法。本章的主要内容及结构如图 8-1 所示。

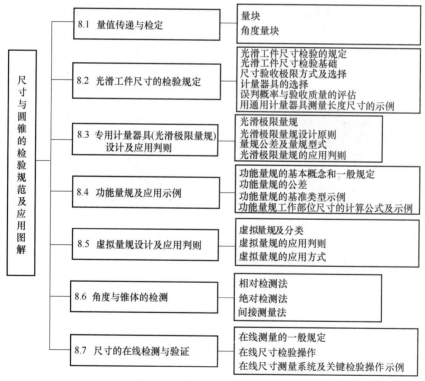

图 8-1　本章的主要内容及结构

8.1　量值传递与检定

长度计量的基本单位为米（m）。机械制造中常用单位为毫米（mm），精密测量时多采用微米（μm），超精密测量时采用纳米（nm）。第十七届国际计量大会定义米是光在真空中 1/299792458s 时间间隔内所经过路径的长度，我国采用 0.633μm 氦氖激光辐射来复现国家长度基准。为保证长度测量的量值统一，建立了从长度基准到制造中使用的各种测量器具，直到工件的尺寸传递系统，长度量值由两个平行的系统向下传递，一个是端面量具系统，另一个是线纹量具系统，如图 8-2 所示。

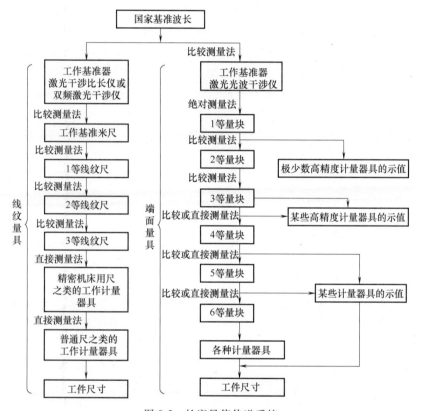

图 8-2　长度量值传递系统

角度也是机械制造业中重要的几何参数之一。由于一个角度定义为 360°，因此角度不需要和长度一样再建立一个自然基准。常用的角度基准有多面棱体、分度头及测角仪。以多面棱体为角度基准的角度量值传递系统如图 8-3 所示。

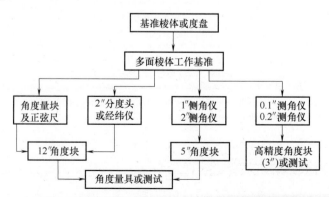

图 8-3　以多面棱体为角度基准的角度量值传递系统

8.1.1　量块

8.1.1.1　量块的定义及特征

　　量块是一种端面长度标准，通过对计量仪器、量具和量规等示值误差检定等方式，使机械加工中各种制成品的尺寸溯源到长度基准。图 8-4 和图 8-5 所示为量度长度示例及量块表面名称。

　　GB/T 6093—2001《几何量技术规范（GPS）　长度标准　量块》和 JJG 146—2011《量块》是我国现行的量块国家标准和检验规范。GB/T 6093—2001《几何量技术规范（GPS）　长度标准　量块》规定了量块的定义、测量基准、基本尺寸、材料特性、技术要求、检验方法、标志与包装等，适用于截面为矩形、标称长度为 0.5～1000mm K 级（校准级）和准确度级别为 0 级、1 级、2 级和 3 级的长方体量块。JJG 146—2011《量块》规定了标称长度为 0.5～1000mm，1～5 等，K 级和 0～3 级量块的首次检定和后续检定及使用中检查的规程。

　　量块的术语和定义见表 8-1。

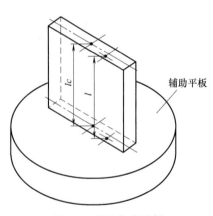

图 8-4　量块长度示例

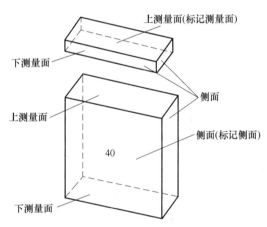

图 8-5　量块表面名称

表 8-1　量块的术语和定义

序号	术语	定义和解释
1	量块	量块是用耐磨材料制造，横截面为矩形，并具有一对相互平行测量面的实物量具。量块的测量面可以和另一量块的测量面相研合而组合使用，也可以和具有类似表面质量的辅助体表面相研合而用于量块长度的测量
2	量块长度 l	量块一个测量面上的任意点到与其相对的另一测量面相研合的辅助体表面之间的垂直距离。辅助体的材料和表面质量应与量块相同
3	量块中心长度 lc	对应于量块未研合测量面中心点的量块长度，如图 8-4 所示。量块中心长度是量块长度的一种特定情况
4	量块标称长度 ln	标记在量块上用以表明其与主单位（m）之间关系的量值，也称为量块长度的示值，如图 8-5 所示的"40"即为标称长度
5	量块长度偏差 e	任意点的量块长度与标称长度的代数差，即 $e=l-ln$。极限偏差用 t_e 表示

（续）

序号	术语	定义和解释
6	量块长度变动量 V	量块测量面上任意点中的最大长度与最小长度之差。长度变动量最大允许值用 t_V 表示
7	平面度误差 f_d	包容测量面且距离为最小的两个相互平行平面之间的距离
8	研合性	量块的一个测量面与另一量块测量面或与另一经精加工的类似量块测量面的表面，通过分子力的作用而相互黏合的性能

每个量块都有两个测量面和四个侧面。标称长度不大于 5.5mm 的量块，代表其标称长度的数码刻印在上测量面上，与其相背的面为下测量面。标称长度大于 5.5mm 的量块，代表其标称长度的数码刻印在面积较大的一个侧面上。当此侧面顺向面对观察者放置时，其右边的一面为上测量面，左边的一面为下测量面。

量块的标称长度和测得的量块长度是指量块在标准温度 20℃ 和标准大气压 101325Pa 时的长度。标称长度小于或等于 100mm 的量块，使用或测量长度时，量块的轴线应垂直或水平安装。标称长度大于 100mm 的量块，使用或测量长度时，量块的轴线应水平安装。

8.1.1.2　量块的基本尺寸

（1）量块矩形截面的尺寸

量块矩形截面的尺寸见表 8-2 中的规定。

表 8-2　量块矩形截面的尺寸　　　　（单位：mm）

矩形截面	标称长度 ln	矩形截面长度 a	矩形截面宽度 b
	$0.5 \leqslant ln \leqslant 10$	$30_{-0.3}^{0}$	$9_{-0.20}^{-0.05}$
	$10 < ln \leqslant 1000$	$35_{-0.3}^{0}$	

（2）量块组合使用

为了满足使用要求，量块都按一定尺寸系列成套生产供应，表 8-3 给出了成套量块的尺寸系列。

量块具有研合特性，利用此特性可使用不同尺寸的量块组合成所需要的尺寸。根据需要选用不同量块组合时，应尽可能减少量块的数目，目的是减小量块的组合累积误差。

组合量块时，按照所得尺寸的最后一个尾数选取具有相应尾数的第一块，然后依此类推逐块选取。例如，需要组合的尺寸为 28.785mm，量块的组合为（从 83 块成套量块中选取）：1.005，1.28，6.5 及 20 共四块。

表 8-3　成套量块的尺寸系列

套别	总块数	级别	尺寸系列/mm	间隔/mm	块数
1	91	0,1	0.5	—	1
			1	—	1
			1.001,1.002,…,1.009	0.001	9
			1.01,1.02,…,1.49	0.01	49
			1.5,1.6,…,1.9	0.1	5
			2.0,2.5,…,9.5	0.5	16
			10,20,…,100	10	10

（续）

套别	总块数	级别	尺寸系列/mm	间隔/mm	块数
2	83	0,1,2	0.5	—	1
			1	—	1
			1.005	—	1
			1.01,1.02,…,1.49	0.01	49
			1.5,1.6,…,1.9	0.1	5
			2.0,2.5,…,9.5	0.5	16
			10,20,…,100	10	10
3	46	0,1,2	1	—	1
			1.001,1.002,…,1.009	0.001	9
			1.01,1.02,…,1.09	0.01	9
			1.1,1.2,…,1.9	0.1	9
			2,3,…,9	1	8
			10,20,…,100	10	10
4	38	0,1,2	1	—	1
			1.005	—	1
			1.01,1.02,…,1.09	0.01	9
			1.1,1.2,…,1.9	0.1	9
			2,3,…,9	1	8
			10,20,…,100	10	10
5	10	0,1	0.991,0.992,…,1	0.001	10
6	10	0,1	1,1.001,…,1.009	0.001	10
7	10	0,1	1.991,1.992,…,2	0.001	10
8	10	0,1	2,2.001,2.002,…,2.009	0.001	10

8.1.1.3 量块的技术要求

量块测量面和侧面不应有影响使用性能的划痕、碰伤和锈蚀等缺陷；在不影响研合质量和尺寸精度的情况下，允许有无毛刺的精研痕迹。

（1）材料特性

量块应由优质钢或能被精加工成容易研合表面的其他类似耐磨材料制造。在温度为10~30℃范围内，钢制造量块的线膨胀系数应为 $(11.5\pm1.0)\times10^{-6}K^{-1}$。

量块在不受异常温度、振动、冲击、磁场或机械力影响的环境下，量块长度的最大允许年变化量见表8-4。

表8-4 量块长度的最大允许年变化量

级别	量块长度的最大允许年变化量
K,0	$\pm(0.02\mu m+0.25\times10^{-6}\times ln)$
1,2	$\pm(0.05\mu m+0.5\times10^{-6}\times ln)$
3	$\pm(0.05\mu m+1.0\times10^{-6}\times ln)$

（2）表面粗糙度

钢制量块各表面的表面粗糙度见表 8-5。

表 8-5 钢制量块各表面的表面粗糙度

各表面名称	级别	
	K,0	1,2,3
测量面	Ra0.01 或 Rz0.05	Ra0.016 或 Rz0.08
侧面与测量面之间的倒棱边	Ra0.32	Ra0.32
其他表面	Ra0.63	Ra0.63

（3）量块长度和长度变动量

量块长度相对于量块标称长度的极限偏差 t_e 和量块长度变动量最大允许值 t_V 见表 8-6。

（4）测量面的几何误差

标称长度≤2.5mm 的量块，其测量面与厚度不小于 11mm、表面质量和刚性都良好的辅助体表面相研合后，量块的每一测量面的平面度误差 f_d 应不大于表 8-7 中的规定。非研合状态下的量块，其每一测量面的平面度误差 f_d 应不大于 4μm。标称长度>2.5mm 的量块，其测量面无论与辅助体表面是否研合，量块的每一测量面的平面度误差 f_d 应不大于表 8-7 中的规定。

量块侧面的平面度公差、侧面对侧面的平行度公差和侧面对测量面的垂直度公差见表 8-8。

表 8-6 量块长度极限偏差（t_e）和量块长度变动量最大允许值（t_V）

标称长度 ln/mm	K 级		0 级		1 级		2 级		3 级	
	±t_e	t_V	±t_e	t_V	±t_e	t_V	±t_e	t_V	±t_e	t_V
	μm									
ln≤10	0.20	0.05	0.12	0.10	0.20	0.16	0.45	0.30	1.0	0.50
10<ln≤25	0.30	0.05	0.14	0.10	0.30	0.16	0.60	0.30	1.2	0.50
25<ln≤50	0.40	0.06	0.20	0.10	0.40	0.18	0.80	0.30	1.6	0.55
50<ln≤75	0.50	0.06	0.25	0.12	0.50	0.18	1.00	0.35	2.0	0.55
75<ln≤100	0.60	0.07	0.30	0.12	0.60	0.20	1.20	0.35	2.5	0.60
100<ln≤150	0.80	0.08	0.40	0.14	0.80	0.20	1.6	0.40	3.0	0.65
150<ln≤200	1.00	0.09	0.50	0.16	1.00	0.25	2.0	0.40	4.0	0.70
200<ln≤250	1.20	0.10	0.60	0.16	1.20	0.25	2.4	0.45	5.0	0.75
250<ln≤300	1.40	0.10	0.70	0.18	1.40	0.25	2.8	0.50	6.0	0.80
300<ln≤400	1.80	0.12	0.90	0.20	1.80	0.30	3.6	0.50	7.0	0.90
400<ln≤500	2.20	0.14	1.10	0.25	2.20	0.35	4.4	0.60	9.0	1.00
500<ln≤600	2.60	0.16	1.30	0.25	2.6	0.40	5.0	0.70	11.0	1.10
600<ln≤700	3.00	0.18	1.50	0.30	3.0	0.45	6.0	0.70	12.0	1.20
700<ln≤800	3.40	0.20	1.70	0.30	3.4	0.50	6.5	0.80	14.0	1.30
800<ln≤900	3.80	0.20	1.90	0.35	3.8	0.50	7.5	0.90	15.0	1.40
900<ln≤1000	4.20	0.25	2.00	0.40	4.2	0.60	8.0	1.00	17.0	1.50

表 8-7 量块测量面的平面度公差

标称长度 ln/mm	平面度公差 t_f/μm			
	K 级	0 级	1 级	2、3 级
0.5≤ln≤150	0.05	0.10	0.15	0.25
150<ln≤500	0.10	0.15	0.18	0.25
500<ln≤1000	0.15	0.18	0.20	0.25

注：距离测量面边缘 0.8mm 范围内不计；距离测量面边缘 0.8mm 范围内表面不得高于测量的平面。

表 8-8　量块侧面的平面度公差、侧面对侧面的平行度公差和侧面对测量面的垂直度公差

标称长度 ln/mm	最大允许值		
	平面度	垂直度/μm	平行度
ln<10	40μm		80μm
10≤ln≤25		50	
25<ln≤60		70	
60<ln≤100		100	
100<ln≤150			
150<ln≤400	40μm+40×10⁻⁶×ln	140	80μm+80×10⁻⁶×ln
400<ln≤1000		180	

（5）量块的精度划分

量块的精度划分有两种，即按"级"划分和按"等"划分。

量块按中心长度的制造极限偏差和测量面平行度极限偏差的大小及研合性划分为"级"，精度从高到低分为0、1、2、3和校准级 K 共 5 级。

量块分"等"主要是根据量块的中心长度的检定精度，即中心长度实际尺寸测量的极限误差划分，由高到低划分为 1~5 等。

量块分为按级使用和按等使用：出厂量块只注明整套量块的级别，不给出每套量块的偏差值，用户按级使用量块时，只需要按标称尺寸使用，很方便。各等量块长度测量的不确定度和长度变动量最大允许值见表 8-9。

量块按"等"使用时的精度比按"级"使用时高。例如，标称值为 50mm 的量块，实际制造后的量块真值设定为 49.9996mm。如按标称值使用，则包含 0.4μm 的误差。倘若我们用高准确度仪器测量该量块的测得值为 49.99958mm，相对于标称值 50mm 的偏差是−0.42μm。那么我们在使用该量块时，按−0.42μm 做修正，这时由此引起的误差为−0.02μm。

表 8-9　各等量块长度测量的不确定度和长度变动量最大允许值　　（单位：μm）

标称长度 ln/mm	1 等		2 等		3 等		4 等		5 等	
	测量的不确定度	长度变动量	测量的不确定度	长度变动量	测量的不确定度	长度变动量	测量的不确定度	长度变动量	测量的不确定度	长度变动量
ln≤10	0.022	0.05	0.06	0.10	0.11	0.16	0.22	0.30	0.6	0.50
10<ln≤25	0.025	0.05	0.07	0.10	0.12	0.16	0.25	0.30	0.6	0.50
25<ln≤50	0.030	0.06	0.08	0.10	0.15	0.18	0.30	0.30	0.8	0.55
50<ln≤75	0.035	0.06	0.09	0.12	0.18	0.18	0.35	0.35	0.9	0.55
75<ln≤100	0.040	0.07	0.10	0.12	0.20	0.20	0.40	0.35	1.0	0.60
100<ln≤150	0.05	0.08	0.12	0.14	0.25	0.20	0.5	0.40	1.2	0.60
150<ln≤200	0.06	0.09	0.15	0.16	0.30	0.25	0.6	0.40	1.5	0.65
200<ln≤250	0.07	0.10	0.18	0.16	0.35	0.25	0.7	0.45	1.8	0.75
250<ln≤300	0.08	0.10	0.20	0.18	0.40	0.25	0.8	0.50	2.0	0.80
300<ln≤400	0.10	0.12	0.25	0.20	0.50	0.30	1.0	0.50	2.5	0.90
400<ln≤500	0.12	0.14	0.30	0.25	0.60	0.35	1.2	0.60	3.0	1.00
500<ln≤600	0.14	0.16	0.35	0.25	0.7	0.40	1.4	0.70	3.5	1.10
600<ln≤700	0.16	0.18	0.40	0.30	0.8	0.45	1.6	0.70	4.0	1.20
700<ln≤800	0.18	0.20	0.45	0.30	0.9	0.50	1.8	0.80	4.5	1.30
800<ln≤900	0.20	0.20	0.50	0.35	1.0	0.50	2.0	0.90	5.0	1.40
900<ln≤1000	0.22	0.25	0.55	0.40	1.1	0.60	2.2	1.00	5.5	1.50

我国进行长度尺寸传递时用"等"，许多工厂在精密测量中也常按"等"使用，因为这样除可提高精度外，还能延长量块的使用寿命（磨损超过极限的量块经修复和检定后仍可按"等"使用）。量块长度偏差允许值和长度测量不确定度允许值的计算公式见表8-10。

表 8-10　量块长度偏差允许值和长度测量不确定度允许值的计算公式 （单位：μm）

级别	长度偏差允许值的计算公式	等别	长度测量不确定度允许值的计算公式
0	$0.1 + 2 \times 10^{-6} \times ln$	1	$0.02 + 0.2 \times 10^{-6} \times ln$
K,1	$0.2 + 4 \times 10^{-6} \times ln$	2	$0.05 + 0.5 \times 10^{-6} \times ln$
2	$0.4 + 8 \times 10^{-6} \times ln$	3	$0.1 + 1 \times 10^{-6} \times ln$
3	$0.8 + 16 \times 10^{-6} \times ln$	4	$0.2 + 2 \times 10^{-6} \times ln$
		5	$0.5 + 5 \times 10^{-6} \times ln$

8.1.2　角度量块

角度量块是角度量值传递的媒介，其性能与长度量块类似，用于检定和调整测角仪器，校正角度样本，也可以直接用于检测工件角度。角度量块主要有三角形和四边形两种，如图8-6所示。三角形量块只有一个工作角，其角度范围为 $10° \sim 79°$。四边形角度量块有四个工作角，其角度范围为 $80° \sim 100°$，短边相邻的两个工作角之和为 $180°$，即 $\alpha + \delta = \beta + \gamma = 180°$。角度量块可以单独使用，也可以组合使用。将成套的角度量块进行组合，可以用于测量 $10° \sim 350°$ 范围内的角度。

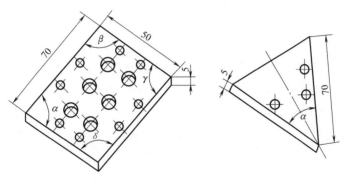

图 8-6　角度量块

8.2　光滑工件尺寸的检验规定

光滑工件尺寸的检测方法通常有两类：一是用通用计量器具或仪器检测；二是用光滑极限量规检测。前者能测出工件的实际尺寸，便于对产品质量进行过程控制，但检测效率较低，适合于单件小批量生产。后者只能判断被测工件尺寸是否在规定的极限尺寸范围内，而不能测出工件的实际尺寸，但用该法检验方便、迅速、效率高，适合于批量生产。本章将论述用通用计量器具对光滑工件尺寸的测量和验收，介绍光滑极限量规与综合量规的一般知识，涉及的现行国家标准如下。

1）GB/T 3177—2009《产品几何技术规范（GPS）　光滑工件尺寸的检验》。

2）GB/T 34634—2017《产品几何技术规范（GPS）　光滑工件尺寸（500～10000mm）测量　计量器具选择》。

3）GB/T 1957—2006《光滑极限量规　技术条件》。

4）GB/T 10920—2008《螺纹量规和光滑极限量规　型式与尺寸》。

5）GB/T 8069—1998《功能量规》。

8.2.1　光滑工件尺寸检验的规定

GB/T 3177—2009《产品几何技术规范（GPS）　光滑工件尺寸的检验》规定了光滑工件尺寸检验的验收原则、验收极限、计量器具的测量不确定度允许值和计量器具选用原则。本标准适用于使用普通计量器具，如游标卡尺、千分尺及车间使用的比较仪、投影仪等量具量仪，对图样上注出的公差等级为 6～18 级（IT6～IT18）、公称尺寸至 500mm 的光滑工件尺寸的检验，也适用于对一般公差尺寸的检验。GB/T 34634—2017《产品几何技术规范（GPS）光滑工件尺寸（500～10000mm）测量　计量器具选择》规定了 500～10000mm 光滑工件尺寸检验的验收原则、验收极限、测量设备选用原则、测量设备的测量不确定度允许值和仲裁。该标准适用于产品加工、最终检验等过程，对公差等级为 1～18 级（IT1～IT18）、公称尺寸 500～10000mm 的光滑工件尺寸的检验。

8.2.2　光滑工件尺寸检验基础

光滑工件尺寸检验遵守的准则是仅接收位于规定的尺寸极限之内的工件。

由于计量器具和计量系统都存在误差，故任何测量都不能测出真值。另外，多数通用计量器具通常只用于测量尺寸，不测量工件上可能存在的形状误差。因此，对遵循包容要求的尺寸要素，工件的完善检验还应测量形状误差（如圆度、直线度），并把这些形状误差的测量结果与尺寸的测量结果综合起来，以判定工件表面各部位是否超出最大实体边界。对遵循最大实体要求或最小实体要求的尺寸要素，综合形状和尺寸测量结果的被测作用尺寸不应超越其最大实体实效边界或最小实体实效边界。

在实际加工情况下，工件的形状误差通常取决于加工设备及工艺装备的精度，工件合格与否，只按一次测量来判断。对于温度、压陷效应等，以及计量器具和标准器的系统误差均不进行修正。

测量的标准温度为 20℃。如果工件与计量器具的线膨胀系数相同，测量时只要计量器具与工件保持相同的温度，可以偏离 20℃。

8.2.3　尺寸验收极限方式及选择

（1）尺寸验收极限方式

验收极限是判断工件尺寸合格与否的尺寸界限。验收极限方式包括三种，即非内缩验收极限、双边内缩验收极限、单边内缩验收极限。

1）非内缩验收极限。验收极限等于规定的最大实体尺寸（Maximum Material Size, MMS）和最小实体尺寸（Least Material Size, LMS）。

2）双边内缩验收极限。验收极限是从规定的最大实体尺寸（MMS）和最小实体尺寸（LMS）分别向工件公差带内移动一个安全裕度（A）来确定，如图 8-7 所示。A 值按工件公差（T）的 1/10 确定。

孔尺寸的验收极限：

上验收极限＝最小实体尺寸（LMS）－
安全裕度（A）

下验收极限＝最大实体尺寸（MMS）+
安全裕度（A）

轴尺寸的验收极限：

上验收极限＝最大实体尺寸（MMS）－
安全裕度（A）

下验收极限＝最小实体尺寸（LMS）+
安全裕度（A）

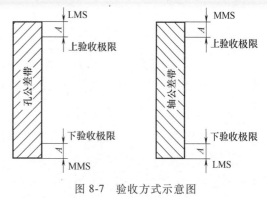

图 8-7　验收方式示意图

3）单边内缩验收极限。验收极限是从规定的最大实体尺寸（MMS）或最小实体尺寸（LMS）向工件公差带内单边移动一个安全裕度来确定。

（2）尺寸验收极限方式的选择

验收极限方式的选择要结合尺寸功能要求及其重要程度、尺寸公差等级、测量不确定度和过程能力等因素综合考虑。

1）对非配合和一般公差的尺寸，其验收极限按非内缩验收极限方式确定。

2）对遵循包容要求的尺寸、公差等级高的尺寸，其验收极限按双边内缩验收极限方式确定。

3）当过程能力指数 $C_p \geqslant 1$ 时，其验收极限可以按非内缩验收极限确定；但对遵循包容要求的尺寸，其最大实体尺寸一边的验收极限仍按单边内缩验收极限方式确定。

4）对偏态分布的尺寸，其验收极限可以仅对尺寸偏向的一边按单边内缩验收极限方式确定。

8.2.4　计量器具的选择

（1）计量器具选用原则

按照计量器具所导致的测量不确定度（简称为计量器具的测量不确定度）的允许值（u_1）选择计量器具。选择时，应使所选用的计量器具的测量不确定度数值等于或小于选定的 u_1 值。

（2）计量器具的测量不确定度允许值（u_1）

对于 0～500mm 光滑工件尺寸检验，计量器具的测量不确定度允许值（u_1）按测量不确定度（u）与工件公差的比值分档；对 IT6～IT11 的分为Ⅰ、Ⅱ、Ⅲ三档；对 IT12～IT18 的分为Ⅰ、Ⅱ两档。测量不确定度（u）的Ⅰ、Ⅱ、Ⅲ三档值分别为工件公差的 1/10、1/6、1/4。计量器具的测量不确定度允许量（u_1）约为测量不确定度（u）的 0.9 倍，其三档数值见表 8-11。

对于大于 500～10000mm 光滑工件尺寸检验，计量器具的测量不确定度允许值（u_1）按测量不确定度（u）与工件公差的比值分档；对 IT1～IT18 的工件分为Ⅰ、Ⅱ、Ⅲ、Ⅳ、Ⅴ五档，分别对应工件公差的 1/10、1/6、1/4、1/3、1/2。计量器具的测量不确定度允许值（u_1）约为测量不确定度（u）的 0.9 倍，其分档数值见表 8-12。一般情况下，优先选用Ⅰ档，其次选用Ⅱ档、Ⅲ档。在满足测量要求且使用现有计量器具更为方便、经济、合理的情况下，选用Ⅳ、Ⅴ档。

标准中测量不确定度的评定推荐采用 GB/T 18779.2 规定的方法，未做特别说明时，置信概率为 95%。

表8-11　0～500mm 光滑工件尺寸检验的安全裕度（A）与计量器具的测量不确定度允许值（u₁）　（单位：μm）

公称尺寸/mm 大于	至	6 T	6 A	6 u_1 I	6 u_1 II	6 u_1 III	7 T	7 A	7 u_1 I	7 u_1 II	7 u_1 III	8 T	8 A	8 u_1 I	8 u_1 II	8 u_1 III	9 T	9 A	9 u_1 I	9 u_1 II	9 u_1 III	10 T	10 A	10 u_1 I	10 u_1 II	10 u_1 III	11 T	11 A	11 u_1 I	11 u_1 II	11 u_1 III
—	3	6	0.6	0.5	0.9	1.4	10	1.0	0.9	1.5	2.3	14	1.4	1.3	2.1	3.2	25	2.5	2.3	3.8	5.6	40	4.0	3.6	6.0	9.0	60	6.0	5.4	9.0	14
3	6	8	0.8	0.7	1.2	1.8	12	1.2	1.1	1.8	2.7	18	1.8	1.6	2.7	4.1	30	3.0	2.7	4.5	6.8	48	4.8	4.3	7.2	11	75	7.5	6.8	11	17
6	10	9	0.9	0.8	1.4	2.0	15	1.5	1.4	2.3	3.4	22	2.2	2.0	3.3	5.0	36	3.6	3.3	5.4	8.1	58	5.8	5.2	8.7	13	90	9.0	8.1	14	20
10	18	11	1.1	1.0	1.7	2.5	18	1.8	1.7	2.7	4.1	27	2.7	2.4	4.1	6.1	43	4.3	3.9	6.5	9.7	70	7.0	6.3	11	16	110	11	10	17	25
18	30	13	1.3	1.2	2.0	2.9	21	2.1	1.9	3.2	4.7	33	3.3	3.0	5.0	7.4	52	5.2	4.7	7.8	12	84	8.4	7.6	13	19	130	13	12	20	29
30	50	16	1.6	1.4	2.4	3.6	25	2.5	2.3	3.8	5.6	39	3.9	3.5	5.9	8.8	62	6.2	5.6	9.3	14	100	10	9.0	15	23	160	16	14	24	36
50	80	19	1.9	1.7	2.9	4.3	30	3.0	2.7	4.5	6.8	46	4.6	4.1	6.9	10	74	7.4	6.7	11	17	120	12	11	18	27	190	19	17	29	43
80	120	22	2.2	2.0	3.3	5.0	35	3.5	3.2	5.3	7.9	54	5.4	4.9	8.1	12	87	8.7	7.8	13	20	140	14	13	21	32	220	22	20	33	50
120	180	25	2.5	2.3	3.8	5.6	40	4.0	3.6	6.0	9.0	63	6.3	5.7	9.5	14	100	10	9.0	15	23	160	16	15	24	36	250	25	23	38	56
180	250	29	2.9	2.6	4.4	6.5	46	4.6	4.1	6.9	10	72	7.2	6.5	11	16	115	12	10	17	26	185	19	17	28	42	290	29	26	44	65
250	315	32	3.2	2.9	4.8	7.2	52	5.2	4.7	7.8	12	81	8.1	7.3	12	18	130	13	12	19	29	210	21	19	32	47	320	32	29	48	72
315	400	36	3.6	3.2	5.4	8.1	57	5.7	5.1	8.4	13	89	8.9	8.0	13	20	140	14	13	21	32	230	23	21	35	52	360	36	32	54	81
400	500	40	4.0	3.6	6.0	9.0	63	6.3	5.7	9.5	14	97	9.7	8.7	15	22	155	16	14	23	35	250	25	23	38	56	400	40	36	60	90

公称尺寸/mm 大于	至	12 T	12 A	12 u_1 I	12 u_1 II	13 T	13 A	13 u_1 I	13 u_1 II	14 T	14 A	14 u_1 I	14 u_1 II	15 T	15 A	15 u_1 I	15 u_1 II	16 T	16 A	16 u_1 I	16 u_1 II	17 T	17 A	17 u_1 I	17 u_1 II	18 T	18 A	18 u_1 I	18 u_1 II
—	3	100	10	9.0	15	140	14	13	21	250	25	23	38	400	40	36	60	600	60	54	90	1000	100	90	150	1400	140	135	210
3	6	120	12	11	18	180	18	16	27	300	30	27	45	480	48	43	72	750	75	68	110	1200	120	110	180	1800	180	160	270
6	10	150	15	14	23	220	22	20	33	360	36	32	54	580	58	52	87	900	90	81	140	1500	150	140	230	2200	220	200	330
10	18	180	18	16	27	270	27	24	41	430	43	39	65	700	70	63	110	1100	110	100	170	1800	180	160	270	2700	270	240	400
18	30	210	21	19	32	330	33	30	50	520	52	47	78	840	84	76	130	1300	130	120	200	2100	210	190	320	3300	330	300	490
30	50	250	25	23	38	390	39	35	59	620	62	56	93	1000	100	90	150	1600	160	140	240	2500	250	220	380	3900	390	350	580
50	80	300	30	27	45	460	46	41	69	740	74	67	110	1200	120	110	180	1900	190	170	290	3000	300	270	450	4600	460	410	690
80	120	350	35	32	53	540	54	49	81	870	87	78	130	1400	140	130	210	2200	220	200	330	3500	350	320	530	5400	540	480	810
120	180	400	40	36	60	630	63	57	95	1000	100	90	150	1600	160	150	240	2500	250	230	380	4000	400	360	600	6300	630	570	940
180	250	460	46	41	69	720	72	65	110	1150	115	100	170	1800	180	170	280	2900	290	260	440	4600	460	410	690	7200	720	650	1080
250	315	520	52	47	78	810	81	73	120	1300	130	120	190	2100	210	190	320	3200	320	290	480	5200	520	470	780	8100	810	730	1210
315	400	570	57	51	86	890	89	80	130	1400	140	130	210	2300	230	210	350	3600	360	320	540	3700	570	510	850	8900	890	800	1330
400	500	630	63	57	95	970	97	87	150	1500	150	140	230	2500	250	230	380	4000	400	360	600	6300	630	570	950	9700	970	870	1450

表8-12　大于500~10000mm光滑工件尺寸检验的安全裕度（A）与计量器具的测量不确定度允许值（u₁）　（单位：μm）

公差等级	IT1								IT2								IT3							
			u_1								u_1								u_1					
公称尺寸/mm	T	A	I	II	III	IV	V		T	A	I	II	III	IV	V		T	A	I	II	III	IV	V	
大于 / 至																								
500 / 630	9	0.9	0.81	1.4	2	2.7	4.1		11	1.1	0.99	1.6	2.5	3.3	5		16	1.6	1.4	2.4	3.6	4.8	7.2	
630 / 800	10	1	0.9	1.5	2.2	3	4.5		13	1.3	1.2	2	2.9	3.9	5.8		18	1.8	1.6	2.7	4	5.4	8.1	
800 / 1000	11	1.1	0.99	1.6	2.5	3.3	5		15	1.5	1.4	2.2	3.4	4.5	6.8		21	2.1	1.9	3.2	4.7	6.3	9.4	
1000 / 1250	13	1.3	1.2	2	2.9	3.9	5.8		18	1.8	1.6	2.7	4	5.4	8.1		24	2.4	2.2	3.6	5.4	7.2	11	
1250 / 1600	15	1.5	1.4	2.2	3.4	4.5	6.8		21	2.1	1.9	3.2	4.7	6.3	9.4		29	2.9	2.6	4.4	6.5	8.7	13	
1600 / 2000	18	1.8	1.6	2.7	4	5.4	8.1		25	2.5	2.2	3.8	5.6	7.5	11		35	3.5	3.2	5.2	7.9	11	16	
2000 / 2500	22	2.2	2	3.3	5	6.6	9.9		30	3	2.7	4.5	6.8	9	14		41	4.1	3.7	6.2	9.2	12	18	
2500 / 3150	26	2.6	2.3	3.9	5.8	7.8	12		36	3.6	3.2	5.4	8.1	11	16		50	5	4.5	7.5	11	15	22	
3150 / 4000																								
4000 / 5000																								
5000 / 6300																								
6300 / 8000																								
8000 / 10000																								

公差等级	IT4								IT5								IT6							
			u_1								u_1								u_1					
公称尺寸/mm	T	A	I	II	III	IV	V		T	A	I	II	III	IV	V		T	A	I	II	III	IV	V	
大于 / 至																								
500 / 630	22	2.2	2	3.3	5	6.6	9.9		32	3.2	2.9	4.8	7.2	9.6	14		44	4.4	4	6.6	9.9	13	20	
630 / 800	25	2.5	2.2	3.8	5.6	7.5	11		36	3.6	3.2	5.4	8.1	11	16		50	5	4.5	7.5	11	15	22	
800 / 1000	28	2.8	2.5	4.2	6.3	8.4	13		40	4	3.6	6	9	12	18		56	5.6	5	8.4	13	17	25	
1000 / 1250	33	3.3	3	5	7.4	9.9	15		47	4.7	4.2	7	11	14	21		66	6.6	5.9	9.9	15	20	30	
1250 / 1600	39	3.9	3.5	5.8	8.8	12	18		55	5.5	5	8.2	12	16	25		78	7.8	7	12	18	23	35	
1600 / 2000	46	4.6	4.1	6.9	10	14	21		65	6.5	5.8	9.8	15	20	29		92	9.2	8.3	14	21	28	41	

（续）

公差等级

公称尺寸/mm 大于	至	公差等级	T	A	I	II	III	IV	V
2000	2500	IT4	55	5.5	5	8.2	12	16	25
2500	3150	IT4	68	6.8	6.1	10	15	20	31
2000	2500	IT5	78	7.8	7	12	18	23	35
2500	3150	IT5	96	9.6	8.6	14	22	29	43
2000	2500	IT6	110	11	9.9	16	25	33	50
2500	3150	IT6	135	14	12	20	30	40	62
3150	4000	IT6	165	17	15	25	37	50	74
4000	5000	IT6	200	20	18	30	45	60	90
5000	6300	IT6	250	25	22	38	56	74	110
6300	8000	IT6	310	31	28	46	70	92	140
8000	10000	IT6	380	38	34	57	86	110	170

（注：u₁ 栏含 I、II、III、IV、V 五列）

公差等级

公称尺寸/mm 大于	至	公差等级	T	A	I	II	III	IV	V
500	630	IT7	70	7	6.3	10	16	21	32
630	800	IT7	80	8	7.2	12	18	24	36
800	1000	IT7	90	9	8.1	14	20	27	40
1000	1250	IT7	105	11	9.5	16	24	32	47
1250	1600	IT7	125	13	11	19	28	38	56
1600	2000	IT7	150	15	14	22	34	45	68
2000	2500	IT7	175	18	16	26	39	52	78
2500	3150	IT7	210	21	19	32	47	63	94
3150	4000	IT7	260	26	23	39	58	78	110
4000	5000	IT7	320	32	29	48	72	96	140
5000	6300	IT7	400	40	36	60	90	120	180
6300	8000	IT7	490	49	44	74	110	150	220
8000	10000	IT7	600	60	54	90	140	180	270
500	630	IT8	110	11	9.9	16	25	33	49
630	800	IT8	125	13	11	19	28	38	56
800	1000	IT8	140	14	13	21	32	42	62
1000	1250	IT8	165	17	15	25	37	50	74
1250	1600	IT8	195	20	18	29	44	58	88
1600	2000	IT8	230	23	21	34	52	69	100
2000	2500	IT8	280	28	25	42	63	84	120
2500	3150	IT8	330	33	30	50	74	99	140
3150	4000	IT8	410	41	37	62	92	120	180
4000	5000	IT8	500	50	45	75	110	150	220
5000	6300	IT8	620	62	56	93	140	190	270
6300	8000	IT8	760	76	68	110	170	230	340
8000	10000	IT8	940	94	85	140	210	280	420
500	630	IT9	175	18	16	26	39	52	78
630	800	IT9	200	20	18	30	45	60	90
800	1000	IT9	230	23	21	34	52	69	100
1000	1250	IT9	260	26	23	39	58	78	110
1250	1600	IT9	310	31	28	46	70	93	140
1600	2000	IT9	370	37	33	56	83	110	160
2000	2500	IT9	440	44	40	66	99	130	190
2500	3150	IT9	540	54	49	81	120	160	240
3150	4000	IT9	660	66	59	99	150	200	290
4000	5000	IT9	800	80	72	120	180	240	360
5000	6300	IT9	980	98	88	150	220	290	440
6300	8000	IT9	1200	120	110	180	270	360	540
8000	10000	IT9	1500	150	140	220	340	450	680

（续）

公差等级									公差等级								
公称尺寸/mm		IT10		u_1					公称尺寸/mm		IT11		u_1				
大于	至	T	A	I	II	III	IV	V	大于	至	T	A	I	II	III	IV	V
500	630	280	28	25	42	63	84	130	500	630	440	44	40	66	99	130	200
630	800	320	32	29	48	72	96	140	630	800	500	50	45	75	110	150	220
800	1000	360	36	32	54	81	110	160	800	1000	560	56	50	84	130	170	250
1000	1250	420	42	38	63	94	130	190	1000	1250	660	66	59	99	150	200	300
1250	1600	500	50	45	75	110	150	220	1250	1600	780	78	70	120	180	230	350
1600	2000	600	60	54	90	140	180	270	1600	2000	920	92	83	140	210	280	410
2000	2500	700	70	63	100	160	210	320	2000	2500	1100	110	99	160	250	330	500
2500	3150	860	86	77	130	190	260	390	2500	3150	1350	135	120	200	300	400	610
3150	4000	1050	105	94	160	240	320	470	3150	4000	1650	165	150	250	370	500	740
4000	5000	1300	130	120	200	290	390	580	4000	5000	2000	200	180	300	450	600	900
5000	6300	1550	155	140	230	350	460	700	5000	6300	2500	250	220	380	560	750	1120
6300	8000	1950	195	180	290	440	580	880	6300	8000	3100	310	280	460	700	930	1400
8000	10000	2400	240	220	360	540	720	1080	8000	10000	3800	380	340	570	860	1140	1710

IT12

公称尺寸/mm		IT12		u_1				
大于	至	T	A	I	II	III	IV	V
500	630	700	70	63	100	160	210	320
630	800	800	80	72	120	180	240	360
800	1000	900	90	81	140	200	270	400
1000	1250	1050	105	94	160	240	320	470
1250	1600	1250	125	110	190	280	380	560
1600	2000	1500	150	140	220	340	450	680
2000	2500	1750	175	160	260	390	520	790
2500	3150	2100	210	190	320	470	630	940
3150	4000	2600	260	230	390	580	780	1170
4000	5000	3200	320	290	480	720	960	1440
5000	6300	4000	400	360	600	900	1200	1800
6300	8000	4900	490	440	740	1100	1470	2200
8000	10000	6000	600	540	900	1350	1800	2700

公差等级									公差等级								
公称尺寸/mm		IT13		u_1					公称尺寸/mm		IT14		u_1				
大于	至	T	A	I	II	III	IV	V	大于	至	T	A	I	II	III	IV	V
500	630	1100	110	99	160	250	330	500	500	630	1750	175	160	260	390	520	790
630	800	1250	125	110	190	280	380	560	630	800	2000	200	180	300	450	600	900
800	1000	1400	140	130	210	320	420	630	800	1000	2300	230	210	340	520	690	1040
1000	1250	1650	165	150	250	370	500	740	1000	1250	2600	260	230	390	580	780	1170
1250	1600	1950	195	180	290	440	580	880	1250	1600	3100	310	280	460	700	930	1400
1600	2000	2300	230	210	340	520	690	1040	1600	2000	3700	370	330	560	830	1110	1660

IT15

公称尺寸/mm		IT15		u_1				
大于	至	T	A	I	II	III	IV	V
500	630	2800	280	250	420	630	840	1260
630	800	3200	320	290	480	720	960	1440
800	1000	3600	360	320	540	810	1080	1620
1000	1250	4200	420	380	630	940	1260	1890
1250	1600	5000	500	450	750	1120	1500	2250
1600	2000	6000	600	540	900	1350	1800	2700

（续）

IT13 / IT14 / IT15

公差等级		IT13							IT14							IT15						
公称尺寸/mm		T	A	u_1					T	A	u_1					T	A	u_1				
大于	至			I	II	III	IV	V			I	II	III	IV	V			I	II	III	IV	V
2000	2500	2800	280	250	420	630	840	1260	4400	440	400	660	990	1320	1980	7000	700	630	1050	1580	2100	3150
2500	3150	3300	330	300	500	740	990	1480	5400	540	490	810	1220	1620	2430	8600	860	770	1290	1940	2580	3870
3150	4000	4100	410	370	620	920	1230	1840	6600	660	590	990	1480	1980	2970	10500	1050	940	1580	2360	3150	4720
4000	5000	5000	500	450	750	1120	1500	2250	8000	800	720	1200	1800	2400	3600	13000	1300	1170	1950	2920	3900	5850
5000	6300	6200	620	560	930	1400	1860	2790	9800	980	880	1470	2200	2940	4410	15500	1550	1400	2320	3490	4650	6980
6300	8000	7600	760	680	1140	1710	2280	3420	12000	1200	1080	1800	2700	3600	5400	19500	1950	1760	2920	4390	5850	8780
8000	10000	9400	940	850	1410	2120	2820	4230	15000	1500	1350	2250	3380	4500	6750	24000	2400	2160	3600	5400	7200	10800

IT16 / IT17 / IT18

公差等级		IT16							IT17							IT18						
公称尺寸/mm		T	A	u_1					T	A	u_1					T	A	u_1				
大于	至			I	II	III	IV	V			I	II	III	IV	V			I	II	III	IV	V
500	630	4400	440	400	660	990	1320	1980	7000	700	630	1050	1580	2100	3150	11000	1100	990	1650	2480	3300	4950
630	800	5000	500	450	750	1120	1500	2250	8000	800	720	1200	1800	2400	3600	12500	1250	1120	1880	2810	3750	5620
800	1000	5600	560	500	840	1260	1680	2520	9000	900	810	1350	2020	2700	4050	14000	1400	1260	2100	3150	4200	6300
1000	1250	6600	660	590	990	1480	1980	2970	10500	1050	940	1580	2360	3150	4720	16500	1650	1480	2480	3710	4950	7420
1250	1600	7800	780	700	1170	1760	2340	3510	12500	1250	1120	1880	2810	3750	5620	19500	1950	1760	2920	4390	5850	8780
1600	2000	9200	920	830	1380	2070	2760	4140	15000	1500	1350	2250	3380	4500	6750	23000	2300	2070	3450	5180	6900	10400
2000	2500	11000	1100	990	1650	2480	3300	4950	17500	1750	1580	2620	3940	5250	7880	28000	2800	2520	4200	6300	8400	12600
2500	3150	13500	1350	1220	2020	3040	4050	6080	21000	2100	1890	3150	4720	6300	9450	33000	3300	2970	4950	7420	9900	14800
3150	4000	16500	1650	1480	2480	3710	4950	7420	26000	2600	2340	3900	5850	7800	11700	41000	4100	3690	6150	9220	12300	18400
4000	5000	20000	2000	1800	3000	4500	6000	9000	32000	3200	2880	4800	7200	9600	14400	50000	5000	4500	7500	11200	15000	22500
5000	6300	25000	2500	2250	3750	5620	7500	11200	40000	4000	3600	6000	9000	12000	18000	62000	6200	5580	9300	14000	18600	27900
6300	8000	31000	3100	2790	4650	6980	9300	14000	49000	4900	4410	7350	11000	14700	22000	76000	7600	6840	11400	17100	22800	34200
8000	10000	38000	3800	3420	5700	8550	11400	17100	60000	6000	5400	9000	13500	18000	27000	94000	9400	8460	14100	21200	28200	42300

8.2.5 误判概率与验收质量的评估

按验收原则规定，所用验收方法应只接收位于规定尺寸极限之内的工件。但是，由于计量器具和计量系统都存在误差，任何测量都可能发生误判概率。以下计算了测量误差引起的误判概率，并用误判概率的大小来评估验收质量的高低。

验收工件时发生的误判有两类，即误收与误废。误收是指把尺寸超出规定尺寸极限的工件判为合格；误废是指把处在规定尺寸极限之内的工件判为不合格。误收影响产品质量，误废造成经济损失。误收概率（以下简称为误收率）或误废概率（以下简称为误废率）统称为误判概率。

（1）误判概率的计算

如图 8-8 所示，误收率、误废率的计算公式见式（8-1）~式（8-4）。

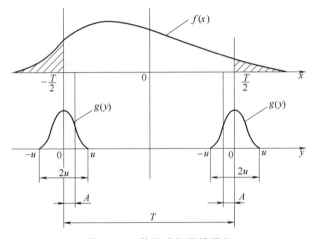

图 8-8 工件尺寸与测量误差

$$m = \int_{\frac{T}{2}}^{\left(\frac{T}{2}+u-A\right)} f(x) \left[\int_{-u}^{\left(\frac{T}{2}-x-A\right)} g(y)\,\mathrm{d}y \right] \mathrm{d}x + \int_{-\left(\frac{T}{2}+u-A\right)}^{-\frac{T}{2}} f(x) \left[\int_{-\left(\frac{T}{2}-x-A\right)}^{u} g(y)\,\mathrm{d}y \right] \mathrm{d}x$$

$$(8-1)$$

$$\left(\text{等号右端第 1 项 } x > \frac{T}{2}, \text{ 第 2 项 } x < -\frac{T}{2}\right)$$

$$n = \int_{\left(\frac{T}{2}-u-A\right)}^{\frac{T}{2}} f(x) \left[\int_{\left(\frac{T}{2}-x-A\right)}^{u} g(y)\,\mathrm{d}y \right] \mathrm{d}x + \int_{-\frac{T}{2}}^{-\left(\frac{T}{2}-u-A\right)} f(x) \left[\int_{-u}^{-\left(\frac{T}{2}-x-A\right)} g(y)\,\mathrm{d}y \right] \mathrm{d}x$$

$$\left(-\frac{T}{2} < x < \frac{T}{2}\right) \quad (8-2)$$

当 $f(x)$ 为对称型分布函数时，以上两式可以简化为

$$m = 2\int_{\frac{T}{2}}^{\left(\frac{T}{2}+u-A\right)} f(x) \left[\int_{-u}^{\left(\frac{T}{2}-x-A\right)} g(y)\,\mathrm{d}y \right] \mathrm{d}x \left(x > \frac{T}{2}\right) \quad (8-3)$$

$$n = 2\int_{\left(\frac{T}{2}-u-A\right)}^{\frac{T}{2}} f(x) \left[\int_{\left(\frac{T}{2}-x-A\right)}^{u} g(y)\,\mathrm{d}y \right] \mathrm{d}x \quad \left(-\frac{T}{2} < x < \frac{T}{2}\right) \quad (8-4)$$

式中　m——误收率；

　　　n——误废率；

　　　x——工件尺寸；

　　　y——测量误差；

　　$f(x)$——工件尺寸密度函数；

　　$g(y)$——测量误差密度函数；

　　　T——工件公差；

　　　A——安全裕度；

　　　u——测量不确定度。

由计算公式可见，m 与 n 决定于 x 与 y 的分布形式及其积分界限。这里工件公差 T 以标准差 σ 为单位，测量不确定度 u 以标准差 s 为单位。引入过程能力指数 $C_p = \dfrac{T}{C\sigma}$，测量误差比 $v = 2u/T$，于是误收率 m 与误废率 n 值决定于 $f(x)$、C_p、$g(y)$、v 及 A。其中，$f(x)$ 与 C_p 决定于过程条件，$g(y)$ 与 v 决定于测量条件，A 决定验收极限。

（2）按不内缩决定验收极限验收工件时的误判概率

1）工件尺寸遵循正态分布。验收极限按不内缩决定，即 $A = 0$。工件尺寸遵循正态分布，$C_p = \dfrac{T}{6\sigma}$；测量误差遵循正态分布并取 $u = 2s$（置信概率 95%），当测量误差比 $v = 1/2$ 时，m 与 n 值如图 8-9 及表 8-13 所示。

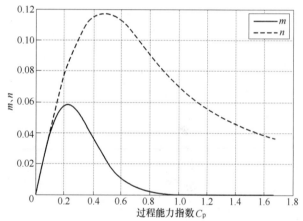

图 8-9　正态分布时的误收率 m 与误废率 n

表 8-13　正态分布时的误收率 m 与误废率 n

C_p		0.33	0.67	1.00	C_p		0.33	0.67	1.00
$m(\%)$	Ⅰ	1.61	0.61	0.06	$n(\%)$	Ⅰ	1.83	0.97	0.17
	Ⅱ	2.58	0.91	0.08		Ⅱ	3.15	1.89	0.42
	Ⅲ	3.68	℃.16	0.10		Ⅲ	4.92	3.41	1.07
	Ⅳ	4.01	1.25	0.12		Ⅳ	6.71	5.20	2.27
	Ⅴ	4.96	1.52	0.12		Ⅴ	10.7	10.58	7.04

可见，工件尺寸与测量均遵循正态分布，通常 m 与 n 值都不大。例如：$C_p = 0.67$，m 约为 1%，n 约为 10%（Ⅴ档）；$C_p = 1$，m 约为 0.10%，n 约为 7.0%（Ⅴ档）。

工件尺寸遵循正态分布，而测量误差遵循均匀分布时，$u = 1.73s$，这时 m 与 n 值均增加约 10%。

2）工件尺寸遵循偏态分布。在单件生产条件下，工件尺寸可能趋向偏态分布。引用 β 分布描述偏态分布，其方程式为

$$f(x) = \frac{1}{B(p,q)} x^{p-1}(1-x)^{q-1} \qquad (0 < x < 1) \qquad (8-5)$$

令 $p=1.5$、$q=3$，或反之 $p=3$、$q=1.5$，得偏向不同的两种偏态分布，如图 8-10 所示。这时：

$$f(x)=6.5625x^{0.5}(1-x)^2 \text{ 或 } f(x)=6.5625x^2(1-x)^{0.5} \tag{8-6}$$

该分布数学期望 $E(x)$、标准差 σ、相对不对称系数 e、相对分布系数 K 分别为

$$E(x)=\frac{bp+aq}{p+q}=0.33 \text{ 或 } E(x)=0.67$$

$$\sigma=\frac{(b-a)\sqrt{pq}}{(p+q)\sqrt{p+q+1}}=0.20$$

$$e=\frac{p-q}{p+q}=\mp 0.33$$

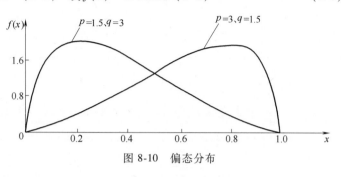

图 8-10　偏态分布

$$K=\frac{6}{p+q}\sqrt{\frac{pq}{p+q+1}}=1.21$$

此处，$a=0$，$b=1$。偏态分布及其参数如图 8-11 所示。

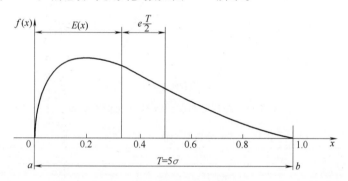

图 8-11　偏态分布及其参数

误判概率：验收极限按不内缩决定，即 $A=0$。工件尺寸遵循偏态分布，$C_{\mathrm{p}}=\dfrac{T}{5\sigma}$；测量误差遵循正态分布并取 $u=2s$，当测量误差比 $v=1/2$ 时，m 与 n 值如图 8-12 及表 8-14 所示。

可见，工件尺寸遵循偏态分布时，m 与 n 值均比正态分布时增加 1 倍多。例如：$C_{\mathrm{p}}=0.67$，m 约为 3%，n 约为 14%（V 档）；$C_{\mathrm{p}}=1$，$m=0$，n 约为 14%（V 档）。

工件尺寸遵循偏态分布，而测量误差遵循均匀分布时，$u=1.73s$，这时 m 与 n 值均增加约 10%。

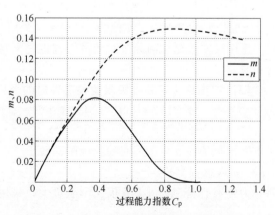

图 8-12　偏态分布时的误收率 m 与误废率 n

表 8-14　偏态分布时的误收率 m 与误废率 n

C_p		0.33	0.67	1.00	C_p		0.33	0.67	1.00
$m(\%)$	I	1.77	1.65	0	$n(\%)$	I	1.82	2.31	1.66
	II	2.92	2.20	0		II	3.06	4.07	3.44
	III	4.30	2.63	0		III	4.64	6.45	6.03
	IV	5.76	3.30	0		IV	6.48	9.01	8.53
	V	8.12	3.67	0		V	9.84	14.36	14.69

3) 工件尺寸遵循均匀分布。验收极限按不内缩决定，即 $A=0$。工件尺寸遵循均匀分布，$C_p = \dfrac{T}{3.46\sigma}$；测量误差遵循正态分布并取 $u=2s$。当测量误差比 $v=1/2$ 时，m 与 n 值如图 8-13 及表 8-15 所示。

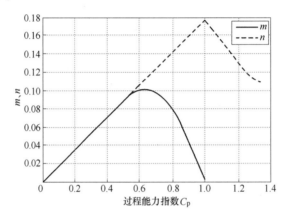

图 8-13　均匀分布时误收率 m 与误废率 n

表 8-15　均匀分布时的误收率 m 与误废率 n

C_p		0.33	0.67	1.00	C_p		0.33	0.67	1.00
$m(\%)$	I	1.20	2.40	0	$n(\%)$	I	1.20	2.40	3.60
	II	2.00	4.00	0		II	2.00	4.00	6.00
	III	3.00	6.00	0		III	3.00	6.00	9.00
	IV	3.86	7.65	0		IV	3.86	7.89	11.79
	V	5.79	9.88	0		V	5.79	11.84	17.69

可见，工件尺寸遵循均匀分布时，m 与 n 值均比正态分布时增加了 1～2 倍。例如：$C_p = 0.67$，m 为 9.88%，n 值为 11.84%（V 档）；$C_p = 1$，m 为 0，n 为 17.69%。

工件尺寸遵循均匀分布，测量误差也遵循均匀分布时，$u=1.73s$，这时 m 与 n 值均增加约 30%。

（3）按内缩决定验收极限验收工件时的误判概率

令 $A=0$、$\dfrac{1}{5}u$、$\dfrac{2}{5}u$、$\dfrac{3}{5}u$、$\dfrac{4}{5}u$、$\dfrac{5}{5}u$，得不同的验收极限。取 $C_p=0.67$ 时，工件尺寸在不同分布条件下，按不同验收极限验收工件时的误判概率。可见，随 A 值增大，m 值迅速下降，n 值急剧上升。

为使 m 值降到很小，n 值又不至过大，采用多种验收极限：当 $C_p \geqslant 1$ 时，I、II、III 各档均取 $A=0$，即不内缩，以工件极限尺寸作为验收极限。当 $C_p<1$ 时，I 档 $A=\dfrac{5}{5}u$，即

100%内缩；Ⅱ档 $A = \dfrac{3}{5}u$，即60%内缩；Ⅲ档 $A = \dfrac{2}{5}u$，即40%内缩，按此决定各验收极限。

1）工件尺寸遵循正态分布。工件尺寸遵循正态分布时，不同验收极限得出的 m 与 n 值如图8-14及表8-16所示。可见，$A = 1u$ 时，误收率 m 值为零，但误废率 n 值过大，甚至高达30%。规定各验收极限的 m 与 n 值见表8-17。应当注意：配合尺寸只有当 $C_p \geqslant 1$ 时，才允许用 $A = 0$。因此表8-17中 n 第1项数值，取自表8-13中 $C_p = 1$ 时的相应数值。

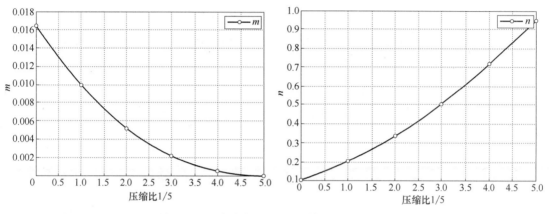

图8-14 正态分布时的 m、n 值随 A 值的变化

表8-16 正态分布时的 m、n 值随 A 值的变化

A/u		0	1/5	2/5	3/5	4/5	5/5	A/u		0	1/5	2/5	3/5	4/5	5/5
$m(\%)$	Ⅰ	0.61	0.35	0.18	0.07	0.01	0	$n(\%)$	Ⅰ	0.97	1.70	2.67	3.87	5.32	6.98
	Ⅱ	0.09	0.52	0.26	0.10	0.02	0		Ⅱ	1.88	3.41	5.51	8.23	11.6	15.6
	Ⅲ	1.16	0.70	0.36	0.14	0.03	0		Ⅲ	3.14	6.30	10.6	16.1	23.1	31.7
	Ⅳ	1.37	0.80	0.41	0.15	0.03	0		Ⅳ	5.30	9.86	16.6	25.9	37.8	52.2
	Ⅴ	1.65	0.97	0.51	0.20	0.04	0		Ⅴ	10.6	19.9	33.4	51.0	72.1	95.2

表8-17 正态分布时各验收极限的 m 与 n 值

A/u		0	2/5	3/5	5/5	A/u		0	2/5	3/5	5/5
$m(\%)$	Ⅰ	0	—	—	0	$n(\%)$	Ⅰ	0.17	—	—	6.98
	Ⅱ	0	—	0.10	—		Ⅱ	0.42	—	8.23	—
	Ⅲ	0	0.36	—	—		Ⅲ	1.07	10.6	—	—
	Ⅳ	0	0.41	—	—		Ⅳ	2.27	16.6	—	—
	Ⅴ	0	0.51	—	—		Ⅴ	7.04	33.4	—	—

2）工件尺寸遵循偏态分布。工件尺寸遵循偏态分布时，不同验收极限得出的 m 与 n 值如图8-15及表8-18所示。可见，各 m 与 n 值均比正态分布时相应值大。规定各验收极限的 m 与 n 值见表8-19。表8-19中 m 或 n 第1项数值取自表8-14中 $C_p = 1$ 时的相应数值。

表8-18 偏态分布时的 m、n 值随 A 值的变化

A/u		0	1/5	2/5	3/5	4/5	5/5	A/u		0	1/5	2/5	3/5	4/5	5/5
$m(\%)$	Ⅰ	1.65	0.95	0.47	0.18	0.04	0	$n(\%)$	Ⅰ	2.31	3.94	6.00	8.42	11.10	14.10
	Ⅱ	2.20	1.32	0.68	0.27	0.06	0		Ⅱ	4.07	6.99	10.70	15.10	20.10	25.50
	Ⅲ	2.63	1.61	0.85	0.35	0.07	0		Ⅲ	6.45	11.10	17.00	24.10	32.20	40.90
	Ⅳ	3.30	1.95	1.00	0.40	0.10	0		Ⅳ	9.00	15.32	23.69	33.70	45.06	57.38
	Ⅴ	3.70	2.20	1.20	0.50	0.10	0		Ⅴ	14.36	24.42	37.70	53.49	71.17	89.92

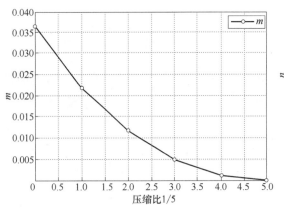
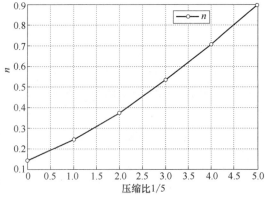

图 8-15　偏态分布时的 m、n 值随 A 值的变化

表 8-19　偏态分布时各验收极限的 m 与 n 值

A/u		0	2/5	3/5	5/5	A/u		0	2/5	3/5	5/5
$m(\%)$	I	0	—	—	0	$n(\%)$	I	1.66	—	—	14.1
	II	0	—	0.27	—		II	3.44	—	15.1	—
	III	0	0.85	—	—		III	6.03	17.0	—	—
	IV	0	1.00	—	—		IV	8.53	23.69	—	—
	V	0	1.20	—	—		V	14.69	37.70	—	—

　　3）工件尺寸遵循均匀分布。工件尺寸遵循均匀分布时，不同验收极限得出 m 与 n 值如图 8-16 及表 8-20 所示。可见，各 m 与 n 值均比正态分布时相应值大，规定验收极限的 m 与 n 值见表 8-21。表 8-21 中的 m 或 n 第 1 项数值取自表 8-15 中 $C_p = 1$ 时的相应数值。当测量误差比 $\nu = 1/2$ 时，误收率 m 和误废率 n 随 A 值的变化如图 8-16 所示。

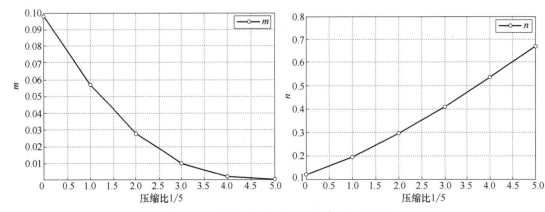

图 8-16　均匀分布时的 m、n 值随 A 值的变化

表 8-20　均匀分布时的 m、n 值随 A 值的变化

A/u		0	1/5	2/5	3/5	4/5	5/5	A/u		0	1/5	2/5	3/5	4/5	5/5
$m(\%)$	I	2.40	1.34	0.64	0.23	0.05	0	$n(\%)$	I	2.40	4.02	6.00	8.28	10.8	13.4
	II	4.00	2.22	1.06	0.39	0.08	0		II	4.00	7.07	9.97	13.7	17.9	22.3
	III	6.00	3.34	1.60	0.59	0.12	0		III	6.00	10.0	15.0	20.7	27.0	33.5
	IV	7.63	4.15	1.93	0.66	0.12	0		IV	7.90	13.10	19.73	27.37	35.73	44.51
	V	9.88	5.68	2.80	1.00	0.18	0		V	11.84	19.63	29.60	41.05	53.59	66.76

表 8-21　均匀分布时各验收极限的 m、n 值

A/u		0	2/5	3/5	5/5	A/u		0	2/5	3/5	5/5
$m(\%)$	I	0	—	—	0	$n(\%)$	I	3.60	—	—	13.4
	II	0	—	0.39	—		II	6.00	—	13.7	—
	III	0	1.60	—	—		III	9.00	15.0	—	—
	IV	0	1.93	—	—		IV	11.79	19.73	—	—
	V	0	2.80	—	—		V	17.69	29.60	—	—

8.2.6　用通用计量器具测量长度尺寸的示例

常见的游标类、螺旋测微量具，如游标卡尺、千分尺等广泛用于长度尺寸的测量，还有一些典型的计量器具介绍如下。

（1）卧式测长仪

卧式测长仪是一种符合阿贝测长原则的计量光学仪器，其采用精密线纹尺作为实物基准，并通过显微镜细分读数。卧式测长仪可对零件的外尺寸进行直接测量和比较测量，也可用来测量内尺寸，如孔径、槽宽，此外，利用仪器附件，还可测定各种特殊工件，如小孔内径、内外螺纹中径等。

卧式测长仪结构原理图如图 8-17 所示。在进行尺寸测量时，首先将尾座 10 的测头与仪器测座的测头接触，通过读数显微镜得到第一次读数。然后固定尾座，移动测座，将被测工件安装在两个测头之间，并保证被测尺寸与测量轴线同轴，再从读数显微镜中读取第二个读数，两次读数之差即为被测工件的实际尺寸。由光源 8 发出光线经过滤色片 7、聚光镜 6 后照亮基准线纹尺 5，经过物镜 4 成像于螺旋分划板 2 上，在读数显微镜的目镜 1 中，可以看到三种刻度重合在一起：一种是毫米线纹尺上的刻度，其间隔为 1mm；另一种是间隔为 0.1mm 的十等分刻度，在十等分分划板 3 上；再一种是有 10 圈多一点的阿基米德螺旋线刻

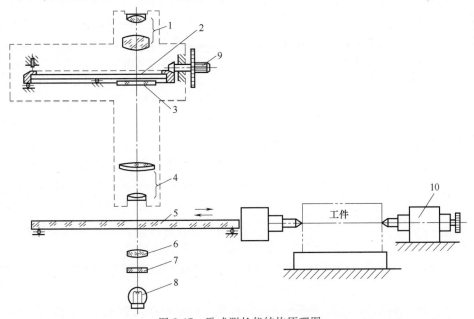

图 8-17　卧式测长仪结构原理图

1—目镜　2—螺旋分划板　3—十等分分划板　4—物镜　5—基准线纹尺　6—聚光镜　7—滤色片
8—光源　9—微调手柄　10—尾座

度，在螺旋分划板 2 上，其螺距为 0.1mm，在螺旋线里圈的圆周上有 100 格圆周刻度，每格圆周刻度代表阿基米德螺旋线移动 0.001mm。读数时，旋转螺旋分划板微调手柄 9，使得毫米刻度线位于某阿基米德螺旋线双刻度线之间。卧式测长仪的主要技术参数见表 8-22。

表 8-22　卧式测长仪的主要技术参数

分度值		0.001mm
刻度范围	直接测量	0 ~ 100mm
	外尺寸测量	0 ~ 500mm
	外螺纹中径测量	0 ~ 180mm
	内尺寸测量	10 ~ 200mm
	内螺纹中径测量	10 ~ 200mm
测量力		1.5 ~ 2.5N
示值稳定性		≤ 0.4μm
测量不确定度	外尺寸	$\pm(1.5\mu m + L/100)$
	内尺寸	$\pm(2\mu m + L/100)$

注：L 为被测长度或直径，单位为 mm。

在实际应用中，常常采用提高测量精度的多种措施，如精细地调整仪器，利用高精度的标准量规做比较测量等，使测量误差有可能控制在 0.001mm 左右。

（2）激光干涉仪

激光干涉仪采用激光器作为光源，以激光稳定的波长作为基准，利用光波干涉原理实现尺寸的精密测量。激光干涉测量法是目前尺寸测量中比较理想的方法。激光具有良好的方向性、单色性和相干性等优点，测量精度高。

1）单频激光干涉仪。用单频激光干涉仪测量大尺寸是将由同一激光器发出的光束，经过分光镜后分成频率相同的两路相干光束。它们分别经固定参考棱镜和随被测件移动的可动棱镜（图 8-18）反射，而在分光面上重新汇合而产生干涉，相应的被测长度对应于干涉场的干涉条纹信号变化的次数，通过光电接收、转换和电路处理，求出相应被测长度的数值。单频激光干涉仪的光学系统如图 8-18 所示，1 为激光器，包括激光管光源、光电转换系统和放大器系统；2 为干涉装置，主要由分光部件和固定参考棱镜部件组成；3 为反射靶系统，包括可动棱镜以及和它同时运动的测量装置系统。在进行尺寸测量时，温度误差将对被测件的尺寸有较大影响，故对测量环境应有一定的要求，必要时应对上述影响进行修正。

2）双频激光干涉仪。当光波接收装置与光源做相对运动时，单位时间内接收装置所接收到的光波数（即频率 f）将与光源实际发出的光波数（频率 f_0）有所不同。这种现象称为光的多普勒效应。设光源固定不动。接收装置以速度 v 趋向于光源，即接收装置迎着光波的传播方向移动，则相当于光波以 $c+v$ 射向接收装置，c 为光波的传播速度。因此，单位时间内到达接收装置的光波数等于 $f=f_0(1+v/c)$。即接收装置的频率等于光源频率的（$1+v/c$）倍。

双频激光干涉仪以交变信号作为参考信号，可避免零点漂移，有较强的抗干扰能力，可在现场使用，测量长度可达 60m 左右。此外，如配以简单的附件，还可对角度、直线度等进行测量。双频激光干涉仪的最小分辨率为 0.08μm，最大位移速度为 300mm/s，其测量精度已达到 $1\times10^{-7}L$（L 为被测长度）。图 8-19 所示为双频激光干涉仪的光学系统。将氦氖激光器 1 置于一轴向磁场之中，由于塞曼效应的作用，使激光谱线分为两个幅值相同且方向相反的左、右旋圆偏振光，又由于频率牵引的作用，使这两支光的频率 f_1 和 f_2 相差不大，一般为 1.5MHz 左右，处在激光的可"拍"频差之内。这两支频率分别为 f_1、f_2 的圆偏振光，

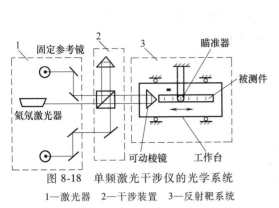

图 8-18　单频激光干涉仪的光学系统
1—激光器　2—干涉装置　3—反射靶系统

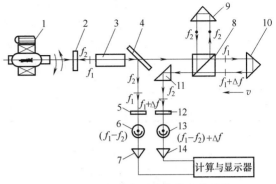

图 8-19　双频激光干涉仪的光学系统
1—氦氖激光器　2—波片　3—准直系统　4—分光镜
5、12—检偏器　6、13—光电管　7—前置放大器
8—偏振分类器　9—参考镜　10—测量镜
11—棱镜　14—放大器

通过 $\lambda/4$ 波片 2 之后，形成两个振动方向互相垂直的线偏振光（设 f_1 平行于纸面，f_2 垂直于纸面）。它们经准直系统 3 扩束后，在分光镜 4 上被分为两部分：一部分作为参考光束被反射，经 45° 放置的检偏器 5 产生拍频为 (f_1-f_2) 的"拍"，该信号由光电管 6 接收并转换为电信号，进入前置放大器 7 后送计算机处理；另一部分光透过分光镜 4，沿原方向射向偏振分光镜 8。互相垂直的频率为 f_1 和 f_2 的偏振光，在分光面上分别被反射和透射至参考镜 9 和测量镜 10，然后再反射回，在分光面处汇合。其中，由测量镜 10 返回的偏振光由于多普勒效应，频率变为 $f=f_1+\Delta f$ 其中 $\Delta f=\dfrac{2v}{c}f_1$，$v$ 为测量镜移动速度。这两支光汇合后，经棱镜 11 反射到 45° 放置的检偏器 12 上产生"拍"，信号由光电管 13 接收，经放大器 14 后，送计算机处理。

计算机将两路信号进行同步相减，得出在时间 t 内与被测长度对应的多普勒频差为

$$k = \int_0^t \Delta f \mathrm{d}t = \int_0^t \frac{2v}{c}f_1 \mathrm{d}t$$

由于 $\qquad\qquad\qquad\qquad c=\lambda f_1、\quad v=\mathrm{d}L/\mathrm{d}t$

则 $\qquad\qquad\qquad\qquad\qquad k = \int_0^L \frac{2}{\lambda}\mathrm{d}L = \frac{2L}{\lambda}$

故被测长度 L 为

$$L = k\frac{\lambda}{2}$$

8.3　专用计量器具（光滑极限量规）设计及应用判则

8.3.1　光滑极限量规

光滑极限量规是一种能反映被检孔或轴边界条件的无刻度的专用计量器具。它以被检孔

或轴的上极限尺寸和下极限尺寸为公称尺寸。

用于检验孔径的光滑极限量规为塞规,其测量面为外圆柱面。用于检验轴径的光滑极限量规为卡规或环规,其测量面为内圆环面。两者的对比见表8-23。

按量规的用途分,量规种类有操作者使用的工作量规、检验部门或用户代表使用的验收量规和用于校对轴用量规的校对量规。

表 8-23　塞规和止规对比

分类	图　示	说　明
塞规	孔上极限尺寸　通　止　孔下极限尺寸	通规,圆柱直径具有被检孔径下极限尺寸的为孔用通规。使用时,通规可通过被检孔,表示孔径不小于下极限尺寸
		止规,圆柱直径具有被检孔径上极限尺寸的为孔用止规。使用时,止规不通过被检孔,表示孔径不大于上极限尺寸
卡规	轴下极限尺寸　通　止　轴上极限尺寸	通规,圆环直径具有被检轴径上极限尺寸的为轴用通规。使用时,通规可通过被检轴,表示轴径不大于上极限尺寸
		止规,圆环直径具有被检轴径下极限尺寸的为轴用止规。使用时,止规不通过被检轴,表示轴径不小于下极限尺寸

8.3.2　光滑极限量规设计原则

光滑极限量规的设计符合极限尺寸判断原则(即泰勒原则)。

通规用于控制工件的作用尺寸,其测量对象是与孔或轴形状相对应的完整表面。通规的公称尺寸等于被测要素的最大实体尺寸,且长度不小于配合长度。止规用于控制被测要素的实际尺寸,其测量面是点状的,止规的两测量面之间的公称尺寸等于被测要素的最小实体尺寸。

若在某些场合下应用符合极限尺寸判断原则的量规不方便时,可在保证被检验工件的形状误差不致影响配合性质的条件下,使用偏离极限尺寸判断原则的量规,参见 GB/T 1957 附录 C。

8.3.3　量规公差及量规型式

量规尺寸公差带及其位置如图8-20所示,图中的符号及说明见表8-24。

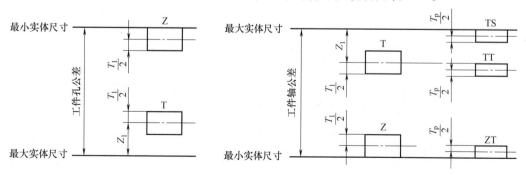

图 8-20　量规尺寸公差带及其位置

表 8-24 符号及说明

符号	说　　　明
T_1	工作量规尺寸公差
Z_1	通端工作量规尺寸公差带的中心线至工件最大实体尺寸之间的距离
T_p	工作环规的校对塞规的尺寸公差
T	通端工作环规(或塞规),应用时应通过轴(或孔)的全长
Z	止端工作环规(或塞规)。止端工作环规沿着和环绕(工件)不少于四个位置上进行检验;止端工作塞规不能通过孔内,宜在孔的两端进行检验
TT	"校通-通"塞规,该塞规的整个长度都应进入新制的通端工作环规孔内,而且应在孔的全长上进行检验
TS	"校通-损"塞规,该塞规不应进入完全磨损的校对工作环规孔内,宜在孔的两端进行检验
ZT	"校止-通"塞规,其整个长度都应进入制造的通端工作环规孔内,而且应在孔的全长上进行检验

　　工作量规的尺寸公差数值及其通端位置要素值按 GB/T 1957 的规定进行选取；量规的形状和位置误差在其尺寸公差带内、其公差为量规尺寸公差的 50%。当量规尺寸公差小于或等于 0.002mm 时，其形状和位置公差为 0.001mm。校对塞规尺寸公差为被校对轴用工作量规尺寸公差的 1/2；校对塞规的尺寸公差中包含形状误差。

　　检验工件的光滑极限量规的型式很多，合理选择和使用对正确判断测量结果影响很大。推荐的量规型式和应用尺寸范围见表 8-25。

表 8-25 推荐的量规型式和应用尺寸范围

用　　途	推荐顺序	量规的工作尺寸/mm			
		≤18	>18~100	>100~315	>315~500
工件孔用的通端量规型式	1	全形塞规		不全形塞规	球端杆规
	2	—	不全形塞规或片形塞规	片形塞规	
工件孔用的止端量规型式	1	全形塞规	全形或片形塞规		球端杆规
	2	不全形塞规			
工件轴用的通端量规型式	1	环规		卡规	
	2	卡规			
工件轴用的止端量规型式	1	卡规			
	2	环规	—		

8.3.4　光滑极限量规的应用判则

(1) 合格性判则

　　用符合标准的量规检验工件，如通规能通过且止规不能通过，则该工件为合格品，否则工件不合格。

　　用于检验孔径的光滑极限量规即塞规，其测量面为外圆柱面，圆柱直径具有被检孔径下极限尺寸的为孔用通规，具有被检孔径上极限尺寸的为孔用止规。使用时，通规可通过被检孔，表示孔径不小于下极限尺寸，止规不通过被检孔，表示孔径不大于上极限尺寸。如此，说明被检孔径在规定的极限尺寸范围内，是合格的。

用于检验轴径的光滑极限量规即卡规或环规，其测量面为内圆环面，圆环直径具有被检轴径上极限尺寸的为轴用通规，具有被检轴径下极限尺寸的为轴用止规。使用时，通规通过被检轴，表示轴径不大于上极限尺寸，止规不通过被检轴，表示轴径不小于下极限尺寸。如此，则说明被检轴径在规定的极限尺寸范围内，是合格的。

（2）工序中检验

可以根据工序要求设计量规，并检验某一工序后的工件合格性，检验原则符合该工序的极限尺寸判断原则。

8.4 功能量规及应用示例

8.4.1 功能量规的基本概念和一般规定

（1）功能量规基本概念

1）功能量规。功能量规是当最大实体要求应用于被测要素和（或）基准要素时，用来确定它们的实际轮廓是否超出边界（最大实体实效边界、最大实体边界、最小实体实效边界或最小实体边界）的全形通规。

功能量规分为实体功能量规和虚拟功能量规两种。其中，实体功能量规有四种型式，即整体型、组合型、插入型和活动型。

2）功能量规的工作部位。实体功能量规的工作部位包括检验部位、定位部位和导向部位。检验部位是功能量规上用于模拟被测要素的边界的部位。定位部位是功能量规上用于模拟基准要素的边界或基准、基准体系的部位。导向部位是功能量规上便于检验部位和（或）定位部位进入被测要素和（或）基准要素的部位。

3）功能量规基准的建立。当最大实体要求应用于工件的基准要素时，由根据基准要素的边界（最大实体边界或最大实体实效边界）确定的定位部位建立功能量规的基准。当最大实体要求不应用于工件的基准要素时，由根据实际基准要素确定的定位部位建立基准。

（2）一般规定

1）当最大实体要求应用于被测要素时，功能量规的检验部位用于检验被测要素的实际轮廓是否超出最大实体实效边界。

2）当最大实体要求的零几何公差应用于被测要素时，功能量规的检验部位用于检验被测要素的实际轮廓是否超出最大实体边界，此时，可用功能量规代替光滑极限量规。

3）当被测要素不采用可逆的最大实体要求时，应先检验尺寸的合格性，再用功能量规检验。

4）检验工件时，对于使用实体量规而言，操作者应使用新制的或磨损较少的功能量规；检验者应使用与操作者使用相同型式但磨损较多的功能量规；用户代表应使用与操作者使用相同型式但接近磨损极限的功能量规。

5）当最小实体要求应用于被测要素时，功能量规的检验部位用于检验被测要素的实际轮廓是否超出最小实体实效边界。如果需要，可以采用虚拟功能量规检验。

（3）符号

功能量规的相关符号及说明见表 8-26。

表 8-26　功能量规的相关符号及说明

符号	说　明	符号	说　明
T_D	被测或基准内要素的尺寸公差	T_d	被测或基准外要素的尺寸公差
t	被测要素或基准要素的几何公差	T_t	被测要素或基准要素的综合公差
F_I	功能量规检验部位的极限偏差	S_{min}	插入型功能量规导向部位的最小间隙
T_I	功能量规检验部位的尺寸公差	T_G	功能量规导向部位的尺寸公差
t_I	功能量规检验部位的定向或定位公差	t_G	插入型或活动型功能量规导向部位固定件的定向或定位公差
W_I	功能量规检验部位的允许磨损量	W_G	功能量规导向部位的允许磨损量
D_I、d_I	功能量规检验部位内、外要素的尺寸	D_G、d_G	功能量规导向部位的尺寸
D_{IB}、d_{IB}	功能量规检验部位内、外要素的公称尺寸	D_{GB}、d_{GB}	功能量规导向部位的公称尺寸
D_{IW}、d_{IW}	功能量规检验部位内、外要素的磨损极限尺寸	D_{GW}、d_{GW}	功能量规导向部位的磨损极限尺寸
W_L	功能量规定位部位的允许磨损量	t'_G	插入型或活动型功能量规导向部位的台阶形插入件的同轴度或对称度公差
T_L	功能量规定位部位的尺寸公差	D_{LB}、d_{LB}	功能量规定位部位内、外要素的公称尺寸
t_L	功能量规定位部位的定向或定位公差	D_{LW}、d_{LW}	功能量规定位部位内、外要素的磨损极限尺寸
D_L、d_L	功能量规定位部位内、外要素的尺寸		

8.4.2　功能量规的公差

（1）尺寸公差带位置

1）检验部位的尺寸公差带位置。被测内、外要素及其功能量规检验部位的尺寸公差带位置，如图 8-21 所示。

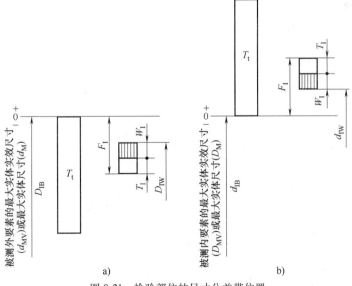

图 8-21　检验部位的尺寸公差带位置

a）检验部位为内要素　b）检验部位为外要素

2）定位部位的尺寸公差带位置。依次检验时，基准内、外要素及其功能量规定位部位的尺寸公差带位置（基本偏差为零），如图 8-22 所示。

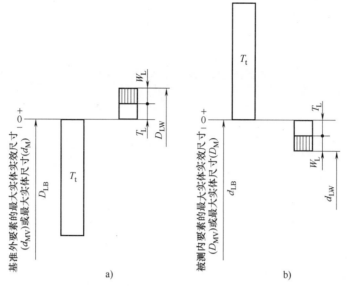

图 8-22　定位部位的尺寸公差带位置

a）导向部位为内要素　b）导向部位为外要素

共同检验时，基准要素视同为被测要素，功能量规定位部位的尺寸公差带位置与检验部位相同，如图 8-21 所示。

3）导向部位的尺寸公差带位置。插入型功能量规的台阶式导向部位的尺寸公差带位置，如图 8-23 所示；插入型功能量规的无台阶式导向部位的尺寸公差带位置，如图 8-24 所示。

（2）公差数值

功能量规各工作部位的公差数值见表 8-27。功能量规检验部位的基本偏差数值见表 8-28。

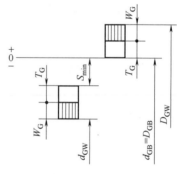

图 8-23　插入型功能量规的台阶式导向部位的尺寸公差带位置

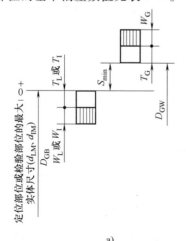

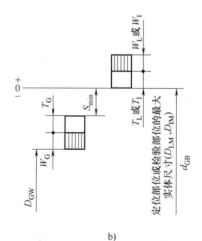

图 8-24　插入型功能量规的无台阶式导向部位的尺寸公差带位置

a）导向部位为内要素　b）导向部位为外要素

表 8-27 功能量规各工作部位的公差数值　　　　　　　　　　（单位：μm）

综合公差 T_t	检验部位		定位部位		导向部位			t_I、t_L、t_G	t'_G
	T_I	W_I	T_L	W_L	T_G	W_G	S_{min}		
≤16	1.5							2	—
>16~25	2							3	—
>25~40	2.5				—	—	—	4	—
>40~63	3							5	—
>63~100	4				2.5		3	6	2
>100~160	5				3			8	2.5
>160~250	6				4		4	10	3
>250~400	8				5			12	4
>400~630	10				6		5	16	5
>630~1000	12				8			20	6
>1000~1600	16				10		6	25	8
>1600~2500	20				12			32	10

注：1. 综合公差 T_t 等于被测要素或基准要素的尺寸公差（T_D、T_d）及其几何公差（t Ⓜ）之和，即 $T_t = T_D$（或 T_d）$+ t$ Ⓜ。

2. 表中的数值是在测量温度为20℃、测量力为0N的条件下给出的。

表 8-28 功能量规检验部位的基本偏差数值　　　　　　　　　　（单位：μm）

序号	0	1		2		3		4		5	
基准类型	无基准	无基准（成组被测要素）		一个中心要素		一个平表面和一个中心要素		两个平表面和一个中心要素		一个平表面和两个成组中心要素	
						三个平表面		两个中心要素		两个平表面和一个成组中心要素	
		一个平表面		两个平表面		一个成组中心要素		一个平表面和一个成组中心要素		一个中心要素和一个成组中心要素	
综合公差 T_t	整体型或组合型	整体型或组合型	插入型或活动型	整体型或组合型	插入型或活动型	整体型或组合型	插入型或活动型	整体型或组合型	插入型或活动型	整体型或组合型	插入型或活动型
≤16	3	4	—	5	—	5	—	6	—	7	—
>16~25	4	5	—	6	—	7	—	8	—	9	—
>25~40	5	6	—	8	—	9	—	10	—	11	—
>40~63	6	8	—	10	—	11	—	12	—	14	—
>63~100	8	10	16	12	18	14	20	16	20	18	22
>100~160	10	12	20	16	22	18	25	20	25	22	28
>160~250	12	16	25	20	28	22	32	25	32	28	36
>250~400	16	20	32	25	36	28	40	32	40	36	45
>400~630	20	25	40	32	45	36	50	40	50	45	56
>630~1000	25	32	50	40	56	45	63	50	63	56	71
>1000~1600	32	40	63	50	71	56	80	63	80	71	90
>1600~2500	40	50	80	63	90	71	100	80	100	90	110

8.4.3 功能量规的基准类型示例

功能量规的基准类型示例见表 8-29。

表 8-29 功能量规的基准类型示例

序号	基准类型	量规型式	工件示意图	功能量规示意图
1	无基准	直线度量规	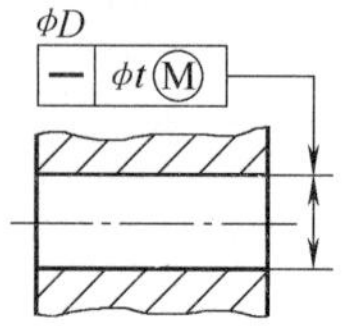 ϕD $\boxed{-\ \phi t \text{Ⓜ}}$	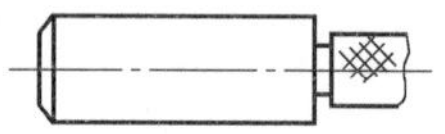
2	无基准（成组被测要素）	整体型或组合型	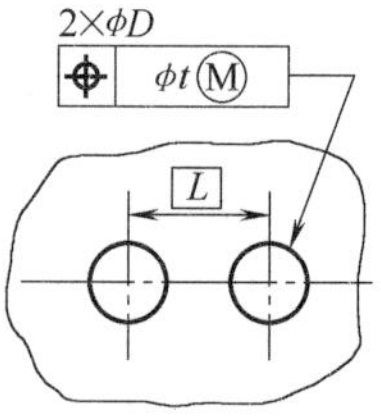 $2 \times \phi D$ $\boxed{\bigoplus\ \phi t \text{Ⓜ}}$ L	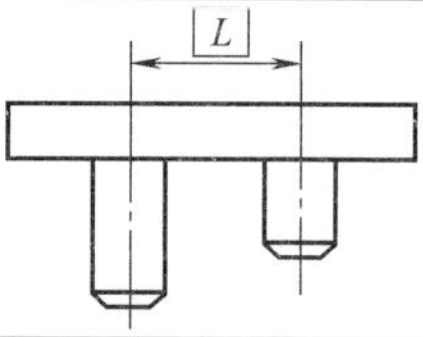 L
		插入型或活动型		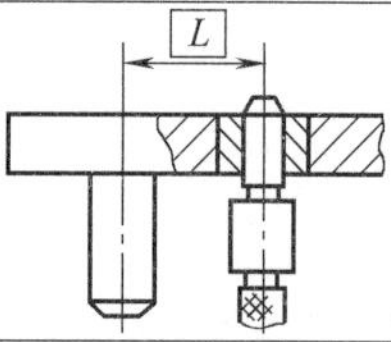 L
	一个平表面	组合型	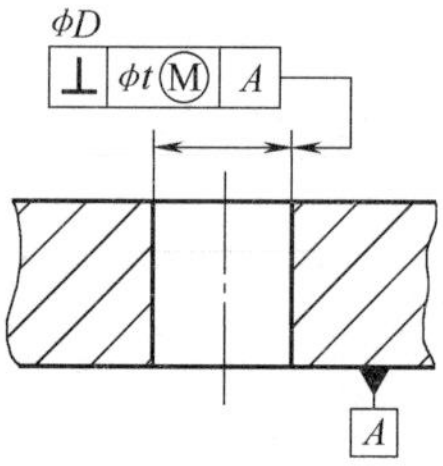 ϕD $\boxed{\perp\ \phi t \text{Ⓜ}\ A}$ A	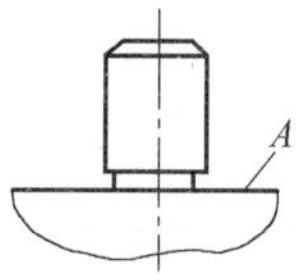 A
		活动型（无台阶）		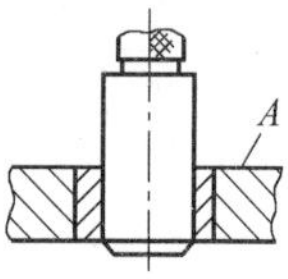 A
	一个中心要素	整体型或组合型	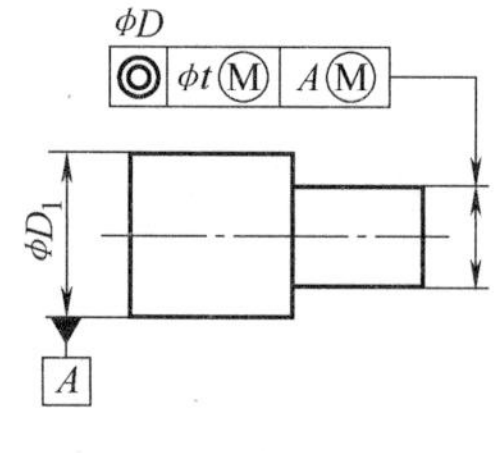 ϕD $\boxed{\odot\ \phi t \text{Ⓜ}\ A \text{Ⓜ}}$ ϕD_1 A	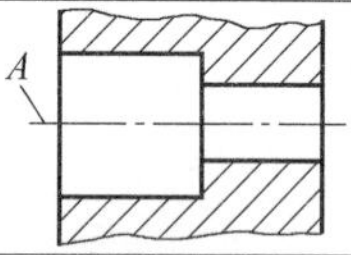 A
		插入型或活动型		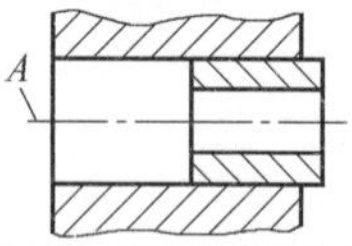 A
3	两个平表面	整体型或组合型	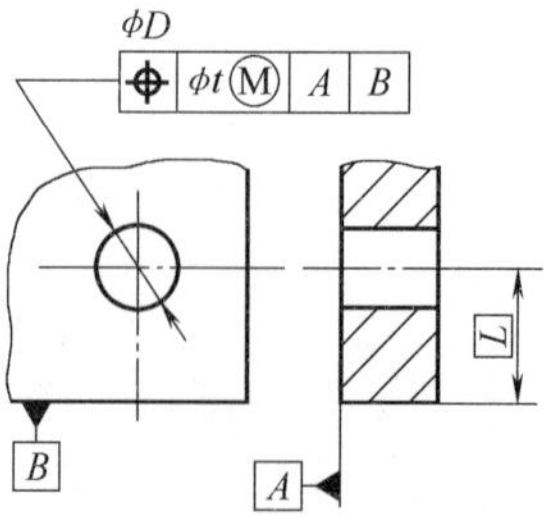 ϕD $\boxed{\bigoplus\ \phi t \text{Ⓜ}\ A\ B}$ B A	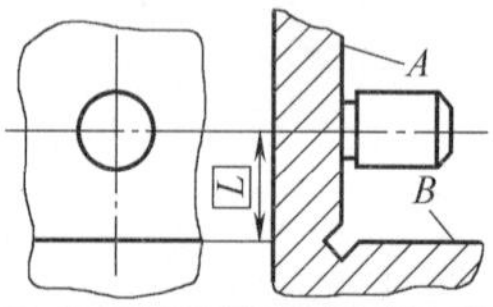 A L B
		插入型或活动型		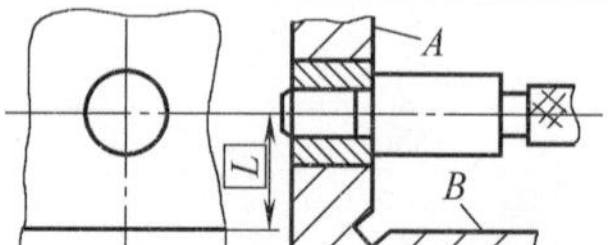 A L B

（续）

序号	基准类型	量规型式	工件示意图	功能量规示意图
4	一个平表面和一个中心要素	整体型或组合型		
		插入型或活动型		
	三个平表面	整体型或组合型		
		插入型或活动型		
	一个成组中心要素	整体型或组合型		
		插入型或活动型		

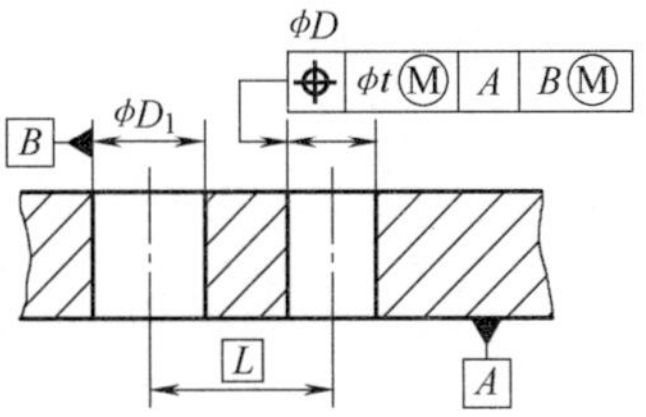

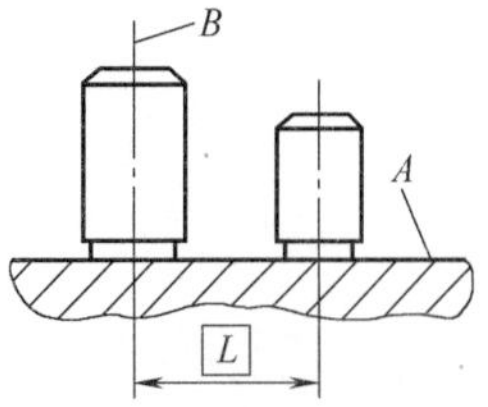

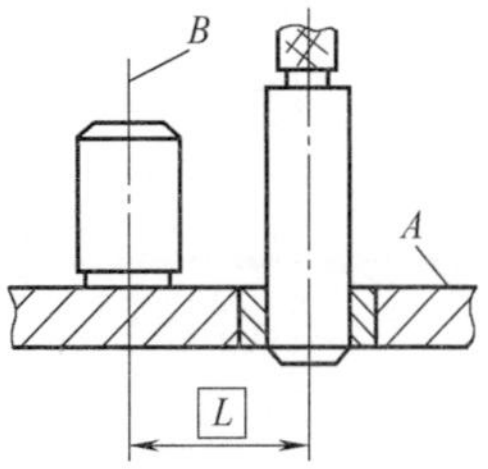

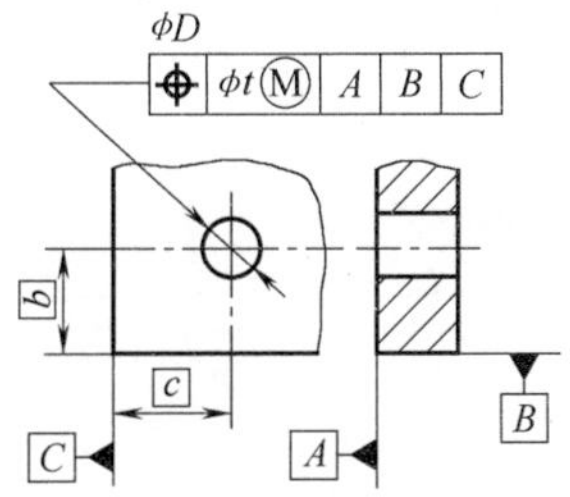

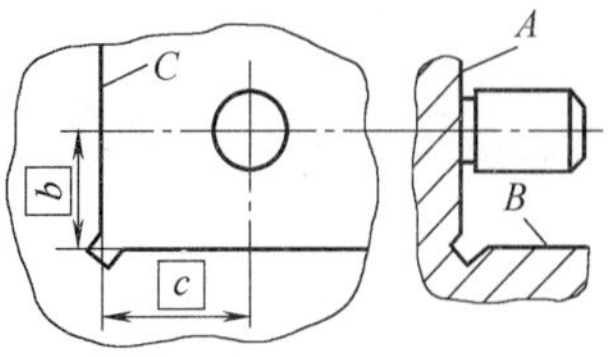

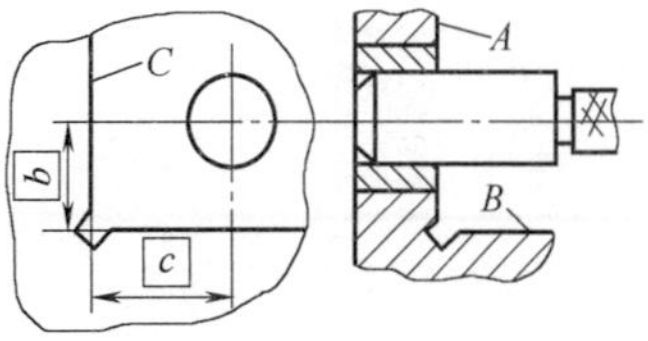

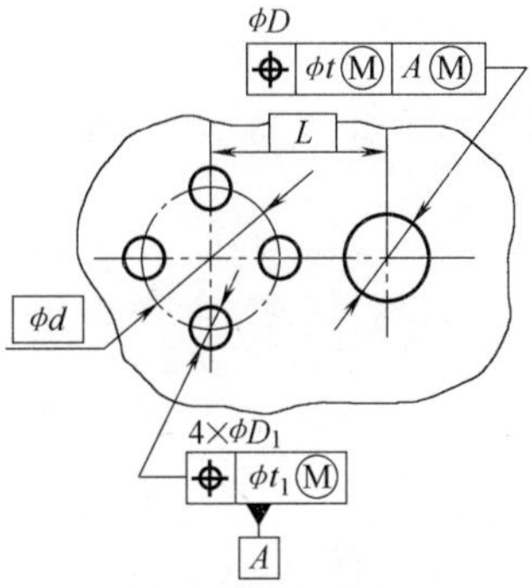

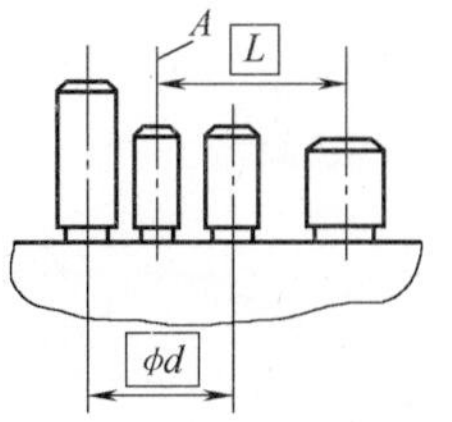

193

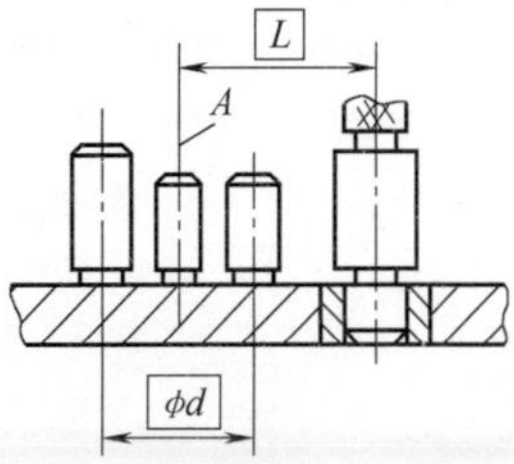

（续）

序号	基准类型	量规型式	工件示意图	功能量规示意图
5	两个平表面和一个中心要素	整体型或组合型	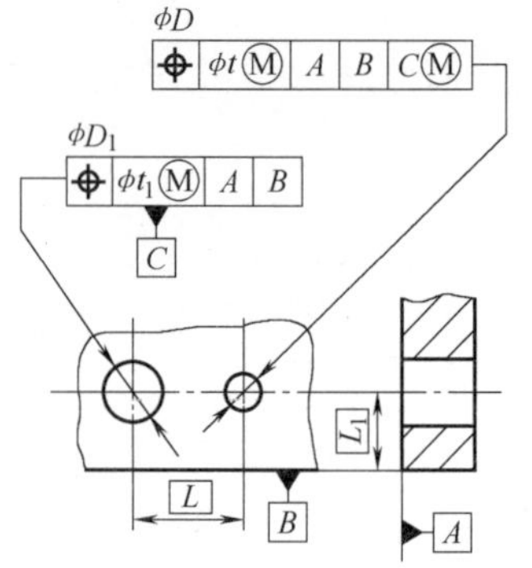	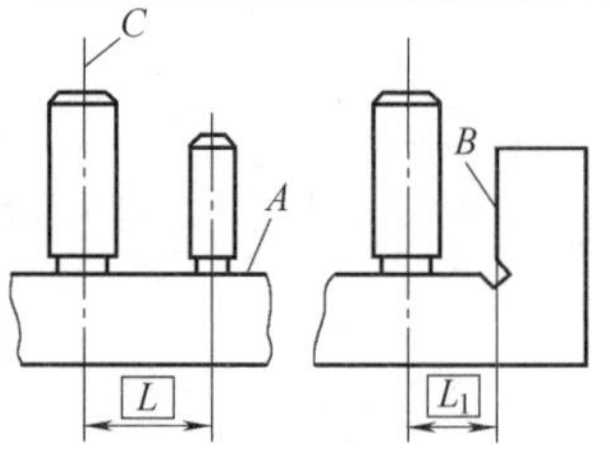
		插入型（无台阶式）或活动型		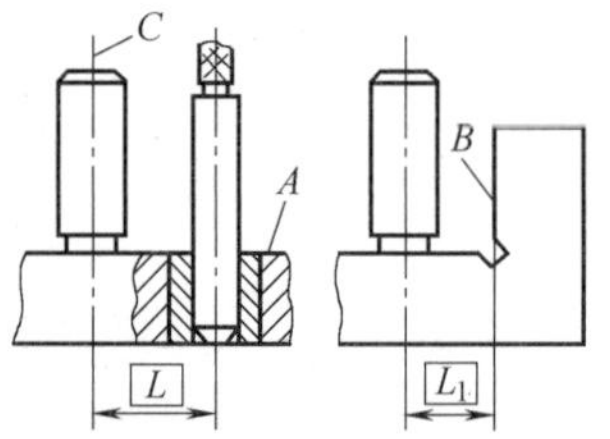
	两个中心要素	整体型或组合型	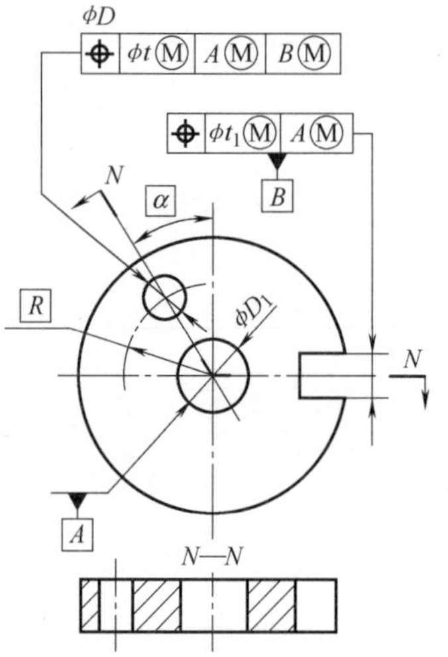	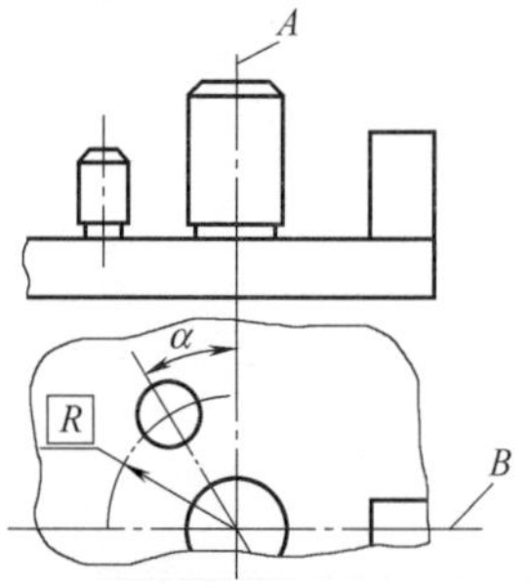
		插入型（无台阶式）或活动型		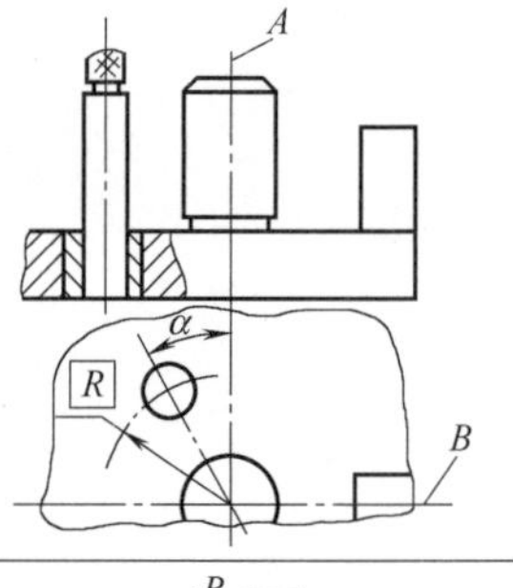
	一个平表面和一个成组中心要素	整体型或组合型	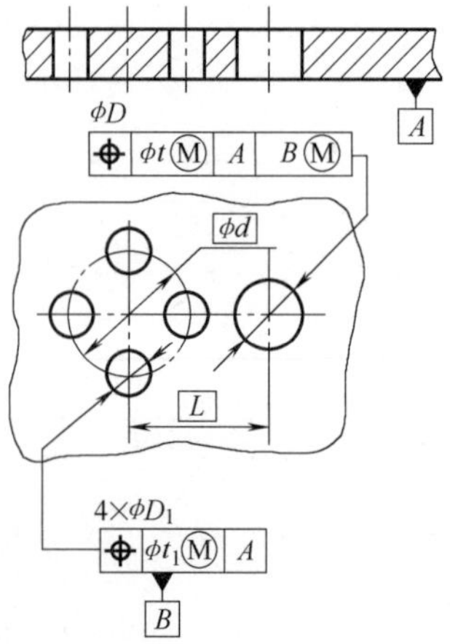	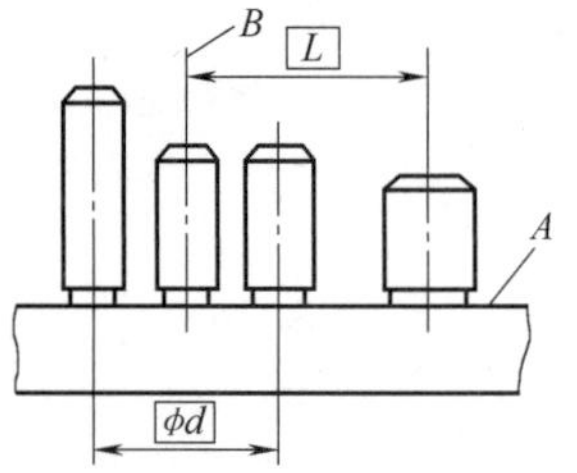
		插入型（台阶式）或活动型		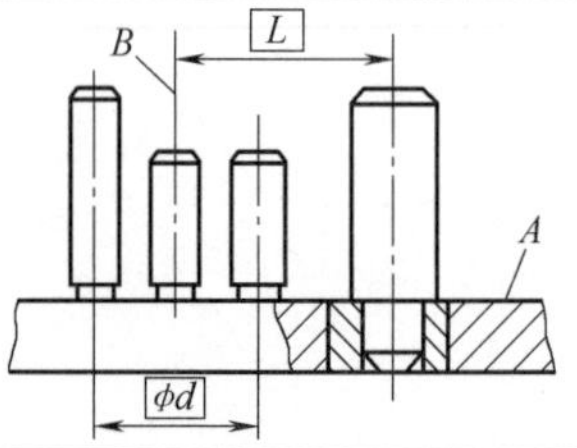

（续）

序号	基准类型	量规型式	工件示意图	功能量规示意图
6	一个平表面和两个中心要素	整体型或组合型		
		插入型（无台阶式）或活动型		
	两个平表面和一个成组中心要素	整体型或组合型		
		插入型（无台阶式）或活动型		
	一个中心要素和一个成组中心要素	整体型或组合型		
		插入型（无台阶式）或活动型		

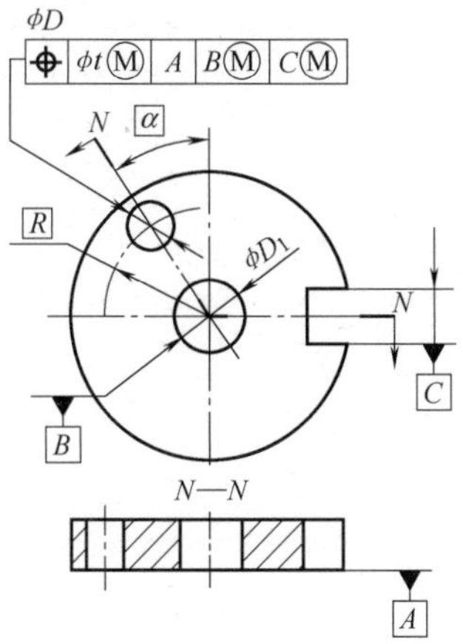

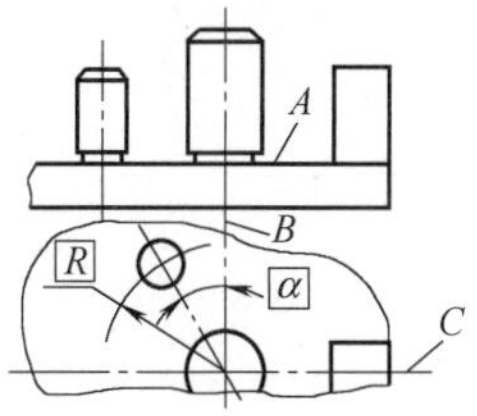

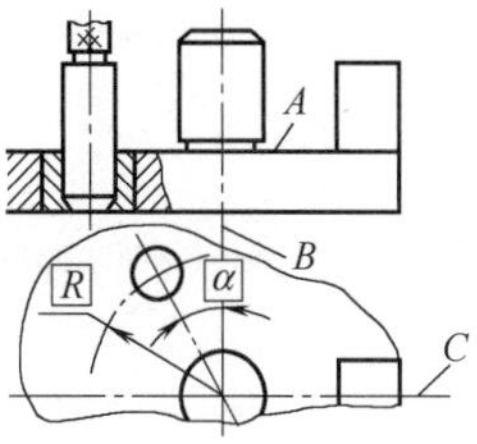

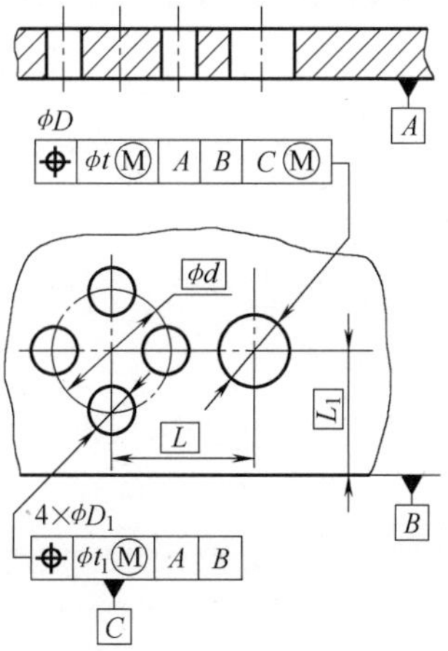

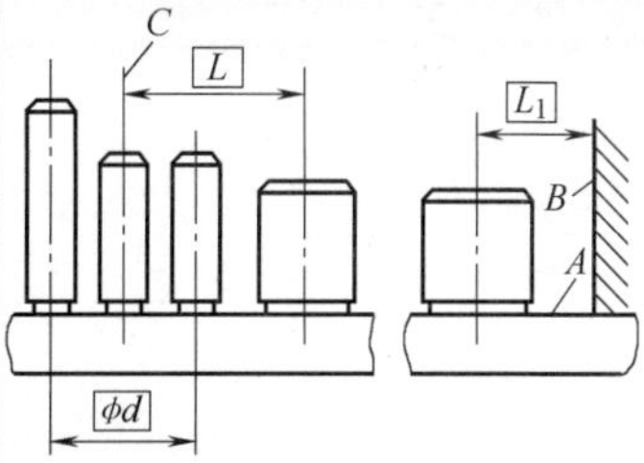

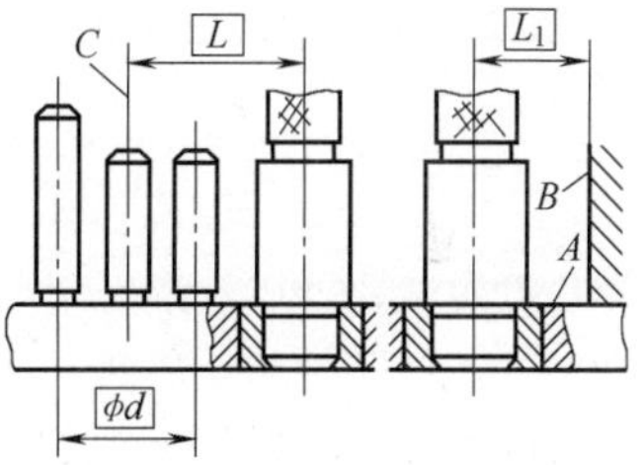

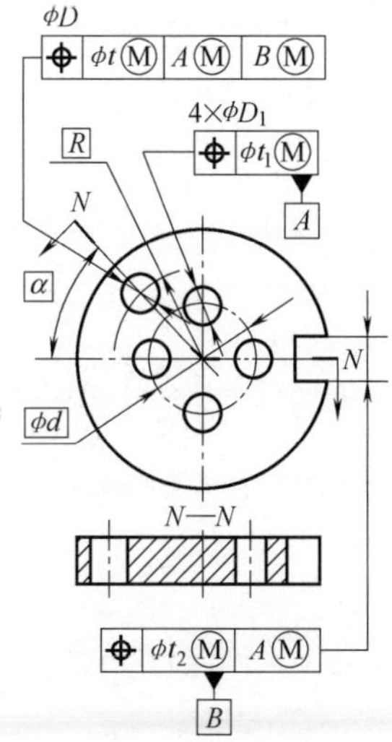

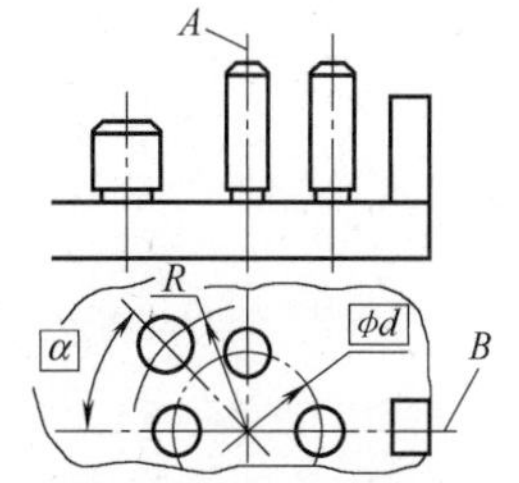

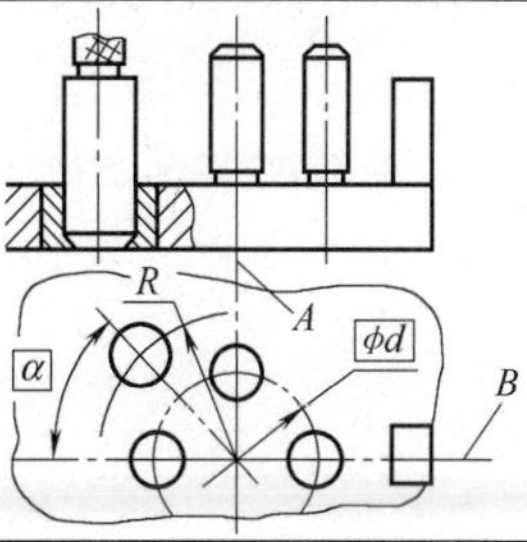

8.4.4 功能量规工作部位尺寸的计算公式及示例

（1）功能量规工作部位尺寸的计算公式（表8-30）

表8-30 功能量规工作部位尺寸的计算公式

工作部位		工作部位为外要素	工作部位为内要素
检验部位(或共同检验时的定位部位)		$d_{IN}=D_{MV}(或 D_M)$ $d_I=(d_{IB}+F_I)\ _{-T_I}^{\ 0}$ $d_{IW}=(d_{IB}+F_I)-(T_I+W_I)$	$D_{IB}=d_{MV}(或 d_M)$ $D_I=(D_{IN}-F_I)\ _{0}^{+T_I}$ $D_{IW}=(D_{IB}-F_I)+(T_I+W_I)$
定位部件(依次检验)		$d_{LB}=D_M(或 D_{MV})$ $d_L=d_{LB}\ _{-T_L}^{\ 0}$ $d_{LW}=d_{LB}-(T_L+W_L)$	$D_{LB}=d_M(或 d_{MV})$ $D_L=D_{LB}\ _{0}^{+T_L}$ $D_{LW}=D_{LB}+(T_L+W_L)$
导向部位	台阶式	$d_{GB}=D_{GB}$ $d_G=(d_{GB}-S_{min})\ _{-T_G}^{\ 0}$ $d_{GW}=(d_{GB}-S_{min})-(T_G+W_G)$	D_{GB} 由设计者确定 $D_G=D_{GB}\ _{0}^{+T_G}$ $D_{GW}=D_{GB}+(T_G+W_G)$
	无台阶式	$d_{GB}=D_{LM}(或 D_{IM})$ $d_G=(d_{GB}-S_{min})\ _{-T_G}^{\ 0}$ $d_{GW}=(d_{GB}-S_{min})-(T_G+W_G)$	$D_{GB}=d_{LM}(或 d_{IM})$ $D_G=(G_{GB}+S_{min})\ _{0}^{+T_G}$ $D_{GW}=(D_{GB}+S_{min})+(T_G+W_G)$

（2）功能量规工作部位尺寸的计算示例

1）直线度量规。最大实体要求应用于 $\phi25\ _{-0.033}^{\ 0}$ mm 轴的轴线直线度公差（$\phi0.04\ Ⓜ$），如图8-25a所示。采用整体型功能量规。

$$d_{MV}=d_M+t\ Ⓜ=25mm+0.04mm=25.04mm$$

$$T_t=T_d+t\ Ⓜ=0.033mm+0.04mm=0.073mm$$

由表8-27可得

$$T_I=W_I=0.004mm$$

由表8-28可得

$$F_I=0.008mm$$

则

$$D_{IB}=d_{MV}=25.04mm$$

$$D_I=(D_{IB}-F_I)\ _{0}^{+T_I}=(25.04-0.008)\ _{0}^{+0.004}mm=25.032\ _{0}^{+0.004}mm$$

$$D_{IW}=(D_{IB}-F_I)+(T_I+W_I)=(25.04-0.008)mm+(0.004+0.004)mm=25.04mm$$

被测轴及其直线度量规的尺寸公差带图如图8-25b所示。图8-25c所示为直线度量规的简图。

2）垂直度量规。最大实体要求应用于 $\phi35\ _{0}^{+0.1}$ mm 孔的轴线对基准平面的垂直度公差（$\phi0.05\ Ⓜ$），如图8-26a所示。采用组合型功能量规。

$$D_{MV}=D_M-t\ Ⓜ=35mm-0.05mm=34.95mm$$

$$T_t=T_D+t\ Ⓜ=0.1mm+0.05mm=0.15mm$$

由表8-27可得

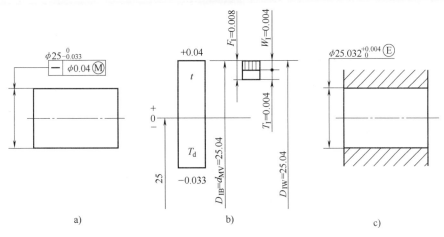

图 8-25　直线度功能量规设计示例

$$T_I = W_I = 0.005\text{mm}$$

$$t_I = 0.008\text{mm}$$

由表 8-28 可得

$$F_I = 0.012\text{mm}$$

则

$$d_{IB} = D_{MV} = 34.95\text{mm}$$

$$d_I = (d_{IB} + F_I)\,_{-T_I}^{0} = (34.95 + 0.012)\,_{-0.005}^{0}\text{mm} = 34.962\,_{-0.005}^{0}\text{mm}$$

$$d_{IW} = (d_{IB} + F_I) - (T_I + W_I) = (34.95 + 0.012)\text{mm} - (0.005 + 0.005)\text{mm} = 34.952\text{mm}$$

被测孔及其垂直度量规的尺寸公差带图如图 8-26b 所示。图 8-26c 所示为垂直度量规的简图。

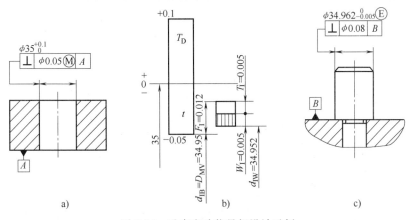

图 8-26　垂直度功能量规设计示例

3）同轴度量规。最大实体要求应用于 $\phi12\,_{0}^{+0.07}$mm 孔的轴线对 $\phi15\,_{0}^{+0.05}$ Ⓔ孔的基准轴线的同轴度公差（$\phi0.04$Ⓜ），同时应用于基准要素（AⓂ），基准要素本身不采用最大实体要求（采用包容要求），如图 8-27a 所示。采用整体型功能量规。

$$D_{MV} = D_M - t\ Ⓜ = 12\text{mm} - 0.04\text{mm} = 11.96\text{mm}$$

$$T_t = T_D + t \, \text{Ⓜ} = 0.07\text{mm} + 0.04\text{mm} = 0.11\text{mm}$$

$$D_{MI} = 15\text{mm}$$

$$T_{tI} = T_{DI} = 0.05\text{mm}$$

基准要素 $\phi 15^{+0.05}_{0}$ Ⓔ 用光滑极限量规检验合格后，用同轴度量规检验被测要素的同轴度误差。

由表 8-27 可得

$$T_I = W_I = 0.005\text{mm} \, ; \, T_L = W_L = 0.003\text{mm} \, ; \, t_I = 0.008\text{mm}$$

由表 8-28 可得

$$F_I = 0.016\text{mm}$$

则对于检验部位：

$$d_{IB} = D_{MV} = 11.96\text{mm}$$

$$d_I = (d_{IB} + F_I)^{\ 0}_{-T_I} = (11.96 + 0.016)^{\ 0}_{-0.005}\text{mm} = 11.976^{\ 0}_{-0.005}\text{mm}$$

$$d_{IW} = (d_{IB} + F_I) - (T_I + W_I) = (11.96 + 0.016)\text{mm} - (0.005 + 0.005)\text{mm} = 11.966\text{mm}$$

对于定位部位：

$$d_{LB} = D_{MI} = 15\text{mm}$$

$$d_L = d_{LB}^{\ 0}_{-T_L} = 15^{\ 0}_{-0.003}\text{mm}$$

$$d_{LW} = d_{LB} - (T_L + W_L) = 15\text{mm} - (0.003 + 0.003)\text{mm} = 14.994\text{mm}$$

被测孔及同轴度量规检验部位的尺寸公差带如图 8-27b 所示；基准孔及同轴度量规定位部位的尺寸公差带图如图 8-27c 所示；图 8-27d 所示为依次检验的同轴度量规的简图。

由表 8-27 可得

$$T_I = W_I = 0.005\text{mm} \, ; \, t_I = 0.008\text{mm}$$

基准要素视同被测要素，故

$$T_{II} = W_{II} = 0.003\text{mm}$$

由表 8-28 可得

$$F_I = 0.010\text{mm} \, ; \, F_{II} = 0.006\text{mm}$$

则

$$d_{IB} = D_{MV} = D_M - t \, \text{Ⓜ} = 12\text{mm} - 0.04\text{mm} = 11.96\text{mm}$$

$$d_I = (d_{IB} + F_I)^{\ 0}_{-T_I} = (11.96 + 0.010)\text{mm}^{\ 0}_{-0.005} = 11.97^{\ 0}_{-0.005}\text{mm}$$

$$d_{IW} = (d_{IB} + F_I) - (T_I + W_I) = (11.96 + 0.010)\text{mm} - (0.005 + 0.005)\text{mm} = 11.96\text{mm}$$

$$d_{IB1} = D_{MI} = 15\text{mm}$$

$$d_{II} = (d_{IB1} + F_{II})^{\ 0}_{-T_I} = (15 + 0.006)\text{mm}^{\ 0}_{-0.003} = 15.006^{\ 0}_{-0.003}\text{mm}$$

$$d_{IW1} = (d_{IB1} + F_{II}) - (T_{II} + W_{II}) = (15 + 0.006)\text{mm} - (0.003 + 0.003)\text{mm} = 15\text{mm}$$

被测孔及同轴度量规检验部位的尺寸公差带图如图 8-27e 所示；基准孔及同轴度量规的定位部位（已视同检验部位）的尺寸公差带图如图 8-27f 所示；图 8-27g 所示为共同检验的同轴度量规的简图。

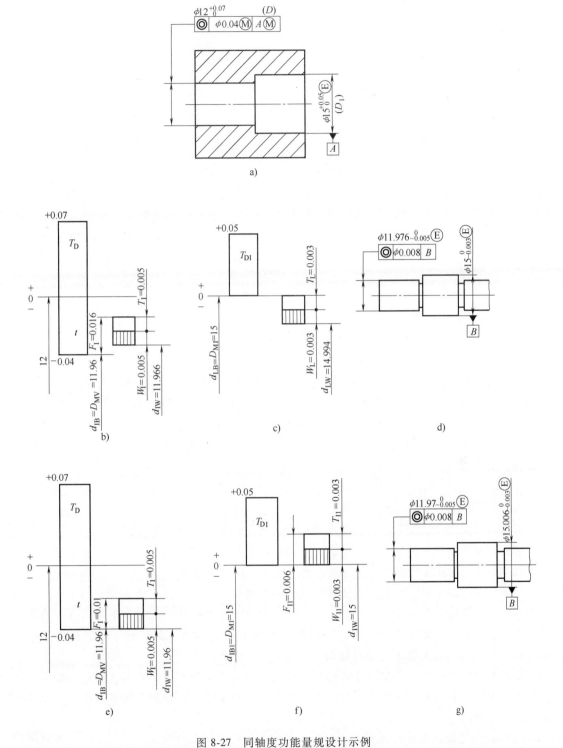

图 8-27　同轴度功能量规设计示例

8.5 虚拟量规设计及应用判则

8.5.1 虚拟量规及分类

　　虚拟量规是根据被测工件的功能要求和结构形状特征设计的数字化量规，其分为虚拟极限量规和虚拟功能量规。虚拟极限量规的应用场合与光滑极限量规相同，虚拟功能量规适用于有最大实体要求或最小实体要求的场合。

　　虚拟极限量规遵守极限尺寸判断原则要求，详细判则见 8.5.2 节，其中，虚拟通规用于控制被测要素的作用尺寸，该尺寸为直接全局尺寸，可根据不同的要求采用不同的拟合准则得到（如对于外尺寸要素而言，为最小外接直径）；虚拟止规用于控制被测要素的实际尺寸（任意两点式提取尺寸）。虚拟功能量规遵守相关要求（最大实体或最小实体要求）及尺寸公差要求，详细判则见 8.5.2 节。用于获得直接全局尺寸的不同拟合准则的数学模型见 8.5.3 节。

8.5.2 虚拟量规的应用判则

　　对于虚拟极限量规，在检验认证阶段必须使直接全局尺寸不超越其最大实体尺寸（MMS），且任一局部实际尺寸不超越其最小实体尺寸（LMS）。

　　对于虚拟功能量规，当用于最大实体要求时，要求直接全局尺寸不超越其最大实体实效边界尺寸（MMVS），且任一局部实际尺寸不超越其最小实体尺寸（LMS）和最大实体尺寸（MMS）；当用于最小实体要求时，要求直接全局尺寸不超越其最小实体实效边界尺寸（LMVS），且任一局部实际尺寸不超越其最小实体尺寸（LMS）和最大实体尺寸（MMS）。

　　依据虚拟量规的判则对工件的作用尺寸和局部实际尺寸进行数字化比较认证，由此判断工件合格与否。

8.5.3 虚拟量规的应用方式

　　虚拟极限量规实质上是结合工件的功能特征和结构形状特征，依据极限尺寸判断原则给出相应的数字化合格性判则。以轴为例，虚拟极限量规要求被测要素的作用尺寸小于等于其最大实体尺寸（MMS），任意两点的局部实际尺寸大于等于其最小实体尺寸（LMS）。

　　对于虚拟功能量规，也要结合工件的功能特征和结构形状特征，依据公差原则和相应的边界要求给出相应的数字化合格性判则。如果被测轴有最大实体要求，要求被测要素的作用尺寸小于等于其最大实体实效尺寸（MMVS），任意两点的局部实际尺寸大于其最小实体尺寸（LMS）且小于最大实体尺寸（MMS）。

　　应用上述虚拟量规时，被测要素的作用尺寸为其直接全局尺寸，获得直接全局尺寸的拟合操作准则主要有最小二乘拟合、最大内接拟合、最小外接拟合和最小区域拟合，其相应的数学模型如下。

（1）最小二乘拟合数学模型

　　最小二乘拟合的目标是使余量（理想要素和实际要素之间的法向距离）的平方和最小，其线性规划模型为

$$x = -\frac{2}{m}\sum_{i=1}^{m}R_i\cos\varphi_i, \qquad y = -\frac{2}{m}\sum_{i=1}^{m}R_i\sin\varphi_i$$

$$\alpha = \frac{2\sum_{i=1}^{m}R_iz_i\sin\varphi_i}{\sum_{i=1}^{m}z_i^2}, \qquad \beta = -\frac{2\sum_{i=1}^{m}R_iz_i\cos\varphi_i}{\sum_{i=1}^{m}z_i^2}$$

（2） 最大内切拟合数学模型

最大内切拟合的目标是使理想要素内接于实际要素，且使理想要素的本质特征值（理想圆柱的直径）最大，其数学模型为

$$\begin{cases} \min \quad w = -v \\ \text{s. t.} \quad v \leqslant R_i - x\cos\varphi_i - y\sin\varphi_i - \alpha z_i\sin\varphi_i + \beta z_i\cos\varphi_i \\ v,x,y,\alpha,\beta \geqslant 0; \quad i = 1,2,\cdots,m \end{cases}$$

（3） 最小外接拟合数学模型

最小外接拟合的目标是使理想要素外接于实际要素，且使理想要素的本质特征值（理想圆柱的直径）最小，其线性规划模型为

$$\begin{cases} \min \quad w = u \\ \text{s. t.} \quad u \geqslant R_i - x\cos\varphi_i - y\sin\varphi_i - \alpha z_i\sin\varphi_i + \beta z_i\cos\varphi_i \\ u,x,y,\alpha,\beta \geqslant 0; \quad i = 1,2,\cdots,m \end{cases}$$

（4） 最小区域拟合数学模型

最小区域拟合的目标是使理想要素双包容实际要素，且使两个理想要素的径向尺寸之差为最小，其线性规划模型为

$$\begin{cases} \min \quad w = u - v \\ \text{s. t.} \quad u \geqslant R_i - x\cos\varphi_i - y\sin\varphi_i - \alpha z_i\sin\varphi_i + \beta z_i\cos\varphi_i \\ \qquad v \leqslant R_i - x\cos\varphi_i - y\sin\varphi_i - \alpha z_i\sin\varphi_i + \beta z_i\cos\varphi_i \\ u,v,x,y,\alpha,\beta \geqslant 0; \quad i = 1,2,\cdots,m \end{cases}$$

式中　　w——目标函数；

(R_i, φ_i)——被测点在 XOY 平面内投影点的极坐标，$i=1$，2，3$\cdots$，m，m 是采样点数；

$\quad z_i$——被测点的 Z 坐标值；

x，y——拟合圆柱轴线与 XOY 平面的交点坐标；

α、β——拟合圆柱轴线与 YOZ 平面和 XOZ 平面的夹角。

由拟合操作得到相应拟合要素的本质和方位特征，直接全局尺寸属于其本质特征的范畴。根据产品零件的功能要求和结构形状特征不同，获得直接全局尺寸的拟合操作准则也不同，比如：

被测轴应用最大实体要求：

1） 获得被测轴的直接全局尺寸（体外作用尺寸）须采用最小外接拟合操作获得其"最小外接直径"，即被测轴的"直接全局尺寸"（体外作用尺寸），虚拟功能量规控制被测零件是否遵守最大实体实效边界的判则是："直接全局尺寸（体外作用尺寸）"小于或等于其最大实体实效尺寸（MMVS = MMS+ t，其中，t 为几何公差）。

2）虚拟功能量规控制被测零件是否遵守相关要求及尺寸公差要求的判则是："任何位置的局部实际尺寸"小于或等于其 MMS 且大于或等于其 LMS。合格的条件是上述两条判则均满足，缺一不可。

被测孔应用最大实体要求：

1）获得被测孔的直接全局尺寸（体外作用尺寸）须采用最大内切拟合操作获得其"最大内切直径"，即被测孔的"直接全局尺寸"（体外作用尺寸），虚拟功能量规控制被测零件是否遵守最大实体实效边界的判则是："直接全局尺寸（体外作用尺寸）"大于或等于其最大实体实效尺寸（MMVS＝MMS−t）。

2）虚拟功能量规控制被测零件是否遵守相关要求及尺寸公差要求的判则是："任何位置的局部实际尺寸"大于或等于其 MMS 且小于或等于其 LMS。合格的条件是上述两条判则均满足，缺一不可。

当被测零件应用最小实体要求时，其虚拟功能量规的判则及应用依此类推。

8.6 角度与锥体的检测

8.6.1 相对检测法

相对检测法的实质是将角度量具与被测角度或锥度相比较，用光隙法或涂色法估计出被测角度或锥度的偏差，或判断被测角度或锥度是否在允许的公差范围之内。

相对检测常用的角度量具有角度量块、角度样板、直角尺和圆锥量规等。

（1）角度量块

角度量块是角度测量中的标准量具，用来检定和调整一般精度的测角仪和量具，也可直接用于检验精度高的工件。角度量块有三角形和四边形两种，以相邻理想测量面的夹角为工作角。角度量块采用滚动轴承钢 GCr15，合金工具钢 CrWMn 或 Cr 制造，其硬度不低于 795HV。

角度量块的形式如图 8-28 和图 8-29 所示。Ⅰ型角度量块的基本参数见表 8-31；Ⅱ型角度量块的基本参数见表 8-32。

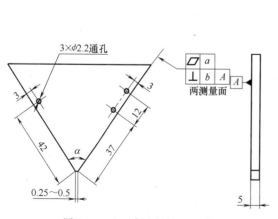

图 8-28　Ⅰ型角度量块的形式

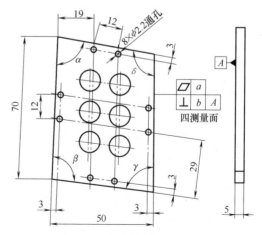

图 8-29　Ⅱ型角度量块的形式

表 8-31 I 型角度量块的基本参数

工作角度递增值	工作角度标称值(α)	块数
1°	10°,11°,…,78°,79°	70
—	10°0′30″	1
15″	15°0′15″,15°0′30″,15°0′45″	3
1′	15°1′,15°2′,…,15°8′,15°9′	9
10′	15°10′,15°20′,15°30′,15°40′,15°50′	5
15°10′	30°20′,45°30′,60°40′,75°50′	4

表 8-32 II 型角度量块的基本参数

工作角度标称值($\alpha—\beta—\gamma—\delta$)	块数
80°—99°—81°—100°,82°—97°—83°—98°,84°—95°—85°—96° 86°—93°—87°—94°,88°—91°—89°—92°,90°—90°—90°—90°	6
89°10′—90°40′—89°20′—90°50′ 89°30′—90°20′—89°40′—90°30′	2
89°50′—90°0′30″—89°59′30″—90°10′ 89°59′30″—90°0′15″—89°59′45″—90°0′30″	2

GB/T 22521—2008《角度量块》规定角度量块分为 0、1、2 三种准确度级别，其工作角度的偏差、测量面的平面度公差、测量面对基准面的垂直度公差见表 8-33 中的规定。角度量块测量面的表面粗糙度 Ra 的最大值不应超过 0.02μm。

表 8-33 角度量块主要技术要求

准确度级别	工作角度的偏差	测量面的平面度公差 /μm	测量面对基准面的垂直度公差
0	±3″	0.1	30″
1	±10″	0.2	90″
2	±30″	0.3	

角度量块可以单独使用，也可以根据被测角度大小将几块组合起来使用。为了便于组成不同的角度，GB/T 22521—2008 规定成套角度量块由 7 块、36 块、94 块组成，每套分别包括 I 型的和 II 型的角度量块各若干。

为了组合方便，成套角度量块附有夹持件（支架）、楔块、螺钉等附件。

（2）角度样板

角度样板是根据被测角度的两个极限角值制成的，因此有通端和止端之分。检验工件角度时，若用通端角度样板时，光线从角顶到角底逐渐增大；若用止端角度样板时，光线从角顶到角底逐渐减少，这就表明，被测角度的实际值在规定的两个极限范围内，被测角度合格（图 8-30）；反之，则不合格。

角度样板是一种专用的角度量具，常用于检验螺纹车刀、成形刀具及零件上的斜面或倒角等。用于较精密的检验时，样板需淬火，两工作边具有尖棱。图 8-31 所示为检验外锥体用的角度样板，合格的外锥体的小端面应落在样板上两条刻线之间

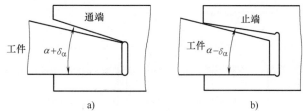

图 8-30 角度样板

（刻线间距 m 相当于工件基面公差），其角度和素线的直线性可借助于光隙进行判断。判断的精度取决于被检验角度素线的长度、样板和工件的表面粗糙度、样板的厚度及照明的强

度。被检验角度的偏差可近似地按下式换算，即

$$\Delta\varphi = \frac{2a}{L} \times 10^5 \qquad (8\text{-}7)$$

式中　$\Delta\varphi$——角度偏差（s）；

　　　a——光隙大小（mm）；

　　　L——被检角的母线长度（mm）。

（3）直角尺

直角尺的公称角度为 90°，常用于划线、检验直角及零件的相互位置误差。用于检验工件直角偏差时，是借助目测光隙或用塞尺来确定偏差大小的。

按 GB/T 6092—2021 的规定，直角尺的六种结构形式如图 8-32～图 8-37 所示。精度级别有 00 级、0 级、1 级及 2 级四种。其中 00 级直角尺精度最高，用于检定精密量具；0 级直角尺用于精密工具制造，1 级和 2 级直角尺用于普通工件。

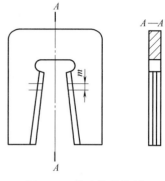

图 8-31　检验外锥体用的角度样板

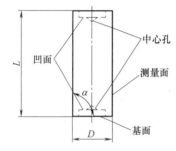

图 8-32　圆柱直角尺

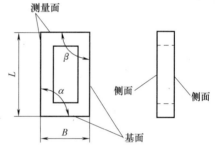

图 8-33　矩形直角尺

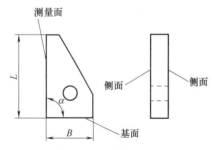

图 8-34　三角形直角尺

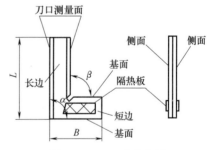

图 8-35　刀口形直角尺

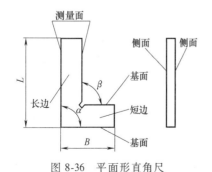

图 8-36　平面形直角尺

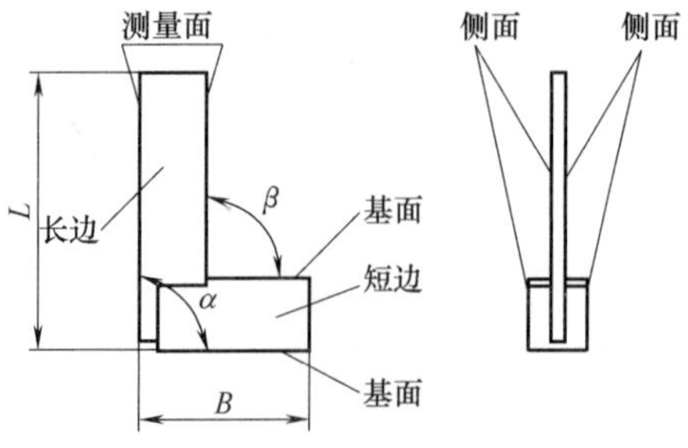

图 8-37　宽座直角尺

直角尺的基本参数见表8-34。

表 8-34　直角尺的基本参数　　　　　（单位：mm）

圆柱直角尺	精度等级		00 级、0 级				
	基本参数	L	200	315	500	800	1250
		D	80	100	125	160	200
矩形直角尺	精度等级		00 级、0 级、1 级				
	基本参数	L	125	200	315	500	800
		B	80	125	200	315	500

三角形直角尺	精度等级		00 级、0 级					
	基本参数	L	125	200	315	500	800	1250
		B	80	125	200	315	500	800

刀口形直角尺	精度等级		0 级、1 级						
	基本参数	L	50	63	80	100	125	160	200
		B	32	40	50	63	80	100	125

平面形直角尺	精度等级		0 级、1 级、2 级									
	基本参数	L	50	75	100	150	200	250	300	500	750	1000
		B	40	50	70	100	130	165	200	300	400	550

宽座直角尺	精度等级		0 级、1 级、2 级												
	基本参数	L	63	80	100	125	160	200	250	315	400	500	630	800	1000	1250	1600
		B	40	50	63	80	100	125	160	200	250	312	400	500	630	800	1000

直角尺测量面和侧面上的表面粗糙度 Ra 值见表8-35中的规定。

表 8-35　直角尺测量面和侧面上的表面粗糙度 Ra 值

测量面长度 L /mm	测量面上的表面粗糙度 Ra/μm				侧面上的表面粗糙度 Ra/μm
	00 级	0 级	1 级	2 级	
$L < 500$	0.10	0.20	0.20	0.40	1.60
$500 \leqslant L \leqslant 1600$			0.40		

直角尺的基本参数是外工作角 α 的边长，直角尺内、外工作角分别为 β 和 α。各边的垂直误差是划分其精度级别的依据。工作角的极限偏差以秒计或以微米计。当由微米换算成秒时，按下式计算，即

$$\delta_\alpha \approx \frac{\delta_H}{H} \times 2 \times 10^5 \qquad (8\text{-}8)$$

式中　δ_H——直角尺长边在长度 H 处偏离垂直线的距离（μm）。

各级精度直角尺工作角的极限偏差为

$$00 \text{ 级} \qquad \delta_\alpha = \pm\left(\frac{400}{H} + 2\right)$$

$$0 \text{ 级} \qquad \delta_\alpha = \pm\left(\frac{1000}{H} + 4\right)$$

$$1 级 \qquad \delta_\alpha = \pm\left(\frac{2000}{H}+10\right)$$

$$2 级 \qquad \delta_\alpha = \pm\left(\frac{4000}{H}+20\right)$$

δ_α 的单位为（"），H 的单位为 mm。

用直角尺检验直角时，主要根据直角尺工作面与被检对象（工件）之间的光隙大小进行判断，光隙大小通过目测或用塞尺确定。因此，检验精度取决于被检角度两边的边长及其表面质量，以及确定光隙大小的方法，其误差一般可近似地按下式计算，即

$$\Delta\alpha = \pm\left(\delta_\alpha + \frac{\Delta h \times 2 \times 10^2}{l}\right) \tag{8-9}$$

式中　　δ_α——直角尺本身的误差；

　　　　Δh——确定光隙大小的方法误差（μm）；

　　　　l——被检角边长（mm）。

（4）圆锥量规

圆锥量规是用来检验内、外圆锥工件的锥度和直径偏差。检验内圆锥用圆锥塞规如图 8-38a 所示，检验外圆锥用圆锥环规如图 8-38b 所示。

GB/T 11853—2003《莫氏与公制圆锥量规》规定了莫氏与公制圆锥量规的要求、检验及标志与包装。

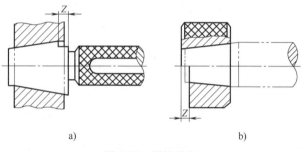

a)　　　　　　　　　b)

图 8-38　圆锥量规

莫氏与公制圆锥量规规定有 A 型（不带扁尾的）和 B 型（带扁尾的）两种型式，如图 8-39 所示。B 型圆锥量规用于检验圆锥尺寸，不检验圆锥锥角。

圆锥量规的名称、代号与用途见表 8-36。

表 8-36　圆锥量规的名称、代号与用途

量规名称	代号	型式	用　　途
圆锥工作量规	G	外锥或内锥	检验工件的圆锥尺寸和锥角
	GD	外锥或内锥	检验工件的圆锥尺寸
	GR	外锥或内锥	检验工件的圆锥锥角
圆锥塞规	—	外锥	检验工件的内锥
圆锥环规	—	内锥	检验工件的外锥
圆锥校对塞规	J	外锥	检验工作环规的圆锥尺寸和锥角

圆锥量规的圆锥直径公差 T_D 应以最大圆锥直径 D 或最小圆锥直径 d 为公称尺寸，按 GB/T 1800.1 中规定的标准公差选取。圆锥工作量规的圆锥直径公差应小于被检验的圆锥工件直径公差的三分之一。圆锥校对塞规的圆锥直径公差应小于圆锥工作量规的圆锥直径公差的二分之一。

圆锥量规的圆锥锥角公差 AT 有两种表示方法，即用角度值表示的圆锥锥角公差 AT_α 和

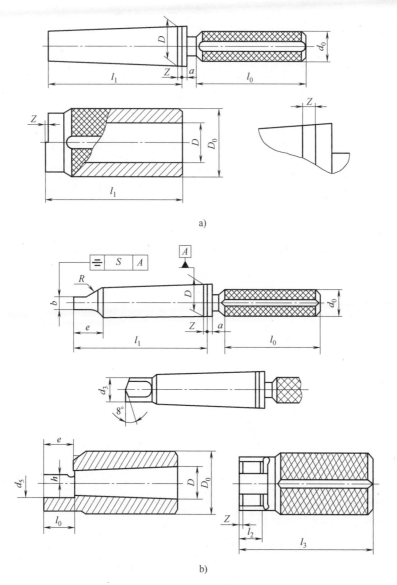

图 8-39　圆锥量规型式

a）A 型圆锥量规　b）B 型圆锥量规

用线性值表示的圆锥锥角公差 AT_D，其换算关系为

$$AT_\alpha = AT_D \times L \times 10^{-3} \tag{8-10}$$

式中　AT_α——用角度值表示的圆锥锥角公差（μrad）；

　　　AT_D——用线性值表示的圆锥锥角公差（μm）；

　　　L——圆锥长度（mm）。

　　用于检验工件圆锥尺寸的圆锥量规或用于检验锥角公差没有特殊要求的工件的圆锥量规，其圆锥锥角公差 AT 由圆锥量规的圆锥直径公差 T_D 来确定。圆锥长度 L 为 100mm 时，圆锥量规的圆锥直径公差 T_D 所对应的圆锥锥角公差 AT_α，见表 8-37。当圆锥长度 L 大于或小于 100mm 时，用表 8-36 中对应数值乘以 $100/L$ 计算出相应的圆锥锥角公差 AT_α。

表 8-37 圆锥量规的圆锥锥角公差

直径尺寸公差等级	圆锥直径/mm												
	≤3	>3 ~6	>6 ~10	>10 ~18	>18 ~30	>30 ~50	>50 ~80	>80 ~120	>120 ~180	>180 ~250	>250 ~315	>315 ~400	>400 ~500
	圆锥锥角公差 AT_α/μrad												
IT01	3	4	4	5	6	6	8	10	12	20	25	30	40
IT0	5	6	6	8	10	10	12	15	20	30	40	50	60
IT1	8	10	10	12	15	15	20	25	35	45	60	70	80
IT2	12	15	15	20	25	25	30	40	50	70	80	90	100
IT3	20	25	25	30	40	40	50	60	80	100	120	130	150
IT4	30	40	40	50	60	70	80	100	120	140	160	180	200
IT5	40	50	60	80	90	110	130	150	180	200	230	250	270
IT6	60	80	90	110	130	160	190	220	250	290	320	360	400
IT7	100	120	150	180	210	250	300	350	400	460	520	570	630
IT8	140	180	220	270	330	390	460	540	630	720	810	890	970
IT9	250	300	360	430	520	620	740	870	1000	1150	1300	1400	1550
IT10	400	480	580	700	840	1000	1200	1400	1600	1850	2100	2300	2500
IT11	600	750	900	1100	1300	1600	1900	2200	2500	2900	3200	3600	4000
IT12	1000	1200	1500	1800	2100	2500	3000	3500	4000	4600	5200	5700	6300

对于符合 GB/T 11334—2005 中锥角公差等级为 $AT3 \sim AT8$ 的工件，其所用圆锥工作量规的圆锥锥角公差分为 1、2 和 3 三个等级，见表 8-38。

表 8-38 圆锥工作量规的圆锥锥角公差等级

圆锥长度 L/mm		圆锥工作量规的圆锥锥角公差等级											
		1				2				3			
		AT_α		AT_D		AT_α		AT_D		AT_α		AT_D	
大于	至	μrad	(″)	μm		μrad	(″)	μm		μrad	(″)	μm	
				大于	至			大于	至			大于	至
6	10	50	10	0.3	0.5	125	26	0.8	1.3	315	65	2.0	3.2
10	16	40	8	0.4	0.6	100	21	1.0	1.6	250	52	2.5	4.0
16	25	31.5	6	0.5	0.8	80	16	1.3	2.0	200	41	3.2	5.0
25	40	25	5	0.6	1.0	63	13	1.6	2.5	160	33	4.0	6.3
40	63	20	4	0.8	1.3	50	10	2.0	3.2	125	26	5.0	8.0
63	100	16	3	1.0	1.6	40	8	2.5	4.0	100	21	6.3	10.0
100	160	12.5	2.5	1.3	2.0	31.5	6	3.2	5.0	80	16	8.0	12.5
160	250	10	2	1.6	2.5	25	5	4.0	6.3	63	13	10.0	16.0
250	400	8.0	1.5	2.0	3.2	20	4	5.0	8.0	50	10	12.5	20.0
400	630	6.3	1	2.5	4.0	16	3	6.3	10.0	40	8	16.0	25.0

圆锥量规应采用优质碳素工具钢或具有与其性能同等及以上的材料制造。圆锥量规测量表面的硬度应不低于 713HV5。

圆锥量规测量表面的表面粗糙度 Ra 值见表 8-39 中的规定。

表 8-39　圆锥量规测量表面的表面粗糙度 Ra 值　　　　（单位：μm）

量规类型	圆锥工作量规的圆锥锥角公差等级			检验工件圆锥直径的量规	校对塞规
	1	2	3		
圆锥塞规	0.025	0.05	0.1	0.1	0.025
圆锥环规	0.05	0.05	0.1	0.2	—

对于锥体零件，无论是直径误差还是锥角误差都会影响其端面距的变化，因此对量规的锥度与基面端的直径均规定了严格的极限偏差，而且在量规的基面端处刻有间距为 m 的两条刻线，m 等于工件圆锥基面距的公差。用锥度量规检验锥体时，按量规相对于被检零件端面的轴向移动量（基面距偏差）来判断工件是否合格。若工件圆锥端面介于量规的两条刻线之间则为合格。

通常对光滑圆锥结合，如机床工具中所用的圆锥，除了对锥体的直径公差有要求，还对圆锥角公差及圆锥的形状公差（素线直线度和截面圆度）有更高的要求，因此除了要用锥度量规检验其基面距偏差，还要用着色法综合检验其圆锥角偏差及形状误差。在量规表面三个位置上沿素线方向均匀地涂上一薄层显示剂，然后与被检验的工件在一起轻轻地研合，旋转 1/3～1/2 转，观察量规被擦掉涂色或零件着色的情况（接触斑点），以判断零件锥度与形状误差是否符合要求。

用着色法检验锥度的精度，主要取决于着色层的厚度。着色层厚度越小，测量精度越高。目前能达到的实际最小着色层厚度为 1μm 左右。为了保证用锥度量规检验锥度的精度和量值的统一，也应该建立严格的传递系统。工厂一般按基准量规、校对量规和工作量规三级传递。用着色法检验时，接触斑点的数值应根据对产品的性能要求而定。例如，对普通机床的主轴锥孔，接触斑点按长度不少于工件长度的 60%；检验精密机床的锥孔不少于工件长度的 75%；用校对量规检验工作量规不少于 90%。

8.6.2　绝对检测法

绝对检测法就是直接从计量器具上读出被测角度。对于精度不高的工件，常用万能量角器进行测量；对于精度较高的工件，用水平仪、光学分度头等仪器测量。

（1）使用万能量角器测量角度

万能量角器的结构简单，使用方便。机械制造中常常使用游标读数值为 5′ 和 2′ 的万能量角器。

图 8-40 所示为游标读数值为 2′ 的万能量角器，可用于测量零件和样板的内外角，测量范围为 0°～320°，角度误差不超过 ±2′，其构造及使用方法如下：扇形板上有基本刻度标尺，游标固定在活动板

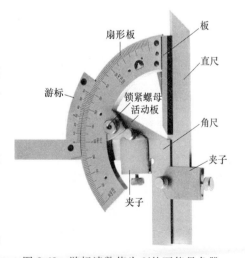

图 8-40　游标读数值为 2′ 的万能量角器

上，可以沿扇形板转动，角尺可在活动板上的夹子中滑动和固定，直尺可以在角尺上的夹子中活动和固定，板紧固在扇形板上，锁紧螺母可锁定扇形板。按不同方式组合角尺、直尺和板，能够测量 0°～320° 范围内的任何角度，如图 8-41 所示。万能量角器的游标读数原理与普通游标卡尺的读数原理基本相同。

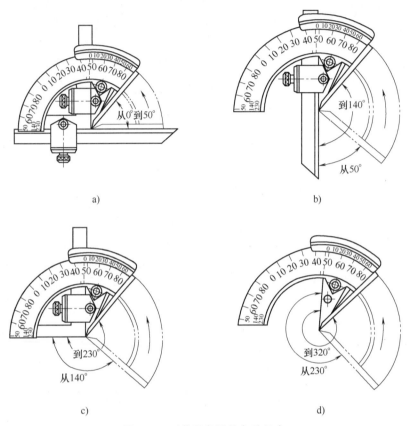

a)   b)

c)   d)

图 8-41　万能量角器的各种组合

（2）用水平仪测量角度

生产中通常用水平仪检验和调整机器、零部件的水平位置或垂直位置。常用的有长方形水平仪、框式水平仪及合像水平仪三种。

图 8-42a 所示为框式水平仪，图 8-42b 为长方形水平仪。它们主要由三部分组成，即壳

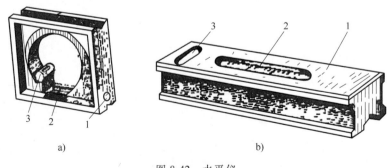

a)   b)

图 8-42　水平仪

1—壳体　2—主水准器　3—横水准器

体1、主水准器2和横水准器3。壳体的四个外侧面经过精细加工，相互之间具有很高的垂直度或平行度。一般水平仪根据水准玻璃管内气泡的位置确定被测对象的角度偏差，按气泡边缘在玻璃管刻度上的位置进行读数。

在测量过程中，若由于被测对象的误差使水平仪倾斜一个 φ 角，则水准玻璃管也倾斜角 φ，气泡边缘由 A 移向 B，移动距离为 L。φ、L 与主水准器玻璃管内壁曲率半径 R 的关系（图 8-43）为

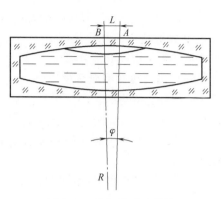

$$L = R\phi \text{ 或 } L = \frac{\varphi}{206265}R \qquad (8\text{-}11)$$

如使水平仪倾斜 4″，气泡在管内移动刻度 1 格（L=2mm），则玻璃管的曲率半径应为

$$R = \frac{2 \times 206265}{4 \times 1000}\text{m} \approx 103\text{m}$$

水平仪水准器分度值通常以 mm/m 计，如 0.02mm/m 相当于 4″。

图 8-43　几何关系示意图

（3）用光学分度头测量角度

在精密工件的加工和检验中，为了测量或控制其圆周分度的正确性，可以采用光学分度头。测量时，以工件的回转轴线作为测量基准，因此是对工件的中心角进行测量。

常见的各种型号的光学分度头的其分度值为 2″~10″。被测对象装夹在分度头的主轴上或顶尖间。后一种情况，分度头需安置在床身或底座上，并配有带顶尖的尾座。

图 8-44 所示为一种光学分度头的外观和结构。

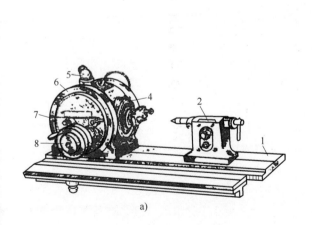 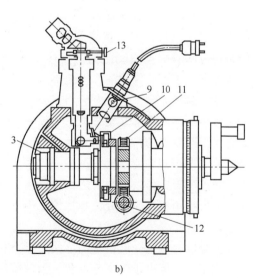

图 8-44　一种光学分度头的外观和结构

1—底板　2—尾座　3—主轴　4—粗分度盘　5—目镜　6—主体外壳　7—离合手柄　8—手轮　9—光源
10—反射玻璃度盘　11—蜗轮　12—蜗杆　13—小手轮

分度头（6 为主体外壳）和尾座 2 安装在底板 1 上。旋转手轮 8，可由手轮轴另一端的

蜗杆 12 带动蜗轮 11 连同主轴 3 和安装在顶尖上的被测件一起旋转。拉出离合手柄 7 并左旋插入另一孔中，即可使蜗杆副 11、12 脱离接触。

光源 9 发出的光通过滤光片、聚光镜和反射镜，射向固定在主轴 3 上的反射玻璃度盘（分度值为 1°）10，反射后经物镜和五角棱镜，使 1°刻线成像在五角棱镜上方的 10″分划板上。10″分划和 1°刻线像再向上经物镜组成像在可由小手轮 13 驱动的游标分划板上，微调后即可从目镜 5 中读取细分值为 10″的读数。图 8-44 中 4 为外部的粗分度盘，分度值也为 1°。

（4）用分度台测量角度

分度台也称为圆转台，它与分度头的主要区别是其主轴一般是处于垂直位置，即工作台面处于水平位置。此外，由于其工作台面较大、刚度好，因此常用来作为精密机床的附件，如坐标镗床上用于加工时的分度与定位。在精密测试中常用来对多面棱体、齿轮、蜗轮等工件进行全组合测量。

最简单的分度台是蜗杆副传动的机械分度台，由于分度精度受蜗杆副制造精度的限制，一般误差较大（在 20″以上），因此在测试中很少用。

图 8-45 所示为光学分度台。它的原理与光学分度头相似，即借助精密分度盘通过光学放大进行分度与读数。由于把分度与读数两个系统分开，因此精度较高，而且不受使用中机械部分磨损的影响。

光学分度台虽然结构形式多种多样，但都是由轴系、读数装置、传动机构和紧锁装置四部分组成。读数装置可分为光学度盘式、网格影屏式、影屏数字式、影屏等分双刻线式及对径合像式等。

近年来出现了一种分度精度很高的多齿分度台（也称为多齿分度盘）。这种分度台的结构和齿轮端面离合器相似，齿形一般多为梯形。当上下两齿盘的全部齿啮合时便自动定心。多齿盘单个齿与齿之

图 8-45　光学分度台

间的分度精度不一定很高，但全部啮合时，却可得到很高的分度精度。

按圆封闭原理，一个有齿距误差的齿盘，理论上其全部齿距误差的总和应为零，即理论上正负齿距误差全部互相抵消。假设一有齿距误差的齿盘与一无齿距误差的理想齿盘啮合，如有正齿距误差的齿以右（或左）齿面与理想齿盘接触，则有负齿距误差的齿将以左（或右）齿面与理想齿盘接触，并且是齿距误差大的齿先接触。由于多齿盘是在一定的轴向压力下强迫啮合，所以齿与齿之间将产生弹性变形，而且变形的方向与原来齿距误差的方向相反，故可抵消相当一部分齿距误差。因此，啮合后的齿距误差近似于原来全部齿距误差的平均值，这就是多齿盘的"平均效应"。它可使分度达到非常高的精度，最高可达±0.1″。因为多齿分度台具有分度精度高、使用寿命长、结构简单、操作方便等优点，所以常用作精密分度或定位。但由于多齿分度台受齿数限制，一般不能进行任意角度分度，这使其应用范围受到一定限制。

多齿分度台的齿形可分成两类：一类是刚性齿，其齿根部分为圆弧形或有一定宽度和深度的槽，如图 8-46a、b 所示，这种形式的多齿分度台可依靠上齿盘自重与下齿盘精密啮合而得到高的分度精度，但对齿形的加工要求较高；另一类为弹性齿，其齿根为一深槽，如图 8-46c 所示，使每个齿都成为弹性体。通常槽的深度为齿厚的 4～6 倍或者更深，这种齿形的

优点是可以减小工艺误差对分度精度的影响。在使用时需施加轴向压紧力，以使上下齿盘易于接近完全啮合。

依靠自重刚性齿啮合的多齿分度台的结构剖视图如图 8-47 所示。下齿盘 1 同时作为基座，上齿盘 2 与主轴 3 相连，通过手柄 4 使主轴能连同上齿盘抬起或落下。当落下时，依靠上齿盘的自重使之与下齿盘正确啮合。

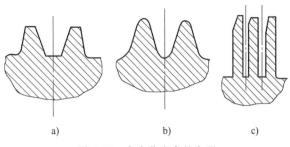

图 8-46　多齿分度台的齿形

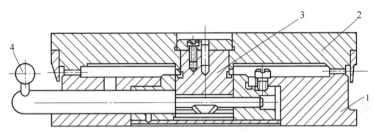

图 8-47　多齿分度台的结构剖视图

1—下齿盘　2—上齿盘　3—主轴　4—手柄

（5）用精密测角仪测量角度

精密测角仪主要用以测量具有反射面工件的角度，如检定角度量块或多面棱体等。一般常见的测角仪最小分度值为 2″，更精密的测角仪最小分度值可达 1″。

图 8-48 所示为精密测角仪结构图。测角仪主要由平行光管 1（照明管）、自准直光管 2 及与刻度盘同轴安装的载物工作台 5 等组成。平行光管固定在与底座 6 刚性连接的立柱上，自准直光管 2 与读数显微镜 3 安装在回转臂 9 上，可绕刻度盘主轴旋转。平行光管和自准直光管在测量过程中用以对准和定位。

测量时，首先将工作台面调整至水平位置，然后将被测工件放置在工作台面上，调整工作台和自准直光管的位置，使平行光管里被光源 4 照射的分划板上的十字刻线 7 的影像经工件表面反射后，对准在自准直光管的双十字刻线 8 的正中位置，此时从读数显微镜 3 中读取角度值为 θ_1；再转动主轴，使刻度盘与工作台随之回转使被测工件的另一表面处于上述位置，即重新使平行光管的十字刻线影像经该表面反射后，对准自准直光管的双十字刻线的正中位置，此时从读数显微镜中读取角度值为 θ_2。两次角度读数之差（$\theta_2 - \theta_1$）即为主轴的回转角，其与被测工件的角度 α 为补角关系，即

$$\theta_2 - \theta_1 = 180° - \alpha$$

因此，被测工件的实际角度值为

$$\alpha = 180° - (\theta_2 - \theta_1)$$

测角仪刻度盘的轴心线与其回转中心不重合而产生的测量误差，会影响角度测量精度。为减小刻度盘安装偏心对角度测量精度的影响，有的测角仪在刻度盘的对径（相隔 180°）位置上设置有两个读数显微镜。测量时，应从这两个读数显微镜中读取角度值。设读数分别是 θ_1、θ_2 和 θ_1'、θ_2'，其平均值即为被测工件角度的实际值，即

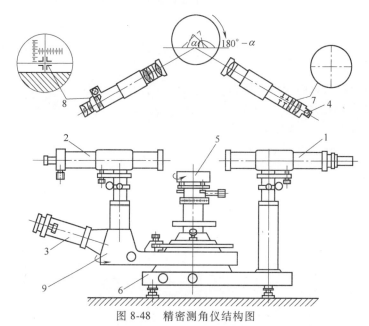

图 8-48　精密测角仪结构图

1—平行光管　2—自准直光管　3—读数显微镜　4—光源　5—载物工作台　6—底座

7—十字刻线　8—双十字刻线　9—回转臂

$$\alpha=\frac{1}{2}\left[180°-\left(\theta_2-\theta_1\right)+180°-\left(\theta_2'-\theta_1'\right)\right] \tag{8-12}$$

（6）用经纬仪测量角度

经纬仪是一种用途较广的光学测量仪器，其除常用于天文测量和大地测绘，还用于机械制造中大型部件的安装定位、角度测量、分度装置，以及齿轮机床分度传动链的测量等。

图 8-49 所示为利用高精度经纬仪测量角度量块的示意图。

经纬仪 2 安装在回转工作台 4 上，并调整到两者同心。被检角度量块 5 安置在回转工作台上，用自准直仪 3 瞄准角度量块的一个工作面。转动回转工作台，使自准直仪调到零位，然后转动经纬仪，使其望远镜瞄准平行光管 1 的基准线，记下经纬仪水平刻度盘上的读数。再转动回转工作台，使角度量块的第二个工作面与自准直仪相对，直到自准直仪又指示零位。反向转动经纬仪，使其望远镜再次瞄准平

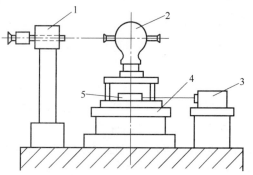

图 8-49　利用高精度经纬仪测量角度

量块的示意图

1—平行光管　2—经纬仪　3—自准直仪

4—回转工作台　5—角度量块

行光管的基准线，并第二次读数。两次读数之差即为被测角度量块工作角的实际值。

经纬仪也可以在没有平行光管和回转工作台的情况下应用，此时被测对象安置在经纬仪顶面上的专用小工作台上，测量时随经纬仪一起转动。用自准直仪依次瞄准被测对象的各个工作面，并在经纬仪水平刻度盘上读数，相邻两次读数之差为 $\beta=180°-\alpha$，α 即所测角度值。

通常经纬仪测微器的分度值为 1″，国产 DJJ 型经纬仪为 0.5″，瑞士 T3 型经纬仪水平测

微器分度值可达 $0.2''$，垂直方向为 $0.4''$。

8.6.3　间接测量法

间接测量法是通过测量与锥度或角度有关的尺寸，按几何关系换算出被测的锥度或角度。

（1）用正弦规测量角度

正弦规的型式有 Ⅰ 型、Ⅱ 型，如图 8-50 和图 8-51 所示。

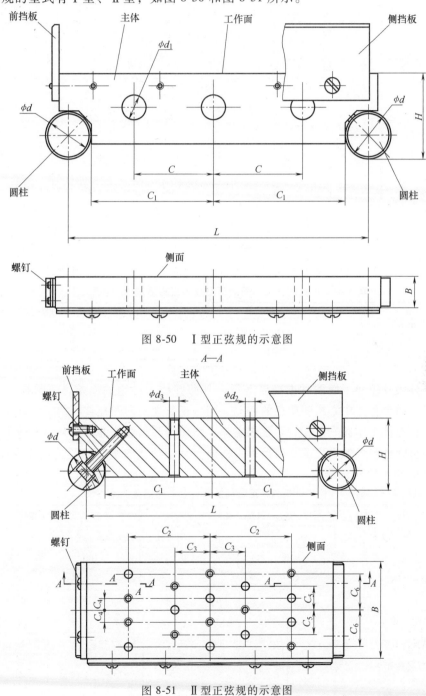

图 8-50　Ⅰ型正弦规的示意图

图 8-51　Ⅱ型正弦规的示意图

正弦规的基本参数见表8-40。

表 8-40　正弦规的基本参数

基本参数	Ⅰ型正弦规		Ⅱ型正弦规	
	两圆柱中心距 L			
	100	200	100	200
B	25	40	80	80
d	20	30	20	30
H	30	55	40	55
C	20	40	—	—
C_1	40	85	40	85
C_2			30	70
C_3			15	30
C_4	—	—	10	10
C_5			20	20
C_6			30	30
d_1	12	20	—	—
d_2	—	—	7B12	7B12
d_3	—	—	M6	M6

正弦规各工作面的硬度及表面粗糙度 Ra 的最大值见表8-41中的规定。

表 8-41　正弦规各工作面的硬度及表面粗糙度 Ra 的最大值

正弦规各工作面	硬度 HRC ≥	表面粗糙度 Ra 的最大值/μm
主体的工作面	58	0.08
圆柱的工作面	60	0.04
前挡板和侧挡板的工作面	48	1.25

正弦规分为0级和1级两种准确度等级,其两圆柱中心距的偏差、两圆柱轴线的平行度、主体工作面上各孔中心线间距离的偏差、同一正弦规的两圆柱直径差、圆柱工作面的圆柱度、正弦规主体工作面平面度、正弦规主体工作面与两圆柱下部母线公切面的平行度、侧挡板工作面与圆柱轴线的垂直度、前挡板工作面与圆柱轴线的平行度及正弦规装置成30°时的综合误差见表8-42中的规定。

表 8-42　正弦规的几何公差及偏差

项　目[①]		Ⅰ型正弦规				Ⅱ型正弦规			
		两圆柱中心距 L/mm							
		100		200		100		200	
		准确度等级							
		0	1	0	1	0	1	0	1
两圆柱中心距的偏差	μm	±1	±2	±1.5	±3	±2	±3	±2	±4
两圆柱轴线的平行度[②]		1	2	1.5	3	2	3	2	4
主体工作面上各孔中心线间距离的偏差		—	—	—	—	±150	±200	±150	±200

（续）

项　目[①]		Ⅰ型正弦规				Ⅱ型正弦规			
		两圆柱中心距 L/mm							
		100		200		100		200	
		准确度等级							
		0	1	0	1	0	1	0	1
同一正弦规的两圆柱直径差	μm	1	1.5	1.5	2	1.5	3	2	3
圆柱工作面的圆柱度		1	1.5	1.5	2	1.5	2	1.5	2
正弦规主体工作面平面度[③]		1	2	1.5	2	1	2	1.5	2
正弦规主体工作面与两圆柱下部母线公切面的平行度		1	2	1.5	3	1	2	1.5	3
侧挡板工作面与圆柱轴线的垂直度[②]		22	35	30	45	22	35	30	45
前挡板工作面与圆柱轴线的平行度[②]		5	10	10	20	20	40	30	60
正弦规装置成 30° 时的综合误差		±5″	±8″	±5″	±8″	±8″	±16″	±8″	±16″

① 表中所有值均按标准温度 20℃ 的条件给定，且距工作面边缘 1mm 范围内的均不计。

② 两圆柱轴线的平行度、侧挡板工作面与圆柱轴线的垂直度和前挡板工作面与圆柱轴线的平行度均为在全长上。

③ 工作面应为中凹，不允许凸。

　　用正弦规测角的原理和方法，可用图 8-52 所示测量外圆锥体锥角 α 说明如下。首先按式（8-13）计算组合量块的尺寸，即

$$h = L\sin\alpha \tag{8-13}$$

式中　h——组合量块的尺寸；

　　　L——正弦规两圆柱的中心距；

　　　α——被测圆锥角的公称值。

　　然后按图 8-52 所示方法将正弦规和量块组安装在测量平板上，用指示表在被测圆锥上母线两端相距 l 的 a、b 两点进行测量。设 a、b 点的指示表读数差为 Δ，则被测圆锥角的偏差为

$$\delta_\alpha = 206265\,\frac{\Delta}{l} \approx \frac{\Delta}{l} \times 2 \times 10^5$$

　　用同样的方法，可以测量圆锥体的锥度。由锥度 $C = 2\tan\dfrac{\alpha}{2}$ 和量块组高 $h = L\sin\alpha$ 可以推导出 C、h 和正弦规两圆柱中心距 L 之间的关系式为

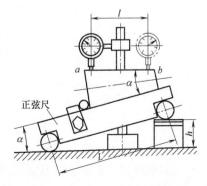

图 8-52　用正弦规测量圆锥角

$$h = \frac{4LC}{C^2 + 4} \tag{8-14}$$

对于机械行业中常用的公制锥体和莫氏锥体,用正弦规检验其锥度时的量块组高度 h 值,可直接由表 8-43 中查取。

表 8-43 量块组高度

锥 体 代 号		锥度 C	量块组高度 h/mm	
			$L = 100\text{mm}$	$L = 200\text{mm}$
公制	4 6	0.05	4.9968	9.9936
莫氏	0	0.05205	5.2014	10.4028
	1	0.04988	4.9848	9.9696
	2	0.04995	4.9918	9.9836
	3	0.05020	5.0168	10.0336
	4	0.05194	5.1904	10.3808
	5	0.05263	5.2593	10.5189
	6	0.05124	5.2104	10.4208
公制	80	0.05	4.9968	9.9936
	100			
	120			
	140			
	160			
	200			

利用正弦规和一个附加圆柱,可以测量圆锥的大端或小端。图 8-53 所示为用正弦规测量圆锥小端直径。附加圆柱的母线与锥体小端面接触,量块组的高度 h 按上述测量圆锥体锥度误差时的同样方法计算,附加圆柱的直径 d_0 按下式计算,即

$$d_0 = \frac{d}{\tan\frac{\alpha}{2} + \cos\frac{\alpha}{2}} \tag{8-15}$$

式中　d——被测圆锥体小端直径的公称尺寸;

　　　α——被测圆锥体的锥角。

安置好正弦规、量块组、工件和附加圆柱后,用指示表测量 a、b 两点的高度,两读数之差即为

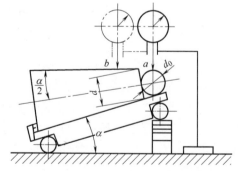

图 8-53　用正弦规测量圆锥小端直径

被测圆锥体小端实际直径对公称直径的偏差,偏差的正、负由 a、b 点位置的高低决定。

用正弦规测量角度和锥度时,测量误差的大小不仅与正弦规本身的制造精度有关,而且与所用的量块组、指示表以及测量点的间距等的误差有关。此外,应用三角函数进行近似计算,也会带来误差。因此,应很好地分析影响测量精度的各项因素,从而采取适当的措施以

提高测量精度。

对式（8-13）全微分，可求出组合量块尺寸误差 Δh、圆柱体中心距误差 ΔL 对角度测量误差 $\Delta \alpha$ 的影响关系式，即

$$\Delta \alpha = \frac{1}{L\cos\alpha}\Delta h - \frac{\tan\alpha}{L}\Delta L \tag{8-16}$$

式中，L 为一定值，Δh 及 ΔL 也有一定大小，因此 α 越大，则 $\Delta \alpha$ 也越大，当 $\alpha > 45°$ 时，测量误差急剧增大，因此正弦规只宜用于测量 45°以下的角度。

（2）用圆柱或圆球测量燕尾角度

利用精密圆柱或圆球可以较方便地测量角度与锥度，并得到较满意的结果。

图 8-54 所示为用圆柱和量块测量燕尾导轨或燕尾槽的角度。先使两个直径相同的圆柱与燕尾导轨或燕尾槽的下部接触，测出尺寸 M_1；然后将两圆柱分别放在两个等高的量块上，测出尺寸 M_2。

设量块的尺寸为 h，则被测角 α 可由下式求出，即

$$\tan\alpha = \frac{2h}{M_2 - M_1} \tag{8-17}$$

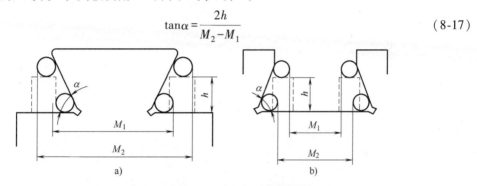

图 8-54　用圆柱和量块测量燕尾导轨或燕尾槽的角度

这样测得的角度 α 值是燕尾导轨或燕尾槽左右两个角度的平均值。

（3）用圆柱测量 V 形槽角度

如图 8-55 所示，将被测工件安置在平台上，把已知直径分别为 D_1 和 D_2 的两个圆柱先后放在 V 形槽内，先用高度尺初测尺寸 H_1 和 H_2，再按初测的 H_1、H_2 分别组合量块，用千分表按量块对零后，再测出 H_1 和 H_2 的差值。以精确测得的 H_1 和 H_2 尺寸计算出 V 形槽的角度 α。

在 $\triangle AO_1O_2$ 中，$\angle AO_2O_1 = \dfrac{\alpha}{2}$，则

$$\sin\frac{\alpha}{2} = \frac{\overline{O_1A}}{\overline{O_1O_2}} = \frac{(D_1-D_2)/2}{(H_1-D_1/2)-(H_2-D_2/2)} = \frac{D_1-D_2}{2(H_1-H_2)-(D_1-D_2)}$$

于是

$$\alpha = 2\arcsin\frac{D_1-D_2}{2(H_1-H_2)-(D_1-D_2)} \tag{8-18}$$

如果 α 较大，或 V 形槽两工作面不对称，可按图 8-56 所示方法测量。将三个直径 D 相

同的圆柱安放在 V 形槽中，测出尺寸 W。在 $\triangle O_1 O_2 A$ 中，$\angle AO_1O_2 = \dfrac{\alpha}{2}$，则

$$\sin\frac{\alpha}{2} = \frac{\overline{O_2A}}{\overline{O_1O_2}} = \frac{(D+W)/2}{D} = \frac{D+W}{2D}$$

于是

$$\alpha = 2\arcsin\frac{D+W}{2D} \qquad (8\text{-}19)$$

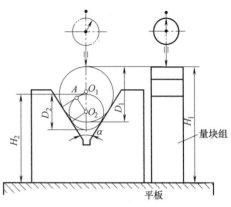

图 8-55　用圆柱测量 V 形槽角度

为判断 α 角的平分线是否与底面垂直，可以分别测出 H_1、H_2 和 H_3（图 8-56），则

$$\cos\angle AO_1O_2 = \frac{H_2-H_1}{D} \qquad (8\text{-}20)$$

$$\cos\angle AO_1O_3 = \frac{H_3-H_1}{D} \qquad (8\text{-}21)$$

求出上述与 $\angle AO_1O_2$ 之 $\angle AO_1O_3$ 差的一半，即为 α 角平分线与底面的垂直度偏差，并可借以判断 V 形槽两工作面的不对称性。

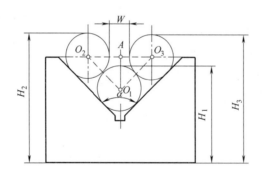

图 8-56　用三圆柱测量 V 形槽角度

8.7　尺寸的在线检测与验证

针对生产过程中的工件尺寸精度数字化检测与验证的需求，GB/T 40810.1—2021《产品几何技术规范（GPS）　生产过程在线测量　第 1 部分：几何特征（尺寸、表面结构）的在线检测与验证》是基于新一代 GPS 产品几何规范体系，运用数字化在线测量技术、统计学习及分析理论制定的生产过程在线测量推荐性国家标准。该标准主要规范生产过程中几何特征（尺寸、表面结构）的检测与验证策略和方法，给出了基于 GPS 的在线要素提取、滤波、拟合、评估、合格性判断以及缺省操作规范的方法。

8.7.1　在线测量的一般规定

在线测量系统一般由信号测量单元（传感器）、信号处理单元、控制单元等构成。在线测量系统与加工系统构成闭环，加工过程中测量系统将测得的几何特征信息反馈给加工系统实现加工自动化。某一工序完成后，对工件实施在线测量，并根据获取的几何特征评价工艺能力，从而修正加工过程。

在线测量方法包括接触式和非接触式两种。接触式可以采用触针式传感器等，非接触式可以采用光电式传感器、图像传感器等。

测量力的条件：对于非接触式测量不考虑该因素；对于接触式测量，测量力的实际值应在设计值的允许变化范围以内，如内、外圆磨削加工中，测量力的实际值应在推荐设计值（0.7～2.5N）的±15%范围以内。

当温度在某一范围内变化时，测量值的变化量不应大于允许值。在线尺寸检验时，除非另有规定，表面粗糙度、划痕、擦伤、塌边等外观缺陷的影响应排除在外。

采用过程控制工具对生产过程中的几何特征进行分析，如绘制分析用控制图等，从而对几何特征进行受控状态判断，并对生产过程进行分析评价和改进加工工艺。

8.7.2　在线尺寸检验操作

在线几何特征测量的方法及操作步骤应依据检验操作集。在线几何特征检验操作集包括提取操作、滤波操作、拟合操作、评估操作等。

（1）提取操作

提取操作是获取原始数据的基本操作。在对被测工件进行提取操作时，要规定提取的点数、位置、分布方式（即提取操作方案），并对提取方案可能产生的不确定度予以考虑。

接触式尺寸测量方式分为单点测量和双点测量。单点测量装置可以用于端面定位或者用两个组合起来测量大的直径等；双点测量装置用于测量外径、内径、槽宽、台阶宽等。单点测量及双点测量的测量位置、提取方式不同，算式组合也不同。

非接触式尺寸测量方式分为点、线阵、面阵测量。非接触式采集信息量与使用测量设备的类型和性能有关。

（2）滤波操作

滤波操作是通过降低非理想要素特定频段信息水平而获取所需非理想要素的操作。滤波操作不是一个必选的要素操作，目前国家相关标准尚未规定缺省的滤波器及其参数，因此，如果图样或其他技术文件中没有明确给出滤波器及其参数，那么就是未要求滤波操作；如果图样上或其他技术文件中给出了滤波器规范，那么按照规范规定的滤波器类型进行滤波操作。

滤波方法包括模拟滤波和数字滤波。模拟滤波采用模拟滤波器对初始采集信号进行滤波，如有源滤波器、无源滤波器。数字滤波采用数字方式进行测量值的滤波，如高斯滤波器等。

为了提高主动测量控制系统的抗干扰性能，提高其测量精度，在设计软件时，采用数字滤波技术进行采样数据预处理。通过滤波消除或减弱干扰和噪声的影响，提高测量的可靠性和精度。根据加工系统自身的特点，可选用不同的滤波算法。

（3）拟合操作

拟合操作是依据特定准则使理想要素逼近非理想要素的操作。拟合操作过程实质上是一个目标约束优化的过程，目的是通过目标约束优化，完成非理想要素到替代理想要素的转换，从而实现对非理想要素特征的描述和表达。

对于尺寸特征，根据图样规范，采用不同的拟合准则得到不同尺寸特征类型的尺寸特征值。拟合准则包括最小二乘ⒼⒼ、最大内切ⒼⓍ、最小外接ⒼⓃ以及最小区域ⒼⒸ准则。

例如，以圆柱为例，应用拟合准则得到圆柱的直径。拟合准则可以为：

1）非理想要素的各点到理想圆柱面的距离的平方和为最小（最小二乘法）。

2）内切圆柱面的直径最大（最大内切法）。

3）外接圆柱面的直径最小（最小外接法）。

4）两同轴线圆柱面之间半径差值最小（最小区域法）。

（4）评估操作

按测量任务和规范进行在线尺寸特征的合格性评定，是对测量结果与该过程尺寸要求符合性的评价。

通过对测量得到的尺寸特征信息进行必要的相关操作（如拟合等），从而得到尺寸特征值。根据图样规范要求，获得对应尺寸特征类型的尺寸值。例如，10±0.1 ⒼⓃ，轴尺寸为最小外接尺寸。如果无规范修饰符时，则缺省为两点尺寸。

（5）尺寸补偿操作

由于在线测量系统及加工设备存在的系统性因素引起的误差，引起工件加工的尺寸误差。通过统计分析确定该误差，在后续的加工中进行适时尺寸补偿以消除其影响。

补偿的方式可以采用内部补偿或外部补偿。内部补偿由操作者直接输入给测量控制器，由测量控制器补偿尺寸值。外部补偿由操作者直接在加工设备（数控机床）软件系统中修改补偿值。

（6）合格评定

按测量任务和规范要求进行在线几何特征的合格性评定，将测量结果与该过程的特征规范要求进行符合性比较判定。

（7）尺寸特征受控判断

采用过程控制工具对生产过程中的尺寸特征进行分析，如绘制分析用控制图等，从而对尺寸特征进行受控判断，并对生产过程进行分析评价。

8.7.3 在线尺寸测量系统及关键检验操作示例

（1）磨削加工在线尺寸测量系统构成

在线尺寸测量系统主要由信号测量单元、信号处理单元和控制单元等构成。信号测量单元包括测头、测量装置本体和测头进退油缸，信号处理单元和控制单元功能由主动测量控制器实现，如图8-57所示。测量装置采用电感式位移传感器，其结构可以是单臂式或双臂式，在磨削加工中，当温度在20～40℃内变化时，测量值的变化量不应大于3.0μm。驱动装置驱动测头进入或退出测量工位，通过对前后微调机构的调整，可以使测头触点对准工件中心或合适位置。

在线尺寸测量系统在加工过程中直接实时测量工件尺寸，加工过程和测量过程同时进

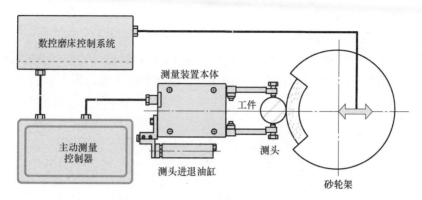

图 8-57　磨削加工在线尺寸测量系统

行，测量系统将工件尺寸变化量随时传递给数控磨床控制系统。

（2）提取操作中的测量算式

在磨削加工在线尺寸测量中，采用接触式尺寸测量推荐选用的算式有 6 种，每一种算式表达式对应一个特定的输出尺寸值，其算式表达式见表 8-44。其中，G_1 和 G_2 分别表示传感测头 1 和传感测头 2 的测量值。

表 8-44　算式表达式

序号	算式表达式	序号	算式表达式
1	G_1	4	G_1+G_2
2	G_2	5	$(G_1+G_2)/2$
3	G_1-G_2	6	$(G_1-G_2)/2$

（3）滤波操作中的数字滤波方法示例

在磨削加工在线尺寸测量中，考虑加工系统自身的特点，可选用去极值平均滤波、平均值滤波和滑动平均滤波。

1）去极值平均滤波。每个通道连续采样 n 次，去掉最大值和最小值，再求余下采样值的平均值，即

$$D = (D_{Sum} - D_{Max} - D_{Min})/(n-2) \qquad (8\text{-}22)$$

式中　D——输出结果；

　　D_{Sum}——n 次连续采样的数值之和；

　　D_{Max}——n 次连续采样中的最大值；

　　D_{Min}——n 次连续采样中的最小值。

2）平均值滤波。连续采样 n 次，然后将 n 次采样值的平均值作为一次采样数据输出，即

$$D = D_{Sum}/n \qquad (8\text{-}23)$$

3）滑动平均滤波。顺序存放通道 n 采样数据，将这些数据求和取平均，求和结果减去平均值与平滑系数的乘积，与第 $n+1$ 次采样的数据求和，最后再取平均，即

$$D = (D_{Sum} - D_A a + D_1)/n \qquad (8\text{-}24)$$

式中　D_A——n 次连续采样的平均值；

　　a——平滑系数，一般取 0.5~2；

D_1——第 $n+1$ 次采样值。

（4）尺寸特征受控判断示例

在磨削加工在线尺寸测量中，考虑不同加工阶段状态，设定尺寸控制界限范围，即连续变化的允许误差值的上、下界限（UCL、LCL）。以精磨阶段为例，图 8-58 所示为过程中的尺寸控制界限示意图。

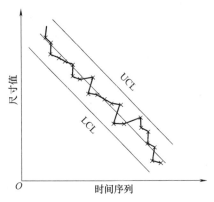

图 8-58　过程中的尺寸控制界限示意图

（5）尺寸预测模型框架示例

以数控磨床加工过程尺寸特征的预报为例，其预测模型框架如图 8-59 所示。若过程控制采用预报模型进行在线尺寸预报，进行预判尺寸特征是否受控，可以实施自动误差补偿。

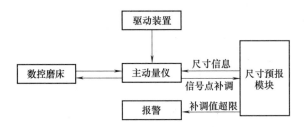

图 8-59　在线尺寸预测模型框架

参 考 文 献

[1] 张琳娜. 精度设计与质量控制基础 [M]. 3 版. 北京：中国质检出版社，2011.

[2] 张琳娜，等. 图解 GPS 几何公差规范及应用 [M]. 北京：机械工业出版社，2017.

[3] 张琳娜，赵凤霞，郑鹏. 机械精度设计与检测标准应用手册 [M]. 北京：化学工业出版社，2015.

[4] 张琳娜，赵凤霞，李晓沛. 简明公差标准应用手册 [M]. 上海：上海科学技术出版社，2010.

[5] 郑玉花. 基于 GPS 的几何误差数字化计量系统及提取技术的研究 [D]. 郑州：郑州大学，2008.

[6] 王康康. 基于 GPS 的几何精度数字化设计及关键技术研究 [D]. 郑州：郑州大学，2010.

[7] 石云鹏. 基于 GPS 的数字化多功能应用工具系统的软件开发 [D]. 郑州：郑州大学，2011.

[8] 周鑫. 基于 GPS 的典型几何特征数字化建模及规范设计研究 [D]. 郑州：郑州大学，2012.

[9] 张坤鹏. 基于新一代 GPS 的三维公差设计关键技术研究 [D]. 郑州：郑州大学，2014.

[10] 贾遨宇. 基于新一代 GPS 的产品几何公差设计中的关键技术研究 [D]. 郑州：郑州大学，2015.

[11] 吴建权. 回转类零件几何误差检验系统及关键技术研究 [D]. 郑州：郑州大学，2017.

[12] 职占新. 基于统计学习的磨削加工尺寸精度智能预测控制 [D]. 郑州：郑州大学，2019.

[13] 尹浩田. 面向磨加工的几何特征在线主动测量技术研究 [D]. 郑州：郑州大学，2021.

[14] 全国产品几何技术规范标准化技术委员会. 产品几何技术规范（GPS） 尺寸公差：第 1 部分 线性尺寸：GB/T 38762.1—2020 [S]. 北京：中国标准出版社，2020.

[15] 全国产品几何技术规范标准化技术委员会. 产品几何技术规范（GPS） 尺寸公差：第 2 部分 除线性、角度尺寸外的尺寸：GB/T 38762.2—2020 [S]. 北京：中国标准出版社，2020.

[16] 全国产品几何技术规范标准化技术委员会. 产品几何技术规范（GPS） 尺寸公差：第 3 部分 角度尺寸：GB/T 38762.3—2020 [S]. 北京：中国标准出版社，2020.

[17] 全国产品几何技术规范标准化技术委员会. 产品几何技术规范（GPS） 线性尺寸公差 ISO 代号体系：第 1 部分 公差、偏差和配合的基础：GB/T 1800.1—2020 [S]. 北京：中国标准出版社，2020.

[18] 全国产品几何技术规范标准化技术委员会. 产品几何技术规范（GPS） 线性尺寸公差 ISO 代号体系：第 2 部分 标准公差带代号和孔、轴的极限偏差表：GB/T 1800.2—2020 [S]. 北京：中国标准出版社，2020.

[19] 全国产品几何技术规范标准化技术委员会. 产品几何技术规范（GPS） 几何公差 最大实体要求（MMR）、最小实体要求（LMR）和可逆要求（RPR）：GB/T 16671—2018 [S]. 北京：中国标准出版社，2018.

[20] 全国产品尺寸和几何技术规范标准化技术委员会. 产品几何技术规范（GPS） 线性和角度尺寸与公差标注：+/- 极限规范 台阶尺寸、距离、角度尺寸和半径：GB/Z 24638—2009 [S]. 北京：中国标准出版社，2009.

[21] 全国产品尺寸和几何技术规范标准化技术委员会. 一般公差 未注公差的线性和角度尺寸的公差：GB/T 1804—2000 [S]. 北京：中国标准出版社，2000.

[22] 全国产品尺寸和几何技术规范标准化技术委员会. 尺寸链 计算方法：GB/T 5847—2004 [S]. 北京：中国标准出版社，2005.

[23] 全国量具量仪标准化技术委员会. 螺纹量规和光滑极限量规 型式与尺寸：GB/T 10920—2008 [S]. 北京：中国标准出版社，2008.

[24] 全国量具量仪标准化技术委员会. 光滑极限量规 技术条件：GB/T 1957—2006 [S]. 北京：中国标准出版社，2006.

[25] 全国产品尺寸和几何技术规范标准化技术委员会. 产品几何技术规范（GPS） 光滑工件尺寸的检验：GB/T 3177—2009 [S]. 北京：中国标准出版社，2009.

[26] 全国产品尺寸和几何技术规范标准化技术委员会. 产品几何技术规范（GPS） 光滑工件尺寸（500mm ~ 10000mm）测量 计量器具选择：GB/T 34634—2017 [S]. 北京：中国标准出版社，2017.

[27] 全国产品尺寸和几何技术规范标准化技术委员会. 产品几何量技术规范（GPS） 圆锥公差：GB/T 11334—2005 [S]. 北京：中国标准出版社，2005.

[28] 全国产品尺寸和几何技术规范标准化技术委员会. 产品几何量技术规范（GPS） 圆锥配合：GB/T 12360—2005 [S]. 北京：中国标准出版社，2005.

[29] 全国产品尺寸和几何技术规范标准化技术委员会. 产品几何量技术规范（GPS） 圆锥的锥度与锥角系列：GB/T 157—2001［S］. 北京：中国标准出版社，2001.

[30] 全国产品几何技术规范标准化技术委员会. 产品几何技术规范（GPS） 棱体：第1部分 角度与斜度系列：GB/T 4096.1—2022［S］. 北京：中国标准出版社，2022.

[31] 全国产品几何技术规范标准化技术委员会. 产品几何技术规范（GPS） 基础概念、原则和规则：GB/T 4249—2018［S］. 北京：中国标准出版社，2018.

[32] 全国产品几何技术规范标准化技术委员会. 产品几何技术规范（GPS） 工件与测量设备的测量检验：第1部分 按规范验证合格或不合格的判定规则：GB/T 18779.1—2022［S］. 北京：中国标准出版社，2022.

[33] 全国产品几何技术规范标准化技术委员会. 产品几何技术规范（GPS） 通用概念：第1部分 几何规范和检验的模型：GB/T 24637.1—2020［S］. 北京：中国标准出版社，2020.

[34] 全国产品几何技术规范标准化技术委员会. 产品几何技术规范（GPS） 通用概念：第2部分 基本原则、规范、操作集和不确定度：GB/T 24637.2—2020［S］. 北京：中国标准出版社，2020.

[35] 全国产品几何技术规范标准化技术委员会. 产品几何技术规范（GPS） 通用概念：第3部分 被测要素：GB/T 24637.3—2020［S］. 北京：中国标准出版社，2020.

[36] 全国产品几何技术规范标准化技术委员会. 产品几何技术规范（GPS） 通用概念：第4部分 几何特征的GPS偏差量化：GB/T 24637.4—2020［S］. 北京：中国标准出版社，2020.

[37] Geometrical product specification（GPS） Dimensioning and tolerancing Non-rigid parts：ISO 10579：2010［S/OL］. Geneva：ISO.（2010-03-01）［2022-12-20］https：//www. iso. org/standard/54707. html.

[38] Geometrical product specifications（GPS） General concepts：Part 1 Model for geometrical specification and verification：ISO 17450-1：2011［S/OL］. Geneva：ISO.（2011-12-15）［2022-12-20］https：//www. iso. org/standard/53628. html.

[39] Geometrical product specifications（GPS） General concepts：Part 2 Basic tenets, specifications, operators, uncertainties and ambiguities：ISO 17450-2：2012［S/OL］. Geneva：ISO.（2012-10-01）［2022-12-20］https：//www. iso. org/standard/53629. html.

[40] Geometrical product specifications（GPS） General concepts：Part 3 Toleranced features：ISO 17450-3：2016［S/OL］. Geneva：ISO.（2016-06-01）［2022-12-20］https：//www. iso. org/standard/62309. html.

[41] Geometrical product specifications（GPS） Wedges：Part1 Series of angles and slopes：ISO 2538-1：2014［S/OL］. Geneva：ISO.（2014-09-01）［2022-12-20］https：//www. iso. org/standard/54836. html.

[42] Geometrical product specifications（GPS） Wedges：Part2 Dimensioning and tolerancing：ISO 2538-2：2014［S/OL］. Geneva：ISO.（2014-09-01）［2022-12-20］https：//www. iso. org/standard/56783. html.

[43] Geometrical product specifications（GPS） Series of conical tapers and taper angles：ISO 1119：2011［S/OL］. Geneva：ISO.（2011-12-01）［2022-12-20］https：//www. iso. org/standard/54835. html.

[44] Geometrical product specifications（GPS） Dimensioning and tolerancing Cones：ISO 3040：2009［S/OL］. Geneva：ISO.（2009-12-01）［2022-12-20］https：//www. iso. org/standard/53952. html.